세상 속의 과학, 과학 속의 세상

카이스트생이 바라본 문화와 일상

세상 속의 과학, 과학 속의 세상

홍지운, 김성훈, 양인선, 박해준, 노승은, 양경록 외 카이스트 학생들 지음

살림Friends

| 차례 |

제3부 삶에 배어든 과학의 향기

제4부 0과 1이 만들어낸 기적 속으로

제5부 세상만사, 과학과 함께

| 추천사 |

과학의 세상, 카이스트

벌써 열 번째 겨울입니다. 매년 12월이 되면 카이스트 학생들이 직접 만든 책이 세상에 나오곤 했는데 이번이 어느새 열 번째 책이 되었습니다. '꿈꾸는 천재들의 리얼 캠퍼스 스토리'. 이 내용은 첫 번째 책인 『카이스트 공부벌레들』의 부제였습니다. 카이스트 학생들의 일상을 담은 책이었지요. 그 후 젊은 과학도들의 워너비 사이언티스트를 담은 『카이스트 영재들이 반한 과학자』, 과학 하는 틈틈이 즐기는 상상력 파라다이스를 묶은 『카이스트 학생들이 꼽은 최고의 SF』, 카이스트 학생들이 어떻게 과학에 관심을 기울이게 되었는지를 다룬 『과학이 내게로 왔다』, 그리고 카이스트 학생들의 실패와 좌절, 그리고 이를 극복한 이야기를 담은 『과학하는 용기』, 과학도들의 수학 생활을 재미있게 풀어낸 『색다른 수학의 발견』 등이 매년 출간되었습니다. 그리고 작년에는 카이스트 과학도들이 들려주는 과학의 엉뚱 기발한 매력을 담아낸 『색다른 과학의 매력』이

독자를 만났습니다.

처음에는 책을 통해 카이스트에 대한 사람들의 편견을 깨주고 싶었습니다. 공부만 하면서 세상과는 담을 쌓고 살 것만 같은 카이스트생들의 소박한 일상의 모습을 보여주고 싶었습니다. 좌충우돌, 실패와 좌절, 사랑과 이별, 삶과 인생 등 여느 청년들이 가질 수 있는 똑같은 고민 속의 일상을 담고 싶었습니다. 그러나 해를 거듭하면서 소박한 책이 나올 때마다 독자들의 반응은 뜻밖에 뜨거웠고 주제도 조금씩 넓혀갔습니다. 그 덕분에 책은 쇄를 거듭했고, 세종도서 우수교양도서, 대한출판문화협회 올해의 청소년도서, 한국과학창의재단 우수과학도서 등 여러 상을 수상하는 등 많은 관심과 사랑을 받았습니다. 아마도 카이스트 학생들의 이야기를 들어보며 그들의 열정과 정겨운 삶의 모습에 독자들이 공감하지 않았나 생각해봅니다.

그리고 이번에 열 번째 책으로 『세상 속의 과학, 과학 속의 세상』을 내놓습니다. "AI가 그린 그림은 예술작품이 될 수 있는가? 클래식 음악을 들으면 정말 똑똑해질까? 스포츠에서 AI가 심판을 대체할 수 있을까? 주식투자는 과연 확률인가 도박인가? 짬뽕 국물은 식으면 왜 짜질까?" 등등. 일상생활 속에서 이런 질문들을 한 번쯤 다 해보지 않았나요? 평소 궁금했던 우리 일상 속의 현상을 과학도인 카이스트 학생들은 어떤 시각으로 바라보았는지가 궁금했습니다. 일상생활 속에 숨겨진 과학적 요소를 찾아내어 흥미롭게 분석해보는 과학도의 호기심 가득 찬 시선을 이번 책에 담아보고자 했습니다.

예년처럼 올해도 참신한 원고를 모집하기 위해 '내가 사랑한 카이스트

나를 사랑한 카이스트'라는 글쓰기 공모전을 열었고 총 300편 가까운 이야기가 모였습니다. 이야기 하나하나가 재미있고 의미가 있었지만, 그 가운데서도 독자와 공감하면 좋겠다고 생각한 이야기를 추려서 이렇게 세상에 내놓게 되었습니다.

스포츠에서 왼손잡이 선수가 두각을 나타내는 이유를 과학적인 시각으로 분석한 이야기(1부 '좌완' 파이어볼러는 지옥에서라도 데려온다), 자취하면서 여러 달걀 요리를 할 때 느꼈던 놀라운 달걀의 변신 이야기(2부 달걀 요리 속 과학: 달걀흰자는 어떻게 구름 같은 거품으로 변할까?), 베르메르의 「진주 귀고리를 한 소녀」를 따라 그리다가 물감의 분석과 탐구에 빠진 이야기(3부 물감, 세상의 색을 담아내다), AI 주식 서비스를 이용하면서 그 원리를 탐구해 보고 AI의 장단점을 과학적으로 풀어본 이야기(4부 AI와 함께하는 주식), 힐링 에세이가 인기를 끄는 이유를 심리학적 관점으로 분석한 이야기(5부 토닥토닥 위로 건네는 책을 집는 이유) 등 이 책에는 우리 일상생활 속에 숨어 있는 과학적 요소에 대한 다양하고 재미난 이야기가 수북하게 담겨 있습니다.

이러한 학생들의 호기심과 탐구심, 그리고 일상의 현상을 그냥 지나치지 않고 세심한 관찰을 통해 과학적 발견으로 탈바꿈시키는 날카로운 시선과 끈질긴 실험정신이 느껴집니다. 이러한 시선들이 모여 더 나은 세상을 향한 원동력이 되는 것이 아닐까 생각해봅니다. 이 대목에서 요즘 카이스트에서 벌어지고 있는 독서문화운동이 떠오릅니다. 함께 책을 읽고 함께 생각하고 토론하면서 세상을 공감하고 이해하며 세상의 문제에 대해 서로의 시각을 비교해보고 함께 탐구해보는 마당이 지금 카이스트 캠퍼스에 펼쳐지고 있습니다. 이러한 독서문화운동은 우리 학생들의 날카로운 과학적 시선뿐 아니라 따뜻한 공감의 시선도 함께 모아주는 마당이 될 것이라 기대해봅니다.

늘 그러했듯이 거친 원고를 다듬어서 멋진 책으로 엮어내는 작업은 학생들의 몫이었습니다. 어렵고 번거로운 작업을 하셨다고 기꺼이 자원해준 학생 편집진에게 고마움을 전합니다. 무더웠던 여름, 코로나 바이러스가 우리를 엄습하고 있는 이때 조금 더 나은 책을 만들기 위해 바쁜 시간을 쪼개어 구슬땀을 흘린 덕분에 이 책이 세상에 나올 수 있었습니다. 그들의 뜨거운 열정과 노고에 큰 박수를 보냅니다. 그리고 기획 단계부터 머리를 맞대고 좋은 책을 만들기 위해 함께 노력해준 살림출판사와 늘 한결같이 물심양면으로 후원해준 학교 당국에도 감사의 마음을 전합니다.

어느새 '내가 사랑한 카이스트 나를 사랑한 카이스트'라는 글쓰기 프로젝트가 10년이 되었습니다. 그 사이 10권이라는 카이스트 학생들의 멋진 책이 세상에 나와 사람들과 공감하고 호흡했습니다. 이렇게 이 사업이 10년 동안 끊이지 않고 이어져온 배경에는 여러 고마운 분들이 있었기 때문입니다. 후배를 사랑하는 동문과 학교 당국의 후원, 그리고 인문사회과학부의 지원도 빼놓을 수 없지만, 무엇보다도 이 사업에 적극적으로 참여한 학생들의 열정과 헌신적인 노력이 있었기에 가능했다고 생각합니다. 이 자리를 빌려 이제까지 관심을 갖고 애써주신 모든 분들께 감사의 말씀을 전합니다.

위대한 발명도 일상 속 소소한 현상에서 시작되었듯이 이 책이 조그만 아이디어라도 포기하지 말고 끊임없이 생각하고 실험하고 도전해보는 계기가 되었으면 합니다. 마지막으로 지난 10년 동안 출간된 내사카나사카 시리즈가 과학으로 더 나은 세상을 함께 만들고픈 젊은이들에게 조그마한 공감이라도 되었기를 기대해봅니다.

시정곤(카이스트 인문사회과학부 교수)

| 머리말 |

우리 모두의 과학

코로나19와 함께하는, 우리의 일상 같지 않은 일상이 하루하루 지나가고 있습니다. 초기에는 다들 정신없이 우왕좌왕했는데 이제는 다들 어느 정도 익숙해진 것 같습니다. 사람은 역시 적응의 동물인 걸까요. 그렇게 답답했던 마스크도 이제는 없으면 허전한 것이 되었으니 말입니다.

하지만 적응을 했다고 하여도 우리가 해결해야 할 문제는 아직 많습니다. 코로나로 인해 사람과 사람 사이의 만남이 적어지고, 생계에 어려움을 겪는 이들도 많아졌습니다. 코로나 블루를 겪는 사람들도 있는가 하면 사람들의 전반적인 문화생활도 이전보다 어려워졌습니다. 우리의 문화와 일상이 위협받고 있는 것입니다.

그런 와중에 이 책이 세상에 나오게 되었습니다. 이 책은 '과학도가 바라본 문화와 일상'이라는 큰 주제로 카이스트 학생들이 작성한 34편의 글을 엮은 책입니다. 우리가 이렇다 할 문화와 일상을 영위하지 못하는 지금, 저는 이 책이 여러분께 자그마한 위로가 될 수 있을 것이라 기대합니다.

이 책에는 아주 일상적인 주제, 이를테면 요리나 유튜브부터 우리의 사회나 문화와 같은 다소 심오하고 흥미로운 주제까지 다양한 주제의 글이 실려 있습니다. 카이스트 학생들이 과학도로서 느끼는 세상 속의 과학을 이 책에 담았습니다. 독자 여러분도 자신만의 경험을 떠올리며 책을 읽으시면 더 재미있는 독서가 될 것이라 생각합니다.

각각의 글이 모두 특색 있고 흥미로운 작품이라 어떤 페이지를 펼쳐도 재미있게 읽을 수 있을 것입니다. 하지만 무엇을 읽을지 고민이 된다면, 관심이 가는 주제부터 찾아 읽는 것도 좋겠지요. 이를 위해 각 장의 주제를 간략히 소개해보고자 합니다.

첫 번째 장의 테마는 '인간'입니다. 과학을 통해 인간과 인간을 둘러싼 삶을 관찰해보는 장입니다. 두 번째 장은 '음식'입니다. 우리가 매일 접하는 음식 속에 숨어 있는 과학적 원리를 담았습니다. 세 번째 장은 '일상'입니다. 우리의 일상과 문화 속에 우리도 모르게 함께하고 있었던 과학을 소개합니다. 네 번째 장은 '정보과학'입니다. 요즈음 계속해서 우리 삶에 녹아들고 있는 정보과학의 원리에 대해 알아보는 장입니다. 마지막 장의 테마는 '사회'입니다. 우리 근처의 이런저런 사회적 이슈를 과학도의 시선으로 풀어냅니다.

더 자세한 것은 책을 읽으면서 알아보면 좋을 것 같습니다. 머리말이 책의 스포일러가 될 수는 없으니까요. 머리말 뒤에는 당연하게만 받아들였던 일상과 문화를 새로운 시각으로 볼 수 있게 해줄 34작품이 여러분을 기다리고 있답니다.

이 책을 통해 일상과 문화 속에서 과학을 느끼게 될 수 있다면 좋겠습니다. 제대로 된 일상과 문화를 누리지 못하는 현 상황이지만 이 책이 작은 즐거움을 가져다줄 수 있기를 바랍니다. 책읽기가 끝나면 과학은 어려운 것이 아닌, 우리와 항상 함께하는 것임을 알게 될 것입니다. 그러면 이제 세상 속의 과학, 과학 속의 세상에 같이 빠져볼까요?

홍지운(내사카나사카 학생편집장)

제1부

과학의 눈으로 인간을 탐구하다

신채영 박재형 김유진 김창용 유신혁 양경록 전재완

높은 곳의 뇌

생명화학공학과 18학번 신채영

떠다니는 비눗방울, 환상의 나라로 데려가줄 것 같은 노래, 화려한 옷을 입고 지나가는 퍼레이드 행렬. 놀이공원에서는 남녀노소 할 것 없이 얼굴에 미소를 띠며 행복해 보인다. 누군가에게는 귀엽고 아기자기한 공간일 수 있지만 누군가에게는 쿠궁쿠궁 굉음을 울리는 살벌한 놀이기구를 즐기러 가는 놀이터이다. 롯데월드에 있는 아틀란티스, 에버랜드의 티익스프레스 정도는 손을 놓고 만세를 부르며 즐겁게 탈 수 있다. 아니, 있었다. 심지어는 싱가포르의 디즈니랜드를 가서도 디즈니 캐릭터와 테마파크를 구경하는 것은 뒷전으로 하고 발판이 없는 롤러코스터의 아찔함을 즐기기 위해 긴 줄을 기다렸다.

굉장히 용감했고 패기 넘치던 아이는 번지 점프를 한 후 '두려움'이라는 감정을 알게 되었다. 롤러코스터는 높이의 스릴을 알려주는 놀이기구가 아니었던 것이다. 진정한 높이의 두려움과 스릴은 번지 점프를 통해 알 수 있었다. 아름다운 강을 바라보면서 거센 바람을 맞으니 번지 점프대 위에서 손이 떨리고 다리에 힘이 풀렸다. 줄 하나에 묶여 자유를 만끽할 수 있다는 기대감은 사라진 지 오래고 걱정, 불안, 무서움이 온 몸을 감쌌다. 입술은 파래지고 손에는 땀이 흥건하며 다리는 힘을 잃어 갓 태어난 송아지마냥 비틀거렸다. 손바닥의 땀은 도장에 묻은 잉크처럼 꽉 부여잡은 난간에 내 손 모양을 남겼다. 그때의 기억을 떠올리며 글을 쓰는 지금도 손바닥에 땀이 흥건해지고 괜히 다리가 달달 떨린다.

두려움이란 외적으로 분명하게 가해지는 생존의 위협에 대한 반응이다. 나는 '높은 곳에서 떨어져 목숨을 잃을 수도 있는 위협'에 대한 반응으로 두려움을 느꼈던 것이다. 이러한 감정은 대뇌의 변연계와 신경 전달 물질의 협력으로 생긴다. 변연계라는 단어는 아마 처음 들어보았을 것이다. 대뇌의 하단에 위치한 신경 세포의 집단인데, 개체 즉 본인과 본인을 포함한 집단 유지에 필요한 본능적 욕구와 매우 밀접한 연관이 있어 '본능의 자리'라고도 불린다. 번지 점프대에서 나는 죽고 싶지 않다는 본능적 욕구를 느꼈던 것이다! 변연계는 대표적으로 시상 하부, 해마, 편도체 등으로 이뤄져 있으며 기억에서부터 기본적인 욕구까지 우리의 행동에 영향을 미친다. 해마는 과거에 일어났던 모든 것에 대한 기억을 관리하며 심지어는 경험과 관련된 감정까지도 기억을 할 수 있게 한다. 동물과 인간을 구분 짓는 요소 중 하나는 학습성이다. 새로운 것을 기억하고 습득할 수 있는 것이 인간의 특징이다. 이에 중요한 역할을 하는 것이 바로 해마이다. 편도체는 행동과 생리 현상에 상응하는 반응과 감정을 통합한다. 감정의 선장 역할을 하며 해마에 저장된 기억과 경험에 맞는 감정을 만들어내는 것이다. 해마와 편도체에서 통합적으로 만들어진 감정, 즉 하나의 자극은 시상 하부로 전달되며 이 자극으로 인해 우리 몸 전체와 연결된 자율 신경계는 흥분하게 된다. 시상 하부는 대뇌와 신체 말단의 자율 신경계를 연결함으로써 신체 반응을 총괄한다. 내가 번지 점프대 앞에 섰을 때 내 머릿속에서는 해마와 편도체가 열심히 일을 하여 두려움이라는 감정을 만들어내고 그 순간을 저장하고 있었다. 이러한 감정이 시상 하부로 전달되어 '다리를 덜덜 떨고 손에 땀이 흐르게 해!'라는 명령을 몸에 내리고 있었던 것이다.

그렇다면 해마와 편도체, 시상 하부 사이에서 감정이라는 자극은 어떻게 전달되는 것일까? 뇌의 모든 영역은 신경 세포로 이루어져 있으며 이 신경 세포들은 서로 연결되어 있다. 신경 세포들은 퍼즐처럼 서로 맞닿아 있는 것이 아니라 시냅스라는 틈을 두고 서로 조금씩 떨어져 있다. 이 시냅스 사이로 자극에 대한 정보를 담은 신경 전달 물질이 이동하면서 한 세포에서 다른 세포로 자극이 전달되는 것이다. 정확하게는 신경 전달 물질 자체가 어떤 기능을 포함하는 것이 아니라 이 물질이 분비되는 양에 따라서 자극의 전달이 이루어지는 것이다. 우리의 뇌에는 영역에 따라 대응해야 하는 상황에 따라 다양한 신경 전달 물질이 있다. 우리는 아드레날린, 다른 이름으로는 에피네프린이라는 신경 전달 물질을 가장 많이 알고 있을 것이다. 또한 우울증의 발병 원인으로 많이 알려진 세로토닌 역시 신경 전달 물질 중 하나이다(신경 전달 물질은 호르몬의 일종이다). 그렇다면 변연계의 공포나 두려움 같은 감정 전달은 어떤 물질에 의해 되는 것일까? 대표적인 흥분성 신경 전달 물질인 글루타메이트glutamate가 변연계를 이루는 신경 세포의 말단에서 분비되면 해마와 편도체가 흥분한다(여기서 흥분한다는 의미는 자극을 받는다는 것이다). 따라서 공포와 불안을 느끼게 되고 기억 형성이 강화된다. 한번 글루타메이트가 분비되기 시작하면 나는 계속 공포를 느껴야 하는 것일까? 평생을 두려움에 떨어야 하는 것일까? 그렇게 되면 모든 사람은 피해망상증과 공포증에 빠져 일상생활을 하지 못할 것이다. 이런 재앙을 막기 위해 다행스럽게도 글루타메이트와 반대의 역할을 하는 신경 전달 물질이 존재한다. 억제성 신경 전달 물질인 GABA와 글루타메이트가 상호 작용하여 과도한 흥분을 방지한다. 이처럼 해마, 편도체, 시상하부는 공포를 전달하는 우편부 글루타메이트의 도움으로 두려움이라는 반응을 만들어낸다. 만약, GABA가 적절하게 분비되지 않는다면 어떻게 될까? 또는 글루타메이트가 너무 많이 분비되면 어떻게 될까? 두려움이라는 상황에서 지나치게 흥분하게 되고, 이 흥분이 쉽게 가라앉지 않을 것이다. 그 결과 불안 장애가 생길 수 있다. 불안 장애는 현재 상황에 대한 과도한 공포로 인해 일상생활에 장애를 일으키는 정신 질환으로, 공포증이나 공황 장애 등을 통틀어서 부르는 병명이다. 적절한 양의 신경 전달 물질은 상황에 적합한 신체 반응을 이끌어내고, 그렇지 않은 경우 정신 질환을 일으킬 수 있다.

목숨에 대한 위협에 대응해야 하는데, 머릿속으로 생각만 한다면 어떻게 될까? 목숨에 대한 위협의 예시를 또 하나 들자면, 당신이 산에서 곰을 마주쳤다. 어떻게 해야 하는가? 그 순간 내 몸은 어떤 반응을 보이는가? 동공이 커지고 심장 박동이 빨라지며 땀이 흐르기 시작한다. 이처럼 몸이 위험한 상황에 대처할 수 있는 긴장된 상태를 싸움-도망 반응이라고 한다(싸우거나 도망치거나 둘 중의 하나 반응을 일으킨다는 뜻이다). 이 반응은 우리 몸에 퍼져 있는 교감 신경의 활성화로 인해서 만들어진다. 내가 원할 때 이러한 반응이 나타나게 하고, 조금 안정되었다 싶으면 반응아 멈춰! 할 수 있는 것일까? 그렇지 않다. 싸움-도망 반응은 우리의 의지대로 조절할 수 없다. 내 마음대로 손가락을 구부리고 눈을 감게 하는 명령은 대뇌에서 만들어져 몸 말단까지 퍼져 있는 체성 신경계에 전달되어 몸의 근육을 움직일 수 있게 한다. 그러나 상황에 대응하여 저절로 만들어지는 신체 반응은 생각을 하는 대뇌가 아니라 몸의 반응을 조절하는 시상 하부, 척수 등에서 명령이 시작되기 때문에 의지대로 조절이 불가능하다. 이렇게 상황에 맞는 몸의 상태를 만드는 신경계는 자율 신경계이며 스트레스에 대응하는 신경이 교감 신경, 그를 안정화해주는 것이 부교감 신경이다. 이 둘은 상호 길항 작용을 하며 신체의 균형, 즉 항상성을 유지한다. 교감 신경이 활성화되면 지방 분해도 촉진된다. 이는 인류가 위협을 마주쳤을 때 도망침으로써 위협으로부터 벗어났기 때문에 달리기 좋은 몸의 상태로 만들어주는 것임을 의미한다. 번지 점프대 앞에 섰을 때 뇌의 변연계는 위협에 대응하여 두려움이라는 감정을 만들어냈고 이것이 시상 하부와 척수를 따라 교감 신경으로 전달되면서 싸움-도망 반응이 일어났던 것이다. 그 순간 나는 소화가 되지 않으며 손에 땀이 나고 심장이 빠르게 뛰었다. 이것이 모두 교감 신경의 작품이다.

번지 점프라는 제대로 된 위협을 마주한 후, 티브이에서 번지 점프를 하는 모습만 봐도 괜히 손에 땀이 나고 같이 뛰는 것처럼 무섭다. 실제로 내가 높은 곳에 있는 것도 아닌데 왜 두려움을 느끼는 것일까? 이와 비슷한 현상으로 레몬 먹는 것을 상상하거나 레몬을 보기만 해도 혀가 짜릿

짜릿하며 침이 고이는 경험을 한 적도 있다. 정신이 몸을 지배한다는 말이 이럴 때 쓰이는 것일까? 정답이다! 대뇌에 저장된 기억에 대한 반사로 신체 반응이 나타나는 것이다. 모든 동물은 어떤 자극에 대해 반응을 하는 반사 작용을 가지고 있다. 뜨거운 냄비 손잡이를 실수로 만졌을 때는 손을 대자마자 바로 떼어버리고, 야구공이 눈앞으로 날아온다면 눈을 저절로 감게 된다. 이를 무조건 반사라고 하며, 반사 작용이 실제로 일어나지 않은 일에 대응하여 생기는 반응을 조건 반사라고 한다. 즉, 어떠한 자극을 되풀이함으로써 학습적으로 일어나게 된 경우가 조건 반사인 것이다. 내가 높은 곳의 두려움을 경험하고 기억했기 때문에 상상만 했을 때도 그때와 같은 신체 반응이 나타난 것이다. 조건 반사의 가장 유명한 예로는 생리학자 파블로프가 진행한 개의 침 분비 실험이 있다. 파블로프는 개가 먹이를 먹을 때마다 종을 울렸고 이러한 경험이 누적되자 개는 먹이가 없어도 종이 울리면 침을 흘렸다. 먹이가 입 속에 있을 때 침이 나오는 것은 무조건 반사이며, '종소리'라는 자극을 되풀이함으로써 소리에 반응하여 침을 흘리는 것은 조건 반사이다. 이는 학습의 가장 원시적인 형태라고 알려져 있다. 조건 반사가 나타나는 과정은 위에서 설명한 교감 신경의 활성화 과정과 매우 유사하다. 레몬을 보거나 타인이 번지 점프를 하는 모습을 본 시각 자극 또는 청각 자극이 대뇌에 전달되면 대뇌에서 정보를 처리하고 그 후 시상 하부와 척수를 따라 정보를 교감 신경에 전달하여 신체 반응이 나타나는 것이다. 이러한 조건 반사 또한 교감 신경의 작품이므로 내가 원하는 대로 조절할 수 없다. 따라서 나는 티브이의 숱한 예능에서 번지 점프하는 장면을 볼 때마다 손에 땀이 나고 침

분비가 늘어난다. 그러면 자연스럽게 내가 번지 점프대 위에 있었을 때의 모습과 감정이 떠오르며 같이 두려움을 느낀다. 높은 곳의 두려움이 대뇌 깊숙이 박혀버린 것이다.

번지 점프를 하기 전, 아무런 소리도 안 들리고 두려움에 떨고 있던 내 옆에는 잔뜩 신난 친구가 있었다. 번지 점프를 해보는 것이 버킷 리스트였다며 행복함에 방방 뛰고 난리였다. 저 친구는 무서움이라는 것을 모르나? 어떻게 이게 안 무섭지? 라는 생각이 들었다. 사람들은 위험한 줄 알면서도 줄 하나에 의지해 가파른 협곡에서 뛰어내리거나 하늘에서 뛰어내린다. 심지어는 각 나라별로 스릴을 즐길 수 있는 일명 '스릴 스팟'이 존재한다. 짜릿함과 스릴감을 즐기는 사람들은 나와는 어떤 것이 다르기에 50m 상공에서 겁도 없이 뛰어내릴 수 있는 것일까? 사람이 극한 상황에 처하게 되면 변연계에서 글루타메이트의 분비가 증가하여 교감신경이 자극을 받는다. 이때, 아드레날린이라는 호르몬도 같이 분비된다. 아드레날린은 글루타메이트와 비슷한 역할을 한다. 심박수를 높이고 혈압을 높여 신체가 가진 최대의 에너지를 사용할 수 있게 해준다. 극한 상황에 처하면 아드레날린 이외에도 여러 가지 자극성 마약의 역할을 하는 물질들이 뇌에서 분비된다. 이러한 물질이 주는 자극적인 흥분에서 사람들은 쾌감을 얻는 것이다. 최태진 신경 정신과 의사는 일부 사람들에게 카운터 포빅 디펜스counter-phobic defense가 성취감과 안도감을 주는 것이라고 말했다. 그리고 극한의 공포를 이겨내는 행위를 통해 우월감과 희열 등을 맛보는 것이라며 도전하는 사람들의 심리를 분석했다. 즉, 뇌의 변연계와 신경 전달 물질의 협력으로 만들어낸 본능의 욕구에서 비롯된 공포를 의지와 이성으로 이겨냄으로써 쾌감이라는 묘한 감정을 즐기는 것이다. 이에 더해서 심리학자 마이클 앱터는 본인의 저서 『위험한 벼랑: 흥분의 심리학』에서 진화론적인 관점에서도 공포를 즐기는 사람을 설명했다. 위험을 추구하는 행동은 개인의 즐거움을 위해서뿐만 아니라 종의 진화를 위해서도 필수불가결하다고 말했다. 수많은 사람들이 위험을 감수했기 때문에 인간이 멸종하지 않은 것이고, 성취에서 얻는 쾌락이 세대를 거치면서 진화하여 결국에는 위험을 추구하는 행위 자체가 목적이 되었다고 말했다. 즉, 인류가 진화할 수 있었던 이유는 위험을 추구하는 인간의 뇌가 있었기 때문이다. 하늘에서 뛰어내리는 공포감을 즐기는 사람은 아드레날린 분비로 인한 흥분을 즐기며 진화론적으로 위험을 추구하는 뇌를 가진 것이다.

예능 프로그램에서 바닥이 유리로 된 고층 건물에서 다리를 벌벌 떨며 무서워하는 사람은 종종 놀림거리가 되곤 한다. 반면 한 치의 주저함도 없이 번지 점프대에서 뛰어내리는 사람은 용감한 사람, 멋진 사람으로 묘사된다. 물론 이런 사람들이 용감한 것은 맞다. '위협에 대응하는 본능'보다는 위험을 추구한 것이기 때문이다. 하지만 높은 곳을 무서워하는 사람이 겁쟁이로 치부되는 것은 옳지 않다. 우리는 모두 '위협에 대응하는 본능'을 가진 인간이기 때문이다. 또한 무서워하는 사람들이 다리에 힘이 풀려 주저앉고 땀을 많이 흘리는 것 또한 신체의 자연스러운 반사 현상이다. 따라서 본인이 높은 곳을 즐기지 않고 심지어는 고소 공포증이 있다고 하더라도 주눅들 필요 없다. 우리는 인간으로서 당연한 반응을 보이는 것이다. 대신 '두려움'이라는 감정을 쾌락으로 바꿔 극한의 상황에 도전하는 사람에게 용감하다고 칭찬을 해주는 것은 어떨까?

스포츠, 그거 다 장비발 아닌가요?

전기및전자공학부 17학번 박재형

운동을 할 때 적절한 장비를 사용하는 것은 무엇보다 중요하다. 축구를 할 때 농구화를 신거나 슬리퍼를 신고 마라톤을 뛰는 사람은 없을 것이다. 좋은 스포츠 장비의 사용은 선수들의 능력을 극대화하고 좋은 결과로 이끌어준다. 장인은 도구 탓을 하지 않는다지만 실력이 비슷한 장인들 간의 대결이라면 얼마나 좋은 도구를 사용하는지가 승부를 판가름할 것이다. 실제로 프로 선수들은 자신의 장비를 위해서라면 돈을 아끼지 않는다. 프로 선수들이 사용하는 장비는 일반인이 사용하는 것과는 비교할 수 없을 정도로 비싸고 좋은 성능을 지니고 있다. 심지어 정상급 선수들이 사용하는 장비는 선수 개인의 체형에 맞게 맞춤 제작되는 것들이 많아 일반인들은 구할 수조차 없는 것들이 대부분이다. 특히 마라톤 선수의 운동화, 테니스 선수의 라켓, 수영 선수의 수영복처럼 경기에 직접적으로 영향을 주는 장비의 경우 그 정도는 훨씬 더할 것이다.

비싼 돈을 투자하는 만큼 선수들의 장비에는 온갖 첨단 기술이 녹아

들어 있다. 그들의 장비는 어떻게 하면 선수들의 기량을 온전히 전달할 수 있을 것인가에 대한 과학자들 고민의 집합체라고 할 수 있다. 과학기술이 점점 더 발전함에 따라 선수들의 장비도 더욱 좋아졌다. 혁신적인 신소재의 발견과 새로운 이론의 등장으로 이전에는 상상도 할 수 없었던 스포츠 장비들이 탄생하기 시작했다. 이는 선수들의 기량을 크게 상승시켰지만, 일각에서는 이러한 혁신이 스포츠 정신을 훼손한다는 비판의 목소리도 적지 않다. 본 글에서는 스포츠 혁신을 이끈 스포츠 장비들에 녹아 있는 과학적 원리를 알아보고 그 혁신을 바라보는 대중들의 시선에 대해서 논의할 것이다.

2016년 나이키는 베이퍼플라이Vaporfly라는 혁신적인 마라톤 운동화를 출시했다. 베이퍼플라이를 착용하면 기존 마라톤 운동화를 착용했을 때보다 에너지를 4퍼센트 가량 더 효율적으로 사용할 수 있었다. 이를 착용한 선수들은 마치 내리막길을 달리는 것 같다며 그 운동화를 극찬했다. 실제로 케냐의 마라톤 선수 엘리우드 킵초게Eliud Kipchoge는 비엔나에서 이 운동화를 신고 세계 최초로 마의 2시간 장벽을 깨뜨렸으며, 같은 해 여자 마라톤 선수 브리지드 코스게이Brigid Kosgei는 시카고에서 세계 신기록을 세웠다. 또한 11월에 제프리 캄워러Geoffrey Kamworor는 최초로 뉴욕 마라톤 대회에서 3년간 두 번 우승한 선수가 되었다. 연구진은 베이퍼플라이가 마라톤 선수들의 기록을 최대 2.5퍼센트까지 향상시킬 수 있다는 연구 결과를 발표했는데, 혈액 약물 도핑을 금지했을 때 선수들의 기록이 2.3퍼센트가량 감소한 것과 비교하면 그 혁신이 얼마나 대단한 것인지 충분히 짐작할 수 있다.

좋은 운동화를 만들기 위해서는 첫 번째로 지면이 발에 닿을 때 생기는 충격을 완화해야 한다. 일반적으로 달리기를 할 때 발에는 체중의 3~6배가량의 충격이 전해진다고 알려져 있다. 빠른 속도로 오랫동안 달려야 하는 마라톤에서 좋은 성적을 얻기 위해서는 반드시 이 충격을 완화하여 발의 부담을 줄여야 한다. 지구상에서 잘 달리기로 유명한 동물인 말은 발 부분에 플랜터 쿠션plantar cushion이라는 물렁물렁한 지방층이 존재하는데, 이 쿠션이 충격을 완화하는 역할을 하기 때문에 말은 오랫동안 달릴 수 있다. 어마어마한 체중을 가지고 있는 코끼리도 발 부분에 거대한 쿠션을 가지고 있어 신발을 신지 않아도 그 육중한 체구에서 나오는 충격을 버틸 수 있다.

베이퍼플라이는 탄소 섬유판이라는 혁신적인 신소재를 통해 달릴 때 지면에서 오는 충격을 완화하였다. 탄소 섬유는 탄소 원자들을 이용하여 만든 0.005mm 두께의 굉장히 가는 섬유인데, 이러한 탄소 섬유 수천 가닥을 엮어서 만든 것이 바로 탄소 섬유판이다. 같은 탄소 원자로 구성되어 있어도 원자 배열에 따라 연필심이 되기도 하고 다이아몬드가 되기도 한다. 그런데 탄소 섬유를 구성하는 탄소 원자들은 탄소 섬유 길이 방향을 따라 육각 결정 구조의 형태로 붙어 있기 때문에 매우 강한 물리적 성질을 지닌다. 더욱이 탄소 섬유는 일반적인 금속들보다 훨씬 가볍기 때문에 차세대 기술의 핵심 소재로 각광받고 있다. 나이키는 베이퍼플라이의 중창에 이른바 솜털보다 가볍고 강철보다 단단한 탄소 섬유판을 삽입하여 착용자가 받는 충격을 효과적으로 완화할 수 있었다.

좋은 운동화의 두 번째 조건은 높은 반발력이다. 우리가 땅을 딛고 앞으로 나아갈 수 있는 것은 뉴턴의 제3운동 법칙인 작용과 반작용의 원리 덕분이다. 우리가 땅에 힘을 가하면 반작용에 의해 땅도 우리에게 힘을 가하는데, 그 힘 덕분에 우리가 앞으로 걷고 위로 뛸 수 있는 것이다. 좋은 운동화의 높은 반발력은 그 힘을 극대화하여 우리가 적은 에너지로 많은 일을 할 수 있게 도와준다. 마치 우리가 트램펄린 위에서 훨씬 높이 뛸 수 있는 것처럼 반발력이 높은 운동화를 신는다면 우리는 더 쉽게 달릴 수 있을 것이다.

베이퍼플라이는 페백스폼이라는 신소재로 중창을 만들어 이 반발력을 극대화했다. 페백스폼은 나이키의 기존 소재인 EVA보다 20퍼센트, 경쟁사 아디다스의 메가 부스트 소재보다 10퍼센트가량 높은 반발력을 가지고 있었다. 물론 아무리 반발력이 좋아도 소재의 무게가 너무 무겁다면 오히려 달리는 데에 방해가 될 것이다. 하지만 페백스폼은 굉장히 가볍기 때문에 아무리 사용해도 전혀 문제가 되지 않았다. 베이퍼플라이는 특유의 높은 중창 모양이 특징인데, 중창에 이 페백스폼을 최대한 많이 넣다 보니 그렇게 높이 솟은 모양새가 탄생한 것이다.

마라톤뿐만 아니라 수영에서도 혁신적인 스포츠 장비가 등장했다. 2008년 스포츠웨어 기업 스피도는 LZR 레이서라는 파격적인 수영복을 출시했다. 베이퍼플라이와 마찬가지로 온갖 첨단 기술로 무장한 LZR 레이서는 엄청난 성능을 보여주었다. 2008년 베이징 올림픽에서 메달을 획득한 수영 선수들 중 98퍼센트는 모두 이 LZR 레이서를 입은 선수들이었으며 특히 금메달은 모두 해당 수영복을 입은 선수들이 차지했다. 또한 해당 올림픽에서만 총 25개의 세계 신기록이 탄생할 정도로 LZR

레이서가 가져온 혁신은 어마어마했다. 수영 황제 마이클 펠프스가 이 수영복을 입은 뒤 자신의 몸이 마치 로켓이 된 것 같다고 말한 일화는 굉장히 유명하다. 비단 베이징 올림픽뿐만 아니라 이듬해 세계수영연맹이 이를 금지할 때까지 LZR 레이서는 다양한 국제 대회에서 세계 신기록을 갈아치우며 기술의 혁신이 스포츠에 얼마나 큰 영향을 미치는지 증명했다.

좋은 수영복을 만들기 위해서는 크게 두 가지를 만족해야 한다. 첫 번째로 소수성이 높은 섬유를 사용해서 물에 젖지 않도록 해야 한다. 즉, 좋은 수영복은 방수가 잘되어야 한다. 우리가 물에 들어가기 전 옷을 벗는 이유는 옷이 물을 머금을수록 무거워져 움직이기 힘들게 만들기 때문이다. 일상생활에서 흔히 사용하는 면이나 폴리에스터 같은 섬유는 친수성을 띠기 때문에 물을 쉽게 머금는다. 이렇게 물을 머금어 무거워진 옷을 걸친 채로 수영을 한다면 에너지 손실이 극심할 것이다. 두 번째로 물의 항력을 최대한 극복할 수 있어야 한다. 항력이란 물체가 공기나 물 등의 유체 안에서 움직일 때 이 움직임에 저항하는 힘을 의미한다. 수영장에서 똑바로 걷기 힘든 이유는 공기보다 더 큰 밀도를 갖는 물속에서 우리 몸이 더 큰 항력을 받기 때문이다. 수영 선수들은 주로 몸의 체형, 수영할 때 발생하는 물결, 그리고 약간의 마찰로 인해 항력을 받게 된다. 이것들을 효율적으로 극복하여 항력을 덜 받게 만드는 것이 좋은 수영복 개발의 관건이라고 할 수 있다.

다양한 분야의 과학자들을 모집하여 연구를 거듭한 결과 스피도는 결국 LZR 레이서를 개발하였다. 연구의 핵심은 '어떻게 항력을 극복할 것인가'였다. 사실 이전부터 많은 기업들은 나일론과 테플론을 이용한 2세대 패스트스킨을 사용하여 이미 소수성이 높은 수영복을 만들어 내는 데 성공했다. 그러나 수영복의 천이 짜인 형태에 따라 물방울이 불규칙적으로 튀면서 고질적으로 발생하는 항력을 줄이는 것은 쉽지 않았다. LZR 레이서는 다음과 같은 방법들로 이를 극복하는 데 성공했다. 첫 번째로, 높은 소수성을 지니면서도 항력을 적게 받는 폴리우레탄이라는 섬유를 사용했다. 연구진은 60여 개의 소재들을 비교하고 실험하여 기존의 2세대 패스트스킨에서 테플론을 폴리우레탄으로 바꾸면 받는 항력이 훨씬 줄어든다는 결론을 도출해냈다. 폴리우레탄으로 만든 수영복은 표면이 마치 상어의 비늘과 유사하여 물속에서 더 빨리 움직일 수 있게 해주었다. 두 번째로, 초음파 접합 기술을 사용하여 천의 이음새 부분을 보다 매끄럽게 처리했다. 여러 부위의 천을 이으면 필연적으로 접합부에는 솔기가 생기기 마련인데 이 솔기는 항력을 극복하는 데 있어서 굉장히 치명적이었다. 초음파 접합 기술은 이를 해결하는 데 결정적인 도움을 주었다. 이 기술은 플라스틱이나 유리 등을 매끄럽게 접합할 때 사용하는 첨단 기술이다. 스피도는 초음파 진동을 통해 열을 발생시키고 그 열로 폴리우레탄 재질의 천을 녹여 붙이는 방식으로 LZR 레이서의 솔기를 효과적으로 제거할 수 있었다. 초음파 접합 기술을 통해 각 부위는 마치 금속 조각처럼 연결되었는데, 완성된 수영복을 보면 도저히 어디가 접합부인지 찾기 힘들 정도로 정교했다. 세 번째로 코르셋과 유사하게 착용자를 강하게 압박하여 그 체형을 물속에서 유리한 형태로 바꾸었다. 선수들의 몸을 완벽하게 유선형으로 만드는 것은 불가능하지만 특정 신체 부위를 압박하여 항력을 덜 받게 만드는 것은 가능하다. LZR 레이서는 살과 근육을 강하게 압박해 흔들리지 않게 하여 수영의 효율성을 높였고, 복부에 중심 안정화 부위를 추가하여 체형을 유체 역학적으로 만들어주었다. 그런 수영복의 조임이 얼마나 강했는지 LZR 레이서를 직접 입어본 한 리포터는 자신이 마치 거꾸로 탈피하는 바닷가재 같다고 표현할 정도였다. 실제 선수들도 수영복을 입는 데 많은 시간을 사용했고 우리나라 박태환 선수의 경우 조임이 너무 강해 하반신만 입는 것을 택하기도 했다. 이러한 과정을 통해 만들어진 LZR 레이서의 성능은 앞서 말했던 것처럼 가히 혁신적이었다. 스피도는 자체 연구 결과에서 LZR 레이서가 이전 세대 수영복보다 항력이 24퍼센트 감소하고 헤엄의 효율성이 5퍼센트가량 증가했다고 발표했다.

베이퍼플라이와 LZR 레이서 모두 혁신적인 발명이었지만 이를 바라보는 스포츠 업계의 시선은 좋지 않았다. 2020년 1월, 세계육상연맹은 베이퍼플라이의 사용을 막기 위해 운동화 중창의 두께를 40mm로 제한했고 시장에 공개되지 않은 프로토타입의 사용을 금지했다. 또한 LZR 레이서 수영복의 경우 고작 1년 만에 국제 무대에서 퇴출당했다. 해당 수영복의 어마어마한 성능에 놀란 국제수영연맹은 2009년에 수영복에 대한 규제를 더욱 엄격하게 손봤다. 그들은 폴리우레탄과 같은 여러 소수성 직물의 사용을 금지하는 동시에 두께, 부력, 침투성 등에 대한 구체적인 기준을 신설했다. 또한 디자인의 경우 남자는 허리부터 무릎까지, 여자는 어깨부터 무릎까지로 제한하여 전신 수영복을 금지하는 등 과도한 성능을 가진 수영복의 착용을 막기 위해 갖은 노력을 하였다. 이러한 규제는 모두 혁신적인 첨단 기술이 스포츠 정신을 훼손한다는 명목하에 이루어졌다. 인간의 능력이 아닌 장비의 능력에 따라 승부가 갈리는 것이 스포츠 정신을 훼손한다는 이유였다. 대표적으로 이탈리아 수영 국가 대표팀 감독 알베르토 카스타그네티Alberto Castagnetti는 수영이 더 이상 선수들의 능력에 기반을 두지 않으며, 이것은 기술 도핑과 같다며 첨단 수영복을 강력하게 비판했다.

기술 도핑에 반대하는 사람들은 첨단 기술이 스포츠의 가장 중요한 가치인 공정성을 해친다고 주장한다. 2016년 미국 마라톤 국가 대표 선발전에서 1~3위를 한 선수들은 모두 나이키 베이퍼플라이 프로토타입을 신었다. 그런데 해당 신발은 아직 시중에 공개되지 않은 프로토타입이었기 때문에 오직 나이키의 후원을 받은 선수들만 그것을 신을 수 있었다. 그 신발의 착용 여부가 승부에 결정적인 영향을 끼침에도 불구하고 오로지 특정 선수들만 그 수혜를 받을 수 있었다는 것은 공정성 측면에서 굉장히 큰 문제였다. 한편 LZR 레이서의 경우 성능은 굉장히 좋았지만 내구성이 좋지 않아 그것을 입고 서너 번 수영을 하면 수영복이 늘어나거나 찢어지기 일쑤였다. 그래서 한 벌에 60만 원이 넘는 비싼 수영복을 매번 사야 했고 이는 선수들에게 큰 경제적 부담이 되었다. 그렇기 때문에 경제적 여유가 없는 선수들은 그 수영복의 수혜를 받기 힘들었다. 또한 스피도 역시 나이키와 마찬가지로 자신의 후원을 받는 선수들에게만 해당 수영복을 제공했기 때문에 공정성 논란에서 자유로울 수 없었다.

무엇보다도 스포츠의 본질은 수많은 훈련과 노력을 통해 인간 신체의 한계를 시험하는 것이다. 이들은 스포츠 장비는 선수들의 능력을 끌어내기 위해 도움을 주는 도구일 뿐 그것이 결코 중심이 되어서는 안 된다고 비판한다. 수영과 마라톤이 스포츠가 아니라 단순히 누가 더 빠른지를 비교하는 대결이라면 누구나 오리발과 롤러 스케이트를 신을 것이다. 하지만 기술의 우수성이 아닌 순수한 인간의 능력을 겨루는 것이 '스포츠'라는 게 이들의 주장이다. 기술 도핑에 반대하는 사람들은 스포츠 장비와 선수의 능력의 주객이 전도되는 상황을 강력히 비판한다.

하지만 기술 혁신과 기술 도핑을 구분하는 경계선은 여전히 너무 모호하다. 지난 수십 년 동안 기술의 발전 덕분에 선수들의 기량이 크게 증가했다는 사실은 부정할 수 없다. 선수들이 더욱 안전하고 효율적으로 훈련할 수 있었던 것은 모두 기술 발전 덕분이다. 예를 들어, 높이뛰기를 할 때 컴퓨터를 이용해 선수의 움직임을 체계적으로 분석하고 더 나은 자세를 찾을 수 있도록 하는 것은 기술 발전의 긍정적인 측면이다. 뿐만 아니라 최첨단 장비로 선수의 몸 상태를 분석해 최상의 컨디션을 유지시키는 것, 공기 저항을 덜 받는 사이클 자세를 연구하는 것, 근력을 키우기 위해 수중 훈련을 하는 것, 빠른 부상 회복을 위한 최첨단 재활 시설을 갖추는 것 등 기술 혁신의 긍정적인 측면은 셀 수 없이 많다. 스포츠 장비의 발전 역시 선수들이 더 안전하고 좋은 환경에서 경기를 치를 수 있도록 하는 데 많은 도움을 주었다. 충격을 더욱 잘 흡수하는 미식축구 헬멧이나 기존의 대나무 장대를 대신한 장대높이뛰기의 탄소섬유 장대 등은 오히려 기술 혁신의 긍정적인 측면이라며 큰 칭송을 받았다. 이것들이 앞서 설명한 마법의 운동화나 상어 비늘 수영복과 다른 점이 무엇인가? 약물 도핑의 경우 오랜 역사를 가지고 있고 그 위험성이 뚜렷했기 때문에 이른 시기부터 명확한 규제와 선진적인 인식을 갖출 수 있었다. 하지만 비교적 최근에 불거지기 시작한 기술 도핑 문제에 있어서 선수, 협회와 대중들은 아직도 20세기의 구시대적인 인식에 갇혀 있다. 앞으로 과학 기술은 더욱 가파르게 발전할 것이고 지금의 혁신을 뛰어넘는 더 마법 같은 스포츠 장비들이 등장할 것이다. 이러한 시대의 흐름에 발 맞춰 기술 혁신과 기술 도핑의 경계를 명확하게 구분할 수 있고 기술 발전의 긍정적인 측면만을 받아들일 수 있는 '혁신적인 인식'을 반드시 갖춰야 할 것이다.

영혼의 해로움

전산학부 16학번 김유진

우리 집에 사는 고양이의 이름은 면봉입니다. 녀석의 이마는 내 것과 진배없이 따듯합니다. 말로 하지 않을 뿐, 녀석은 나처럼 생각을 하고 있습니다. 나는 그 사실을 압니다.

내 할아버지는 기억을 잃고 있습니다. 매 명절 그를 볼 때면 나는 그의 육신에서 그가 얼마나 많이 빠져나갔는지 알게 됩니다. 그는 더는 나를 모릅니다. 그는 당신의 딸조차 잊었습니다. 이제 나는 그의 육신에서 그의 흔적을 찾아볼 수 없습니다. 나는 그가 빠져나갔을 뿐이라고, 당신의 무너져 내리는 몸에서 유유히 걸어 나와 그다음의 삶을 시작했을 거라고 믿고 싶습니다. 나는 우리가 연약하고 유한한 동물의 몸이 아닌 '영혼'이었으면 좋겠습니다.

이 몸부림은 나만의 것이 아닙니다. 역사 속 그 얼마나 많은 사람이 인간 영혼의 특수함을 이야기했던가요. 성경에서 인간은 선악과를 따 먹은 죄로 영혼을 가지고 속죄의 삶을 살며 구원받는 존재지만 동물은 이름 붙여지고 다스려지는 영혼 없는 존재로 그려집니다. 중세 유럽의 신학자인 토마스 아퀴나스는 인간이 자연의 법칙에 따라 멍청한 동물을 사용할 수 있다고 말했습니다. 르네상스의 철학자 르네 데카르트에게 인간은 세상 유일의 생각하는 존재였고 동물은 마음이 없는 기계 장치였습니다. 근대 아일랜드의 시인 윌리엄 버틀러 예이츠는 「비잔티움으로의 항해」라는 시에서 우리가 죽어가는 동물에 묶여있다고 표현합니다. 그의 표현에 따르면 우리의 본질은 정신이고, 우리의 몸은 죽어가는 동물일 뿐인 거죠.

기억을 잃어가며 점차 인간의 범주에서 멀어지는 할아버지를 보며 나는 묻게 됩니다. 망각의 덤불이 뇌를 잠식하고 우리가 모든 빛나는 기억의 조각을 잃어버렸을 때 우리는 사망 선고 없이 사망하는 것인지요. 면봉이 간식을 달라고 조르고 처음 보는 물건의 냄새를 맡으며 낯선 사람을 무서워하는 모든 행동은 영혼 없는 기계 장치의 동작일 뿐인지요. 도대체 그 선은 어디에 놓여있는 것인지요…….

다윈의 발견은 이 이분법에 직접적인 질문을 던집니다. 인간과 원숭이가 하나의 조상에서 갈라져 나왔다면, 도대체 인간은 언제부터 영혼을 가지게 된 것일까요. 이 질문에 대답하기 위해 인간 예외주의자들은 끊임없이 증거를 물색해왔습니다.

한 가지 시도는 언어 능력으로 그 경계선을 긋는 것이었습니다. 2001년 옥스퍼드 대학의 연구팀은 인간만이 가지는 언어 능력의 물질적 증거를 FOXP2라는 유전자에서 찾았다고 주장했습니다. 집안 내력으로 언어 능력에 문제가 있는 영국의 한 가족(연구팀은 KE 가족이라 이름 붙였습니다)을 연구하여 이 유전자에 문제가 생기면 언어 능력을 잃는다는 것을 확인한 것이었습니다.

후속 연구로 다른 동물의 발성에도 FOXP2 영역이 중요한 역할을 한다는 것이 속속 밝혀졌습니다. 쥐와 새도 이 유전자를 가지고 있는데, 이 유전자에 문제가 생긴 쥐는 찍찍거리는 데, 새는 노래를 배우고 지저귀는 데 문제가 생겼습니다. 박쥐의 경우에는 이 유전자의 염기 서열에 따라 초음파를 사용하는 방식이 달라졌습니다. 이렇듯 FOXP2는 처음 연구진이 예상했던 것보다 훨씬 다채로운 역할을 하고 있었습니다.

이 유전자 연구 이야기가 주는 교훈은 인간의 언어 능력이 진화의 정점이라기보다 어느 유전자의 다양한 발현 중 하나일 뿐이라는 겁니다. KE 가족의 누군가가 불운하게 이 유전자에 문제가 생겼듯, 어느 유인원 아기는 돌연 오늘날의 염기 서열을 가지고 태어나 자기 가족은 오직 보고, 느끼고, 맘속에 담아둘 수만 있었던 풍경을 정교한 소리로 표현할 수 있게 되었던 것일지도 모릅니다.

이제 인간은 동물의 몸에서 마음을 꺼내려고 하고 있습니다. 일론 머스크는 뉴럴링크라는 회사를 차려 뇌를 직접 인터넷에 연결할 수 있는 장치를 개발하겠다고 했고, 한 시대를 풍미했던 바둑 기사는 재미로 바둑을 두던 프로그래머의 인공 지능에 진 후 바둑에서 은퇴했습니다. 친구보다 위로를 더 잘해주는 프로그램이 등장한다면 그 사회에서 우리 영혼의 위치는 어디쯤일까요.

내가 하고 싶은 말은 인간이 동물이어야 한다는 게 아닙니다. 지금의 인간은 동물이라는 겁니다. 우리는 동물입니다. 그리고 우리는 동물됨을 직시할 때 더 건강할 수 있습니다. 우리는 끊임없이 인간의 동물됨을 부정하고 작위적인 선을 그어 인간을 예외로 두며 살아왔습니다. 우리는 지구 어떤 생명체도 일찍이 경험해보지 못한 시대를 살아가고 있고, 그 시대를 잘 살아나가기 위해 이제는 우리의 동물됨을 이해해야 합니다.

배가 고프면 생각이 굼떠지고 판단이 잘 서지 않습니다. 이럴 때 우리는 밥을 먹습니다. 밥 때가 아니라면 간식을 먹고, 그것도 어렵다면 달달한 커피라도 한 잔 마시게 됩니다. 그러면 금세 눈이 번쩍 뜨이고 기분이 좋아지죠. 이렇게 단기간에 쉽게 체험할 수 있는 효과가 있기 때문에 당에 한해서는 우리 몸이 동물적임을 알고 있는 경우가 많습니다.

하지만 우울증에 관해서는 상반된 의견을 많이 만날 수 있습니다. 특히 정신력이 부족해서 우울한 것이라고 말하는 사람도 있죠. 그런데 우울은 먹이 사슬 속 진화의 산물이기도 합니다. 진흙탕에 남아있는 동물의 발자국을 보고 동료가 잡아먹히던 장면을 생생하게 기억해낸 개체는 살아남을 수 있었고, 기억하지 못한 개체는 이전과 똑같은 결말을 맞이할 수밖에 없었죠. 자연에서 인간은 포식자이기 앞서 피식자였기에 언제나 예민할 수밖에 없었습니다.

현대인은 그런 상황에 처해있지 않습니다. 우리의 평균 수명은 원시인의 두 배가 넘고 우리 대부분은 비극적이고 불가항력의 운명에 희생되기보다 자연적으로 낡아서 작동을 멈추는 형태의 죽음을 맞습니다. 오랜 세월 우리를 호랑이로부터 지켜왔던 든든한 친구 '촉'은 이제 우리 마음 속 깊이 만성적 불안이란 이름으로 똬리를 틀고 있습니다. 불안이란 참으로 미묘한 것이어서 위험해 보이는 게 없다면 그전까지 위험하지 않아

보였던 것을 걱정하게 됩니다. 생존 본능을 잠시 끌 수는 없으니까요.

그 결과 우리는 곰곰이 생각해보면 우리는 우리의 미래를 위협할 수 없는 일에 두려움을 느끼곤 합니다. 낮은 점수를 한번 받았다고 잠을 못 이루죠. 최악의 시나리오는 우리 뇌에 너무 그럴듯하고 매력적인 생각의 경로입니다. 우리가 우리 뇌의 동물됨을 이해하고, 우리 뇌에서 그런 '생존을 위한 최악 시나리오 탐색' 알고리즘이 돌아가고 있음을 자각할 때 그 탐색을 멈출 수도 있습니다. 따듯한 물로 씻으세요. 좋아하는 음료를 마시세요. 잠시 눈을 감고 생각을 끄려고 노력해보세요. 컴퓨터가 오작동할 때 그렇듯.

강형욱은 세상에 나쁜 개는 없다며 개가 그렇게 행동하게 된 계기를 척척 짚어내고, 맞춤 훈련을 통해 개의 행동을 교정하기도 합니다. 그런데 사람들은 자신의 꼬인 성격이 타고난 것이고, 영원히 바꿀 수 없는 무언가라는 말을 하곤 합니다. 강형욱이 개를 바라보는 것과 당신이 스스로를 들여다보는 것은 분명 난이도가 다르지요. 강형욱은 평생 개가 어떻게 생각하는지를 생각해온 사람이고, 우리는 생각을 '하는' 사람이었지 생각하는 자신을 '차분히 관찰하는' 사람이 아니었으니까요. 하지만 우리는 그럴 수 있어야 합니다. 멈출 수 없는 화가 끓어오를 때 가슴을 치며 포효하는 침팬지를 발견할 수 있어야 합니다. 죽고만 싶은 외로움을 느낄 때, 어두운 상자 속에 혼자 숨은 원숭이의 모습을 내려다볼 수 있어야 합니다.

영국의 인류학자 로빈 던바는 여러 유인원을 관찰해서 신피질이 클수록 더 큰 사회를 이루고 산다는 것을 발견했습니다. 그리고 그 결과를 외

삽해서 인간의 신피질이 150명 정도의 인간관계를 지탱할 수 있다고 말했습니다.

오늘날 우리는 우리 뇌가 처리할 수 없는 복잡다단하고 불투명한 인간관계 속에 살고 있습니다. 우리가 큰 고민 없이 인터넷에 올린 글을 수만 쌍의 눈알이 훑고 지나갑니다. 어떤 글은 논란이 되어 조리돌림을 당합니다. 글쓴이는 누가 돌팔매질을 하는지 알 수 없습니다. 글쓴이에게 스쳐 지나가는 모든 사람은 그들 같고, 손발이 포박된 채로 목에 팻말이 걸려 끌려다니는 것만 같습니다. 인간의 뇌는 합리적이고 이성적이며 '정신력'만 있다면 무한한 처리 역량을 가진 가상의 장치가 아니라 숲속에서 백여 마리씩 무리 지어 살던 우리 조상이 우리에게 물려준 장기입니다. 우리 뇌는 입을 여는 순간 70억 명 앞에 서는 데엔 준비되어 있지 않습니다.

인간만이 다르다는 논리는 성경 속에서 인간이 동물을 다스릴 이유가 되었고 현대에 와서도 가축의 존재를 정당화합니다. 이성의 존재는 자연을 통제하고 인간을 번영시킬 명백한 운명의 증거라는 것이지요. 이제 지상 포유류 무게의 30퍼센트는 인간, 66퍼센트는 인간이 기르는 가축이 차지합니다. 코끼리와 기린과 호랑이와 곰과 사슴과 얼룩말. 당신이 알고 있는 모든 야생 포유류의 무게는 다 합쳐서 4퍼센트를 차지하죠. 인간은 이미 지구를 지배하고 있습니다. 지금까지는 인간만이 이성을 가지고 있고 도덕적 판단을 내릴 수 있다고, 그래서 동물을 가축으로 만들어도 된다고 믿었다면 인간의 정신이 얼마나 동물적인지 배운 현대인은 다른 판단을 내릴 수 있어야 합니다.

마지막으로 이 글을 읽을 때 동물이 함께 있다면, 당신의 배우자, 부모, 자식, 개나 고양이가 함께 있다면, 살결을 만져주세요. 안아주세요. 눈을 들여다보세요. 태어나서 부모에 안겨 자란 우리 포유류의 뇌는 그럴 때면 옥시토신을 내뿜어 당신이 편안한 행복함을 느끼게 합니다. 우리의 조상이 우리에게 물려준 기관을 이해하고 가능한 잘 활용합시다. 동물로서의 자아를 받아들입시다.

'좌완' 파이어볼러는 지옥에서라도 데려온다

물리학과 18학번 김창용

"흑黑이 백白에게 말했다. '만일 회색이었더라면 나는 그대에게 너그러움을 보였을 것이다.'" 레바논 출신의 작가, 칼릴 지브란의 말이다. 사람은 자신과 다른 것을 배척한다. 머나먼 과거, 포식자를 경계하던 생존 본능이 우리 유전자에 남아있기 때문이다. 그러나 현대 사회에서 차별과 편견은 독이 되기도 한다. 작년 한 해를 뜨겁게 달궜던 '흑인의 목숨도 중요하다Black lives matter' 운동은 인종 차별로 인해 촉발되었다. 최근 대두되고 있는 페미니즘 역시 여성의 동등한 권리를 주장한다. 억압받던 소수자들이 점차 목소리를 내고, 그에 맞춰 평등이 중요한 가치로 떠오르고 있다.

가장 오래된 소수 집단 중 하나는 왼손잡이다. 연구에 따르면, 전 세계 인구 중 10.6퍼센트만이 왼손잡이다. 인구 대부분이 오른손잡이인 만큼, 왼손잡이는 잘못된 것으로 여겨져 왔다. 영어에서 'right'은 올바르다는 의미를 담고 있는 반면 'left'는 약함, 어리석음을 의미하는 'lyft'에서 유래

했다. 한국어에서도 마찬가지다. '왼'이라는 말 자체가 '그르다'를 뜻하는 고어 '외다'의 활용이다. "오른손은 옳은 손, 왼손은 그른 손"이라는 편견이 단어 깊숙이 자리 잡고 있는 것이다.

왼손잡이를 바라보는 부정적인 시각은 보수적인 사회에서 두드러진다. 관련 통계를 살펴보면 1860년대에는 2퍼센트에 불과하던 왼손잡이 비율이 점점 증가하고 있다. 또한 유럽 국가에 비해 아시아 국가에서 왼손잡이 비율이 현저히 낮다. 한국갤럽에서 2003년 발표한 '왼손잡이에 대한 여론조사'에서 양손잡이의 비율이 눈에 띄게 높은 것을 통해 알 수 있듯이 이는 보수적인 사회일수록 왼손잡이 아이들을 오른손잡이로 '교정'하기 때문이다.

수많은 제품들이 오른손잡이만을 기준으로 만들어진다. 가위, 스프링 노트, 마우스 같은 생활용품부터 자판기, 지하철 개찰구 등의 편의 시설 역시 마찬가지다. 자의 눈금이 거꾸로 보인다거나 바지 지퍼를 여닫기 불편한 것은 이미 익숙해진 일이다. 심지어는 생사와 직결되는 옥내 소화전 역시 오른쪽으로만 열린다. 오른손잡이들은 이런 문제를 인지하는 것조차 쉽지 않다. 이처럼 왼손잡이들은 의식적으로 그리고 무의식적으로 차별받아 왔다.

반면 예체능 분야에서는 오히려 왼손잡이를 반긴다. 수많은 왼손잡이가 자신의 영역에서 두각을 드러내곤 했다. 전설적인 기타리스트 지미 헨드릭스는 왼손잡이용 기타가 없어 기타를 거꾸로 들고 연주했다. 레오나르도 다빈치는 왼손으로 '모나리자'를 그렸고 악마의 바이올리니스트 파가니니 역시 왼손잡이다. 이런 경향은 스포츠에서 더욱 두드러지는데 스포츠 선수 중 왼손잡이 비율은 전 세계 인구 중 왼손잡이 비율을 훨씬 상회한다. 이런 경향 탓에 세간에는 "왼손잡이는 천재다"라는 낭설이 존재한다.

그러나 이는 사실이 아니다. 자료를 자세히 들여다보면 스포츠 종목에 따라 왼손잡이 비율이 상이한 것을 알 수 있다. "좌완 파이어볼러는 지옥에서라도 데려온다"라는 말이 있을 정도로 야구는 왼손잡이 선호도가 높은 스포츠다. 실제로 야구 선수 중 왼손잡이의 비율은 30퍼센트나 된다. 다른 스포츠에서도 왼손잡이 선수를 흔하게 찾을 수 있다. 복싱 선수 5명 중 1명은 왼손을 사용한다. 펜싱, 테니스 역시 20퍼센트 정도가 왼손잡이다. 탁구에서는 선수의 30퍼센트 이상이 왼손잡이고 심지어 최정상급 선수들만을 대상으로 하면 그 비율은 40퍼센트까지 올라간다.

반면 왼손잡이가 드문 스포츠도 있다. 1946년부터 2009년까지 활동한 프로 농구 선수 중 단 5.1퍼센트만이 왼손잡이였고 현재까지 NFL에서 활동한 왼손잡이 쿼터백은 30명을 가까스로 넘는 수준이다. 육상, 골프 등 왼손잡이 비율이 10퍼센트 미만인 스포츠 역시 많이 있다. 이러한 편차는 앞서 언급한 높은 왼손잡이 비율이 왼손잡이의 천재성으로 인한 것이 아님을 보여준다. 그렇다면 원인이 무엇일까?

첫 번째로는 신경학적 요인이 있다. 우리의 두뇌는 뇌량을 중심으로 좌우가 구분되어 있다. 1981년 노벨 의학상을 받은 로저 스페리 교수의 연구에 따르면 좌뇌와 우뇌의 기능은 서로 다르다. 좌뇌는 언어, 논리, 계산을 담당하는 반면 우뇌는 공간, 직관, 상상을 담당한다. 신경이 교차되면서 우뇌는 몸의 왼편과 연결되고 왼손을 많이 사용하는 왼손잡이는 자연스럽게 우뇌가 더 발달한다. 마찬가지로 오른손잡이는 좌뇌가 주로 발달한다. 따라서 왼손잡이는 오른손잡이에 비해 창의적이고 직관적인 경향이 있고 이는 예술 분야에서 큰 도움이 된다. 우뇌의 공간 지각 능력 역시 스포츠에서 필수적인 요소다. 즉, 왼손잡이가 예체능에서 활약할 수 있는 첫 번째 이유는 바로 발달한 우뇌다.

왼손잡이 스포츠 선수들은 심리학적인 이점도 갖는다. 익숙한 상황에서 경기를 치르게 되면 선수는 편안함을 느끼고 자신감이 생겨 자신의 기량을 잘 발휘할 수 있다. 소위 말하는 '홈 어드밴티지'를 갖는 것이다. 왼손잡이는 이런 심리적 요인을 잘 활용할 수 있다. 전체 선수의 대부분이 오른손잡이기 때문에 선수들은 오른손잡이를 상대하는 것이 익숙하다. 따라서 생소한 왼손잡이를 상대할 때는 심리적으로 위축될 수밖에 없다. 이러한 장점이 잘 드러나는 야구에서는 '같은 구속이면 좌완 투수의 공이 시속 3~4킬로미터 정도 빠르게 보인다'는 속설이 있을 정도다. 이처럼 심리적 압박감은 실제 경기력에 영향을 미치기도 한다. 왼손잡이 선수는 왼손잡이인 것만으로도 상대 선수를 '어웨이'로 만들고 오른손잡이를 상대하는 본인은 '홈 어드밴티지'를 얻을 수 있다.

마지막으로 전술 면에서 얻는 이점이 있다. 종목 자체가 왼손잡이에게 유리하게 설정된 경우다. 테니스에서 서브를 하는 선수는 듀스 상황에서는 오른쪽, 어드밴티지 상황에서는 왼쪽에서 서브를 넣는다. 서브 시 공은 몸의 안쪽 방향으로 회전하기 때문에 왼손잡이는 어드밴티지 상황에서 더욱 위협적인 서브를 넣을 수 있고 반대로 리시브 역시 수월하게 할 수 있다. 배드민턴에서 사용하는 셔틀콕은 깃털이 시계 방향으로 놓여 있기 때문에 왼손으로 치면 공기 저항을 덜 받아 강력한 스매싱을 넣을 수 있다. 야구에서 좌타자는 1루와의 거리가 가깝고 우완 투수의 공을 일찍 볼 수 있다. 좌완 투수는 투구를 하며 1루를 보기 때문에 도루를 견제할 수 있고 좌타자를 상대로 유리하다. 종목별로, 포지션별로 왼손잡이 비율이 크게 차이가 나는 이유가 바로 이것이다. 이처럼 본인이 잘 이해하고 활용한다면 왼손잡이라는 특징은 강력한 무기가 된다.

왼손잡이는 교정의 대상이 아니다. 오히려 왼손잡이의 진가를 알아보고 이를 잘 활용할 수 있도록 그들에게 귀 기울여야 한다. 왼손잡이들 역시 목소리를 내야 한다. 왼손잡이가 겪는 대부분의 불편함을 오른손잡이는 인지하지 못한다. 따라서 이를 알리고 왼손잡이에 대한 사람들의 인식을 개선하기 위해 노력해야 한다.

매년 8월 13일은 영국 왼손잡이 협회에서 지정한 '국제 왼손잡이의 날'이다. 이날은 왼손잡이들의 고충을 알리고 왼손잡이에 대한 인식을 개선하기 위한 행사가 열린다. 또한 전 세계적으로 왼손잡이를 위한 제품과 이를 전문적으로 취급하는 매장이 늘어나고 있다. 반면 우리나라의 모습을 보자. 여전히 왼손잡이에 대한 차별이 사회 곳곳에 남아 있다. 한국 왼손잡이 협회는 사라진 지 오래다. 과거 왼손잡이를 위한 법안을 제정하고자 하는 노력이 있었지만 결국 무산되었다.

우리 사회 역시 왼손잡이를 위한 사회적, 제도적 노력이 필요하다. 오른손만으로는 모두의 손을 잡을 수 없을뿐더러 제자리에서 빙빙 돌 뿐이다. 서로를 배려하고 상대방의 입장에서 생각한다면 왼손과 오른손을 맞잡고 다 함께 나아갈 수 있을 것이다.

지긋지긋한 모기, 멸종시켜도 될까?

생명과학과 17학번 유신혁

새벽 두 시, 아직 산더미처럼 쌓여 있는 과제를 뒤로하고 침대로 향한다. 다음 날 아침 수업을 들으려면 서둘러 잠에 들어야 한다. 불을 끄고 누워 눈을 감고 잠을 기다린다. 막 잠들기 시작하려는 순간, 반갑지 않은 소리가 들린다. 높고 날카로운 모기 소리다. 애써 무시하려 해보지만 귓가에서 멀어지지 않는 소리에 잠은 벌써 달아난 지 오래다. 짜증스러운 마음으로 불을 켜고 찾아보면 모기는 어디론가 숨어 사라져 있다. 여름이면 누구나 이와 비슷한 일을 겪게 된다. 현대인을 가장 괴롭게 하는 생물 중 하나는 분명 모기일 것이다. 모기 때문에 잠을 놓쳐 버린 사람에게 지구상에서 사라졌으면 하는 단 하나의 생물을 고르게 하면 십중팔구 모기를 선택할 것이다.

사실 모기를 멸종시킬 수 있는 기술은 이미 상당한 수준까지 개발되어 있다. 유전자 드라이브gene drive 기술이 바로 그것이다. 모기로 인한 말라리아 감염이 심각한 문제인 아프리카 일부 지역에서는 이 기술을 실제로 도입할 것인지에 대한 본격적인 논의까지 이뤄지고 있다. 한 종을 사라지게 할 수 있을 정도로 강력한 기술이다 보니 이를 둘러싼 논쟁도 치열하다. 인류를 위해 유전자 드라이브를 적극적으로 사용해야 한다고 주장하는 사람이 있는가 하면, 해당 기술을 결코 사용해서는 안 된다고 말하는 사람도 있다. 지금부터 유전자 드라이브에 대해 자세히 들여다보자. 이 기술의 원리가 무엇인지 살펴보고 기술 도입을 둘러싼 논쟁에 대해서도 알아보자.

'멘델의 유전 법칙' 거스르기

간단히 말해, 유전자 드라이브 기술은 개체군 내에서 한 유전자를 빠르게 퍼트리기 위한 기술이다. 자연 상태에서 유전자는 기본적으로 '멘델의 유전 법칙'을 따라 부모 세대에서 자식 세대로 전달된다. 멘델의 유전 법칙 아래에서는 특정한 유전자가 개체군 내에서 급속도로 퍼져 나갈 수 없다. 부모가 가지고 있는 특정 유전자가 자식에게 전달될 확률이 절반, 즉 50퍼센트이기 때문이다. 그런데 유전자를 편집해 멘델의 유전 법칙을 거스르는 유전자를 만들면, 이 유전자는 자연적인 속도와 비교할 수 없을 정도로 빠르게 개체군 내에서 확산된다. 이러한 현상을 일으키는 기술을 바로 유전자 드라이브라고 부른다.

멘델의 유전 법칙이 무엇이고, 이를 따르지 않는 유전자는 어떻게 만드는지 조금 더 깊이 알아보자. 이를 쉽게 이해하기 위해 '치즈'라는 이름을 가진 고양이 한 마리를 생각해보자. 치즈는 엄마 고양이에서 온 유전자 한 세트와 아빠 고양이에서 온 유전자 한 세트를 가지고 있다. 치즈가 다른 고양이와 짝짓기를 해서 아기 고양이를 낳으면 이 고양이는 치즈에서 온 유전자 한 세트와 치즈의 짝짓기 상대에서 온 유전자 한 세트를 갖게 된다. 이렇듯 고양이 한 마리는 각각 유전자 두 세트를 갖고 있는데, 각각의 유전자 세트에 들어 있는 대부분의 유전자는 서로 일대일로 대응한다. 이때 어떤 유전자에 대응하는 유전자를 그 유전자의 '대립 유전자'라고 부른다.

여기서, 치즈가 엄마 고양이에서 물려받은 유전자 중 하나가 돌연변이 유전자라고 가정해보자. 아기 고양이가 치즈에게서 이 돌연변이 유전자를 물려받을 확률은 절반이다. 치즈가 아기 고양이에게 엄마 고양이에서 온 돌연변이 유전자를 물려줄 수도 있고, 그 유전자의 대립 유전자, 즉 아빠 고양이에서 온 정상 유전자를 물려줄 수도 있기 때문이다. 마찬가지로 아기 고양이가 돌연변이 유전자를 물려받았다고 할 때, 그 고양이의 새끼인 손주 고양이에게 다시 돌연변이 유전자가 전해질 확률도 절반이다. 만일 돌연변이 유전자가 고양이의 생존에 별다른 영향을 끼치지 않는다면, 돌연변이 유전자는 매번 절반의 확률로 다음 세대에 전해질 것이다. 개체군 내에서 이 유전자의 빈도는 거의 일정한 수준으로 유지될 것이다. 이 경우가 멘델의 유전 법칙을 따르는 일반적인 상황이다.

그런데 치즈가 물려받은 돌연변이 유전자가 대립 유전자를 자신과 똑같은 형태의 돌연변이 유전자로 바꾸어 놓는 '이상한 유전자'라고 해보자. 치즈는 엄마 고양이에서 돌연변이 유전자를 물려받고, 아빠 고양이에서 정상 유전자를 물려받았다. 이때, '이상한 유전자'인 돌연변이 유전자는 아빠 고양이에서 온 정상 유전자까지 돌연변이 유전자로 바꾸어 버린다. 치즈는 돌연변이 유전자만 두 개 가진 고양이가 된다. 치즈는 이제 아기 고양이에게 돌연변이 유전자만을 물려줄 수 있다. 치즈의 자식인 아기 고양이 역시 돌연변이 유전자만을 가지게 되고 그 아기 고양이의 자손까지 돌연변이 유전자만 가진 고양이가 된다. 즉, 돌연변이 유전자가 자손에게 100퍼센트의 확률로 전달되고 치즈의 모든 자손이 돌연변이 유전자를 가지게 된다. 멘델의 유전 법칙과 다른 방식으로 유전이 이루어지는 것이다.

유전자 가위, 유전자 드라이브, 그리고 모기 멸종

위 사례에서의 '이상한 유전자', 다시 말해 대립 유전자를 자신과 같은 형태로 바꾸어 놓는 유전자를 만드는 것이 유전자 드라이브의 핵심이다. 이를 위해 사용될 수 있는 대표적인 기술이 바로 2020년 두 명의 과학자에게 노벨상을 안긴 주제인 '크리스퍼 카스9CRISPR-Cas9' 유전자 가위다. 크리스퍼 카스9 유전자 가위를 사용하면 특정 유전자를 절단하고, 그 부위의 DNA 서열을 바꿀 수 있다. 쉽게 말해, 표적 유전자를 잘라 원하는 대로 바꿀 수 있는 기술이다.

유전자 가위를 어떤 유전자에 끼워 넣어 만든, 말하자면 '유전자 가위가 내장된 유전자'를 상상해보자. 이 유전자는 앞서 말한 '이상한 유전자'

와 같이 작동할 수 있다. 이 유전자는 유전자 가위를 이용하여 대립 유전자를 인식하고 절단해 자신의 서열을 그 부위에 채워 넣을 수 있기 때문이다. 실제 생물의 특정 유전자에 유전자 가위를 끼워 넣어 '이상한 유전자'를 만들면, 치즈의 예시에서 본 것처럼 해당 유전자가 자손들에게 100퍼센트의 확률로 전달될 것이다. 이 유전자는 개체군 내에서 빠른 속도로 퍼져 나갈 것이다. 이 방법을 사용하면 특정 유전자를 인위적으로 빠르게 확산시킬 수 있다. 이것이 바로 유전자 드라이브의 원리다.

이러한 유전자 드라이브 기술을 응용하면 모기를 멸종시키는 기술을 만들 수 있다. 유전자 드라이브를 통해 퍼져 나가는 '이상한 유전자'가 수컷에서는 아무런 기능을 하지 않지만, 암컷에서는 생식 능력을 없애는 유전자라고 해보자. 개체군 내에서 이 유전자가 확산되면, 해당 유전자를 가지고 태어나 자손을 만들 수 없는 암컷 모기들이 점점 많이 생긴다. 수컷 모기는 계속해서 자손을 만들고, 해당 유전자를 퍼트린다. 이 과정이 반복될수록 개체군에서는 생식 능력을 가진 암컷 모기가 감소할 것이다. 어느 시점부터는 새로운 모기가 태어날 수 없을 것이고 결국 개체군 자체가 사라질 것이다. 이 기술을 종 단위의 대규모로 도입하면 한 종을 멸종시킬 수 있다. 이것이 바로 앞서 언급한 모기를 멸종시킬 수 있는 기술의 정체다.

모기 멸종을 통한 말라리아 퇴치?

말라리아로 인한 인명 피해가 심각한 아프리카 지역에서는 유전자 드라이브를 실제 생태계에 적용해 모기를 멸종시켜야 한다는 목소리가 나온다. WHO의 2020년 자료에 따르면 2019년 말라리아에 감염된 사람은 2억 명 이상이고 이로 인해 사망한 사람도 40만 9천 명에 달한다. 대부분의 환자는 아프리카에서 나온다. 말라리아를 옮기는 병원체가 모기이므로 아프리카에서 모기는 심각한 사회 문제인 셈이다. 모기를 멸종시키자는 주장이 나오는 배경이다.

유전자 드라이브 기술은 아직 완성되지는 않았지만 빠르게 발전하고 있다. 사육장 안에 모기 600마리를 집어넣고 이 모기에 유전자 드라이브 기술을 적용하면 수 세대 내에 모기 개체군이 완전히 사라진다는 실험 결과도 보고되었다. 유전자 드라이브에 저항하는 유전자가 자연적으로 만들어질 수 있는 등 걸림돌도 존재하지만, 이를 극복하려는 연구 역시 활발히 진행되고 있다. 기술적으로만 보면 모기를 멸종시키는 일이 머지않아 가능해질 것이라고 예상할 수 있다.

그런데 이 지점에서 생각해 볼 문제가 있다. 인위적으로 한 종을 멸종시키는 것이 과연 바람직할까? 생태계에 예기치 못한 문제가 발생하지는 않을까? 혹여 아무런 문제가 발생하지 않는다고 하더라도 인간이 자연을 마음대로 통제하는 것이 옳을까? 실제로 유전자 드라이브는 뜨거운 논쟁의 중심에 서 있다. 논쟁에서 문제가 되는 쟁점은 크게 두 가지다. 첫 번째 쟁점은 생태학적 관점에서 모기를 멸종시키는 일이 과연 안전한지에 대한 것이다. 두 번째 쟁점은 유전자 드라이브 기술이 생명 윤리의 관점에서 옳은지에 대한 것이다. 각각을 자세히 살펴보자.

모기 멸종이 생태계에 미치는 영향

지난 2010년, 과학 저널 「네이처Nature」에 흥미로운 기사가 실렸다. 「모기 없는 세상a world without mosquitoes」이라는 제목의 이 기사는 모기의 멸종이 생태계에 미칠 영향에 대한 여러 과학자의 견해를 소개했다. 과학자들 사이에서도 의견이 갈렸다. 모기가 멸종하면 생태계에 부정적 영향이 있을 것이라고 예상하는 과학자들은 다음과 같은 근거를 들었다. 첫째, 모기가 멸종하면 모기나 모기 유충을 잡아먹는 조류 등 다른 생물도 함께 영향을 받을 것이다. 둘째, 모기에게 '꽃가루 운반자' 역할을 맡기고 있던 일부 식물 역시 영향을 받을 것이다. 셋째, 모기를 피해 다니던 순록 등의 이동 경로가 변화해 주변 환경이 영향을 받을 수 있다. 이러한 점에 주목하는 과학자는 인위적으로 모기를 멸종시키는 것이 성급하다고 주장했다.

반면 모기가 사라져도 생태계에 큰 영향이 없을 것이라는 과학자도 있었다. 이들도 모기가 사라지면 먹이 사슬이 변화하거나 꽃가루 운반이 어려워지는 현상이 나타날 수 있다는 것은 인정했다. 그러나 이들은 모기 멸종이 생태계에 미치는 영향은 극히 제한적일 것이고 모기의 빈자리는 머지않아 다른 생물이 대신 채울 것이라고 말했다. 모기를 잡아먹던

새는 모기가 멸종하면 다른 종류의 먹이를 찾아낼 것이라는 주장이다. 이 과학자들은 모기가 멸종해도 생태계가 크게 훼손되는 일은 없을 것이라고 예상했다. 따라서 이들은 모기를 멸종시키는 기술 도입에 찬성했다.

해당 기사는 결론 부분에서 모기 멸종이 크게 위험하지 않을 것이라는 과학자들의 손을 들어주었다. 모기 멸종으로 인해 인류 혹은 생태계가 입는 손해가 명확하게 증명되지 않는다는 논리에서다. 즉, 모기를 멸종시키는 기술에 대해 제기된 '생태계를 해칠 수 있다는 혐의'에 대해, '증거 불충분'이라는 결론을 내린 것이다. 언뜻 타당해 보이지만 반론의 여지도 있는 주장이다. 부작용이 확실하지 않다는 것이 곧 안전하다는 것을 의미하지는 않기 때문이다. 결국 그 누구도 모기의 멸종이 생태계에 어떤 영향을 끼칠지 정확히 예측할 수는 없다. 일부 과학자의 주장대로 별다른 부작용이 없을 수도 있고, 다른 과학자의 주장대로 심각한 부작용이 발생할 수도 있다.

결국 중요한 것은 우리가 어느 정도의 불확실성을 감수할 수 있느냐의 문제다. 일정한 위험성을 감수하고서라도 모기로 인한 피해를 해소해야 한다고 생각하는 사람은 유전자 드라이브 기술 도입에 찬성할 것이다. 반대로 유전자 드라이브 기술 도입을 반대하는 이들은 생태계를 왜곡할 수 있는 위험성이 조금이라도 존재한다면 모기를 멸종시켜서는 안 된다고 생각하는 사람들일 것이다. 이렇듯 유전자 드라이브 기술을 도입할 것인가를 둘러싼 생태학적 논쟁은 불확실성을 대하는 개개인의 태도와 연관된다.

유전자 드라이브와 생명 윤리

한편 생명 윤리의 관점에서도 모기를 멸종시키는 것이 바람직한지에 대한 논쟁이 이루어지고 있다. 몇몇 과학자, 환경 운동가 등은 유전자 드라이브를 통해 모기를 멸종시키자는 주장에 여러 윤리적 문제가 있다고 말한다. 이들은 인간의 이익을 위해 한 종을 멸종시키는 것이 지나치게 인간 중심적이고 오만한 발상일 수 있다고 지적한다. 유전자 드라이브를 일으키기 위해 유전자 조작 모기를 야생에 대규모로 방사하는 것 자체가 자연을 왜곡하는 것이라고 보는 시각도 존재한다.

모기를 멸종시키는 것에 찬성하는 사람들은 생태계 보호보다 인간의 이익이 더 중요하다고 주장한다. 말라리아로 인해 수많은 사람들이 목숨을 잃고 있는 상황에서 당장 인간의 생명을 구하는 것이 시급하다는 것이다. 이탈리아의 생물학자 안드레아 크리산티 교수는 유전자 드라이브를 다룬 다큐멘터리에서 다음과 같이 말했다. "우리는 이 문제와 관련해 말라리아에 시달리는 아프리카 사람들의 목소리에 더 집중해야 한다. 캘리포니아에서 멋진 책상에 편히 앉은 사람의 의견도 존중해야 하지만, 아프리카 주민의 의견과 그 무게가 다르다."

견해 차이를 일으키는 주된 요인 중 하나는 인간과 자연의 관계에 대한 입장 차이다. 인간이 자연 앞에서 겸손해야 한다는 생각을 가진 사람, 인간이 자연을 함부로 바꾸어서는 안 된다고 생각하는 사람은 유전자 드라이브 기술 도입에 반대할 것이다. 반면 인간의 이익을 위해 자연을 변형시키는 것이 당연하고, 오히려 장려되어야 한다고 생각하는 사람은 유전자 드라이브 기술을 도입하자고 주장할 것이다. 앞서 살펴보았던 생태학적 논쟁과 마찬가지로 생명 윤리와 관련된 논쟁 역시 개개인의 가치관과 긴밀하게 연관되어 있다는 사실을 알 수 있다.

지금까지 유전자 드라이브 기술, 특히 모기의 멸종에 사용되는 유전자 드라이브에 대한 여러 의견을 살펴보았다. 사실 유전자 드라이브를 도입해 모기를 멸종시켜야 하는가의 문제에 정답은 없다. 가치관에 따라 답이 달라지는 다음의 두 가지 문제와 연결되어 있기 때문이다. '우리는 어느 정도의 불확실성을 감수할 수 있는가?', '인간은 자연과 어떤 관계를 맺어야 하는가?' 대답하는 사람의 가치관에 따라 두 질문에 대해 다양한 답이 나올 것이다. 이 질문에 대해 서로 다른 입장을 가지고 있는 사람들은 유전자 드라이브를 통한 모기 멸종에도 다른 목소리를 낼 것이다. 유전자 드라이브뿐만 아니라 인공 지능, 원자력 발전 등 여러 과학 기술 이슈들이 정답이 없는 가치관의 문제에 맞닿아 있다.

정답이 없는 문제를 해결하는 이상적 방식은 대화, 토론, 그리고 타협이다. 인류는 유전자 드라이브라는 강력한 무기를 손에 넣었고 이 무기를 어떻게 사용하느냐에 따라 지구 생태계는 크나큰 변화를 맞이할 수도 있다. 이제 인류는 대화를 통해 이 문제를 해결해야 한다. 서로 다른 가치관을 조율해가며 인류가 새로 얻은 무기를 현명하게 다룰 방식을 찾아 나가야 한다. 이를 위해서 여러 사람이 노력해야 한다. 과학자들은 당사자를 비롯한 대중과 소통하며 유전자 드라이브와 관련된 논의를 이끌어야 한다. 이 문제와 직간접적으로 연관되어 있는 일반 대중 역시 논의에 적극적으로 참여해야 한다.

여름이 오면 우리는 일상 속에서 수많은 모기를 마주치게 된다. 모기에게 시달리는 순간이면 모기가 이 세상에서 사라졌으면 좋겠다는 생각을 하게 될지도 모른다. 바로 그 순간에도 과학자들은 어디선가 모기를 가지고 유전자 드라이브 실험을 하고 있을 것이다. 이 기술을 실제 생태계에 적용해도 될지 뜨거운 논쟁도 벌어지고 있을 것이다. 앞으로 모기를 보게 되면 유전자 드라이브 기술과 이를 둘러싼 논쟁에 대해 떠올려 보는 것은 어떨까? 그 생각에서 출발해 과학 기술의 발전과 이를 둘러싼 치열한 사회적, 철학적 논쟁에 대해 잠시나마 고민에 빠져보기를 권한다.

확률의 세계에 던져진 삶

전기및전자공학부 18학번 양경록

나는 아이유의 노래 「Coin」을 좋아한다. 원래 아이유의 팬이기도 하지만 특히 이 노래는 내게 힘을 주기 때문에 계속 듣게 된다. 가사는 단순히 도박장을 묘사한 것 같지만 천천히 듣다 보면 확률의 세계에 놓인 삶이 떠오른다. 운칠기삼運七技三, 새옹지마塞翁之馬, Blessing in Disguise전화위복과 같은 표현에서 알 수 있듯, 동서고금을 막론하고 인생은 예측할 수 없고 거기에 운이 차지하는 비중이 작지 않다는 것은 널리 알려진 사실이다. 그렇다면 '우연'이 내 삶을 얼마나 지배하며 어떻게 대처해야 하나. 난 이 문제에 대해 많은 고민을 했다. 이것에 대한 답은 가치관과 직결되며 앞으로 남은 삶의 방향에 영향을 주기 때문이다.

결정론적 세계관과 라플라스의 악마

아무리 규칙적인 사람이라도 분, 초 단위로 세밀한 계획을 세우고 이를 실천할 수는 없을 것이다. 우리가 사는 세상에는 수많은 우연적 요소가 있고 이를 완벽히 통제하기란 불가능에 가깝기 때문이다. 18세기 프랑스의 한 수학자는 흥미로운 사고 실험을 제안한다. 무한에 가까운 정보를 받아들이고 엄청난 속도로 계산할 수 있는 악마가 있다고 가정한다. 그리고 이 악마에게 특정 시간에 우주의 모든 원자 상태, 속도, 위치, 그리고 원자들 간 상호 작용하는 힘을 알려준다. 만약 그렇다면 그 악마는 해당 특정 시점으로부터 다음 시점을 완벽하게 예측해낼 것이고 더 나아가 악마에게 세상은 이미 결정된 것일 것이다. 한 시점만 안다면 다른 모든 순간을 알아낼 수 있기 때문이다. 이 악마는 사고실험을 제안한 수학자의 이름을 따 라플라스의 악마라고 불리게 되었다. 만약 라플라스의 악마가 존재할 수 있다면 세계는 우주가 시작될 때 이미 끝이 정해져 있을 것이다. 우리가 스스로 자유 의지를 가졌다고 착각하며 선택하고 행동하는 모든 것이 사실 이미 태초에 결정되었다는 것이다. 이런 세계에서 우연이 낄 자리는 없다. 우리 삶에서 어떤 특별한 의미를 찾는 것도 어려울 것이다.

미시 세계에서의 확률

양자 역학은 미시 세계를 설명하는 물리학 분야이다. 익히 알려져 있듯 세상은 원자로 이뤄져 있다. 나와 내가 지금 먹고 있는 햄버거를 아주 작게 나누면 전혀 구분할 수 없을 것이다. 근본적으로 둘을 이루는 입자는 동일하기 때문이다. 그러나 우리는 거시 세계에 살고 있기 때문에 평소 이런 생각을 하진 않는다. 만약 야구 선수가 친 공의 날아가는 궤적을 표현하는 데 야구 방망이와 공 입자 간 상호 작용을 따진다면 아주 골치가 아플 것이다. 이런 계산은 고전 역학으로 충분히 가능하다. 그러나 셀 수 있을 정도로 적은 수의 입자에 관한 역학은 고전 역학만으로 서술하기엔 무리가 있다. 이런 미시 세계의 역학을 설명하는 것이 바로 양자 역학이다. 양자 역학에 따르면 관측되지 않는 입자의 상태는 동시에 여러 가지로 존재할 수 있다. 거시 세계의 관점에서는 몹시 이상한 내용이다. 하지만 여러 실험과 검증을 통해 양자 역학은 미시 세계를 설명하는 아주 훌륭한 모델로 자리매김했다. 양자 역학에서 빼놓을 수 없는 내용이 바로 하이젠베르크의 불확정성 원리이다. 이 원리에 따르면 입자의 위치와 운동량을 동시에 정확히 측정할 수 없다. 이 말인즉 라플라스의 악마의 존재 여부 이전에 이 악마에게 정보를 제공하는 단계에서부터 문제가 있다는 것이다. 불확정성 원리에 따라 미시 세계 입자는 확률로 표현된다. 따라서 라플라스의 악마는 한 시점에서 다른 시점을 예측할 때, 완벽히 하나의 순간을 예측할 수 없는 것이다. 애초에 제공된 정보가 확률로 이뤄져 있으니 아무리 악마 같은 계산 속도와 정보 처리량을 가졌다고 하더라도 계산의 결과는 확률로 나올 뿐이다. 그러므로 미시 세계의 관점에서 우리가 사는 세상은 확률로 이뤄진, 우연이 넘쳐나는 세상인 것이다.

확률의 세계로 들어가며

거시 세계로 돌아와서 삶과 우연을 살펴보자. 우리의 탄생은 그 자체로 우연의 산물이다. 생명체의 형질을 결정하는 DNA는 염색체에 담겨 있으며 인간은 이러한 염색체를 총 23쌍 가지고 있다. 모든 인간은 이 염색체를 부모로부터 각각 하나씩 받아 새로운 23쌍을 가지게 된다. 그러므로 단순히 수학적으로 계산한다면 부모님이 나를 낳으셨을 확률은 1.42 곱하기 10의 마이너스 14승이다. 여기에 각종 유전자 돌연변이가 있을 확률과 부모님이 만나셨을 확률 등을 고려한다면 '나'라는 존재가 탄생할 확률은 엄청난 우연에 가깝다는 것을 알 수 있다. 삶은 이렇듯 탄생부터 기막힌 우연이다.

모든 일이 잘 풀리는 날이 있는가 하면 뭘 해도 안 되는 날이 있기도 하다. 운명은 지독한 농담을 좋아한다. 인생이 항해라면 운명은 배가 나아갈 길에 맞춰 절묘한 순풍을 불어주다 어느 순간 역풍을 주어 한순간에 전복시킨다. 아무런 대책 없이 배를 그저 운명에 맡기고 흘러간다면 언젠가 예기치 못한 봉변을 당할 수 있다. 그래서 사람들은 역사로부터 현재와 미래를 보기도 하고 자신의 경험을 토대로 직관을 기르기도 하며 각자의 방법으로 지독한 운명의 농담에 대비한다.

확률의 세계에서 살아남기

수학은 세상을 분석하기 좋은 모델을 제시한다. 특히 확률은 알 수 없는 미래나 결과를 예측할 때 인간에게 큰 힘이 되어주는 도구이다. 하지만 세상의 수많은 요소가 상호 작용하며 영향을 주기 때문에 완벽한 확률 모델을 만드는 건 몹시 어려운 일이다. 따라서 세상을 확률의 눈으로 바라보려면 우선 단순화된 모델을 설계하는 것이 필요하다. 라플라스의 악마 같은 초월적 존재가 아닌 이상, 한 현상에 관여하는 모든 요인을 분석할 수 없다. 그래서 마치 거시 세계에서 공의 궤적을 계산할 때 미시 세계에서 발생하는 원자의 상호 작용은 고려하지 않았듯이 단순화하는 과정이 필요한 것이다. 예를 들어 날씨를 예측하는 확률 모델을 만든다고 생각해보자. 이 모델에는 기온, 수온, 공기 구성, 풍향 등의 요소가 있겠지만 나비의 날갯짓은 없을 것이다. 카오스 이론에 따르면 초깃값의 미세한 변화(나비의 날갯짓)가 엄청난 결과(태풍)를 가져올 수 있다. 하지만 그렇다고 그 태풍의 주요 발생 원인이 나비의 날갯짓은 아니다. 따라서 현대 사회에서 확률을 제시하는 모델은 대부분 단순화 과정을 거쳐 많은 데이터를 바탕으로 유의미한 정보를 제공한다.

넷플릭스나 유튜브의 추천 시스템, 금융 기관의 경제 성장률 예측 시스템, 보험 회사의 이익 모델 등 많은 기관과 기업에서 빅데이터를 바탕으로 확률 모델을 설계하고 있다. 이러한 모델들은 목적에 맞는 요인만 고려한다. 넷플릭스의 추천 시스템은 사용자가 보는 영화에 태그를 붙이고 이를 바탕으로 추천하는 알고리즘을 설계한다. 사용자의 당일 기분이나 직업, 가족 관계 등 다른 정보들은 전혀 고려하지 않는다. 이렇게 제한된 정보만을 고려하더라도 머신러닝 기법을 적용하여 정교하게 설계된 넷플릭스 추천 알고리즘은 높은 적중률을 보이는 훌륭한 모델이다. 그렇다면 우리의 삶도 적절한 모델을 설계하여 예측할 수 있을 것이다. 삶 전반이 아닌 건강, 심리 상태, 소비 습관 등 세분화된 항목별로 단순화하여 모델을 설계하고 스스로에 대한 정보가 정확하고 많다면 확률의 세계를 이해하고 다가올 위기에 대비하는 데 큰 도움이 될 것이다.

성공은 우연이다

제2차 세계 대전 당시 미 해군은 전쟁터에서 귀환한 전투기의 적탄에 의한 손상을 바탕으로 전투기 귀환율을 높이기 위한 방법을 모색하고 있었다. 귀환한 전투기를 대상으로 기체 부위별로 맞은 적탄을 조사한 결과 엔진은 평균 1.11발로 가장 적었고 동체가 1.73발로 가장 높았다. 그러자 기체 중 총탄을 집중적으로 맞은 동체를 보강해야 한다는 의견이 나왔다. 이때 통계학자 아브라함 왈드는 미 해군이 조사한 모집단이 이미 귀환한 전투기에 한정되어 있음을 지적한다. 즉 동체에 총탄이 많다는 것은 사실 그 부분이 치명적이지 않은 부분이라는 것이다. 이 일화로부터 살아남은 것에 집중하여 실패한 것의 자료를 고려하지 않는다는 의미의 통계학적 오류를 '생존자 편향'이라 부른다.

생존자 편향은 우리 주변에서 쉽게 접할 수 있다. 성공한 사람들의 자기 계발서가 대표적이다. 이들이 성공할 수 있었던 요인에만 집중하면 생존자 편향에 빠지게 된다. 성공을 거둔 사람과 실패를 맛본 사람 모두 열심히 노력했을 것이다. 다만 확률의 세계에서 성공을 거둔 사람의 손을 들어준 것뿐이다. 물론 성공이 완전한 우연이라는 것은 아니다. 수많은 시도와 노력, 능력 등이 전제되어야 한다. 하지만 이런 모든 것을 갖추었더라도 운이 안 좋으면 실패할 수밖에 없다. 그러나 실패한 사람들의 이야기보다 성공한 사람들의 이야기가 더 주목받기 때문에 우리는 생존자 편향에 쉽게 노출되는 것이다.

확률의 세계에 살고 있는 한 운을 배제할 수 없다. 그렇다고 '성공은 운발'이라며 아무 노력도 하지 않으며 성공한 자들을 무시하는 것은 어리석은 일이다. 운이 성취를 결정짓는 한 요소인 건 분명하나 전부인 것은 아니다. 한 개인이 어떤 일을 성취할 확률 모델을 설계한다고 상상해보자. 어떤 일을 성취하는 것에는 일의 난이도, 개인의 노력, 신체 능력, 경제적 상황 등 여러 가지 요소가 개입하고 있을 것이다. 여기서 앞서 논의한 대로 단순화 작업을 하면 중요한 요소를 추릴 수 있고 현재 나의 상태를 대입했을 때 확률 모델이 제시하는 내가 성취할 확률을 알 수 있을 것이다. 우리가 할 수 있는 일은 두 가지이다. 첫째는 확률 자체를 높이는 것이다. 단순화 작업을 통해 얻은 주요 요소들의 값을 가능한 만큼 확률을 높일 수 있도록 바꾼다. 높은 신체 능력이 필요하다면 열심히 운동을 하고 시간이 많이 필요하다면 다른 시간을 줄여 그 일에 투자하는 시간을 늘린다. 실패를 운명의 탓으로 돌리며 한탄하기보다는 이렇게 운이 들어올 길을 더 넓게 닦는 것이 훨씬 바람직할 것이다.

지치지 않는 도전

어떤 일을 성취할 확률을 높인 후, 해야 할 일은 자명하다. 성취할 때까지 계속 도전하는 것이다. 어렵고 힘든 일일수록 성취할 확률은 낮다. 얼마나 시도해야 해낼 수 있을지 알 수 없기에 막막하다. 때로는 그 어려운 일을 운이 좋아 몇 번의 시도만으로 해내는 주변 사람들을 보며 좌절하기도 한다. 내게만 역풍을 불어대는 운명이 원망스럽다. 그럼에도 성취해낼 확률이 0이 아니기에 다시 힘을 내서 도전한다. 나는 꼭 해내고 싶은 일이 있을 때 이런 생각을 하며 성취할 때까지 반복한다.

지치지 않는 도전은 거친 확률의 세계에서 살아남을 필수 덕목이다. 수험생 시절 내게 가장 큰 고민거리는 생명과학Ⅱ였다. 카이스트에 입학하기 위해 필수로 공부해야 할 과목이었으나 방대한 암기량과 더불어 수능 문제 유형이 극악무도해서 어려움을 겪고 있었다. 계속 공부하고 많은 모의고사에 도전해봤지만 2등급이 최선이고 심지어 3등급에 가까운 2등급이었다. 그래도 포기하지 않고 수능 전날까지 꾸준히 공부했다. 그리고 대망의 수능에서 나는 만점으로 1등급을 달성했다. 사실 그 시험에서 무려 두 문제나 찍었다. 그렇지만 운이 좋아 모두 맞았고 푼 문제에서 실수가 없었기에 만점이라는 쾌거를 이룰 수 있었다. 만약 내가 중간에 포기했다면 이런 결과는 없었을 것이고 카이스트에 오지 못했을 수도 있다. 그러나 할 수 있다는 믿음을 가지고 1년 동안 꾸준히 도전한 결과, 결국 운명은 내게 시원한 순풍을 선물해주었다.

맺으며

내가 「Coin」에서 가장 좋아하는 구절은 '이 게임의 규칙이 구걸하지 않는 것'이라고 말하는 부분이다. 확률 게임에서 지더라도 구걸하고 싶지는 않다. 구걸한다는 것은 미련이 남았다는 것이고 그건 최선을 다하지 않았다는 의미라고 생각한다. 그런 의미에서 나는 진인사대천명盡人事待天命이라는 표현을 좋아한다. '자신이 할 일을 다 하고 하늘의 명을 기다려라' 수동적인 자세인 것 같지만 나는 상당히 주체적이라고 생각한다. 확률의 세계에서 해야 할 일을 성실히 수행한 뒤 그 결과는 운에 맡기고 왈가왈부하지 않는다. 원하는 결과를 얻지 못했다고 스스로 탓할 필요도 없다. 성공할 확률을 충분히 높였다면 실패는 그저 운이 좋지 않았을 뿐이다. 조금은 속상하겠지만 결과를 받아들이고 선택하면 된다. 정말 이루고 싶은 일이라면 다시 도전하면 되는 일이고 아니라면 아쉽지만 나중을 기약하면 될 일이다.

아이유가 「Coin」에서 노래하듯 확률로 이뤄진 이 세상은 원래 불공평하다. 누군가 운이 좋아 축배를 들 때 옆에 그 사람보다 몇 배는 더 노력하고 도전했지만, 여전히 실패하고 있는 사람이 있는 법이다. 이럴 때 축배를 든 자를 원망하거나 운명을 탓하는 건 한 번뿐인 삶을 허비하는 것이다. 나는 그런 순간에 성공을 축하하고 지독한 운명의 농담을 유쾌하게 웃어넘길 수 있는 사람이 되고 싶다. 그럼 또 언젠가 축배를 든 손이 내 손이 되기 마련이다. 더럽게 재미있지 않은가.

우리가 사는 세계는 현실일까?

전산학부 19학번 전재완

〈매트릭스〉라는 영화를 본 적이 있는가? 1999년 워쇼스키 형제가 제작, 감독한 영화 〈매트릭스〉는 전 세계적으로 4억 6천만 달러의 이익을 내면서 엄청난 흥행을 거두었다. 〈매트릭스〉의 흥행과 함께 사람들은 어쩌면 우리가 사는 이 삶에서도 영화 속 상황이 실제로 지금 일어나고 있지는 않을까 하는 생각을 하게 되었다. 〈매트릭스〉의 줄거리는 다음과 같다. 주인공 네오는 평범한 직장인이지만 밤에는 해커로 활동하는 사람이다. 그러다 누군가에게 현재 사는 세계가 잘못되어 있다는 연락을 받게 되어 일련의 과정을 통해 모피어스를 만나게 된다. 모피어스는 세계의 진실을 알고 싶다면 빨간 약을, 다시 현재의 삶을 살아가고 싶다면 파란 약을 먹으라고 한다. 네오는 빨간 약을 먹게 되고, 정체불명의 인큐베이터에서 정신을 차리게 된다. 알고 보니 현재는 2199년이었고 인류는 기계가 만든 인큐베이터 안에서 가상 세계를 살아가며 기계의 에너지원으로 사용되고 있었다. 이렇게 우리가 살아가고 있는 현실이 거대한 시뮬레이션이라고 보는 것을 '모의실험 가설'이라고 한다. 나는 이 모의실험 가설에 찬성한다.

먼저 모의실험 가설을 주장한 닉 보스트롬의 이론에 대해 알아보자. 그의 주장을 간단하게 정리하면 다음과 같다. 하나, 어떠한 문명에 의해 인공 의식을 갖춘 컴퓨터 시뮬레이션이 구축될 가능성이 있다. 둘, 그러한 문명은 그러한 시뮬레이션을 다수 실행하기도 할 것이다. 셋, 그 시뮬레이션 내의 개체는 자신이 시뮬레이션에 있다고 인지하지 못할 것이다.

그리고 지적 종족에 관한 세 가지 가능성을 주장하였다. 하나, 현실과 구분될 정도로 높은 수준의 시뮬레이션을 평생 개발하지 못한다. 둘, 그러한 레벨에 이르렀으나 그 시뮬레이션을 실행하지 않는다. 그리고 마지막 현실과 구분할 수 없는 시뮬레이션 속에서 살아가는 것이다. 나는 우리가 현실과 구분할 수 없는 시뮬레이션 속에서 살아갈 가능성이 크다고 생각한다.

내가 살아가는 동안에 이 세계가 진짜 세계인지 아니면 누군가 제조한 시뮬레이션인지를 알아내지는 못할 것 같다. 하지만 확률적으로 우리가 살아가는 세상이 시뮬레이션일 확률이 높지 않을까? 위에서 언급하듯이 지적 종족에게는 모의실험 가설과 관련해 세 가지 가능성이 있다. 이 중 가장 가능성이 큰 것이 현실과 구분할 수 없는 시뮬레이션 속에서 살아가는 경우라고 생각한다. 인류가 멸망하기 전에 이런 시뮬레이션을 개발할 정도의 기술을 개발할 가능성과 관련된 식이 '드레이크 방정식'이라 할 수 있다.

Search for Extra-Terrestrial Intelligence – SETI라는 프로그램이 있다. 한국

어로 외계 지적 생명체 탐사 프로그램으로, 외계 지적 생명체가 있다면 전파를 사용할 것이라는 생각으로부터 우주에서 오는 전파를 수신해 분석하여 외계인의 존재를 찾고자 하는 것이다. 이 프로그램을 진행하다 고안된 식 중의 하나가 드레이크 방정식이다. 우리 은하 내에 존재하는 교신이 가능한 문명의 수를 구하는 방정식인데 이 식을 정리해보면 우리 은하 내의 교신 가능한 외계 문명의 수는 문명의 평균 수명과 거의 같게 된다는 결과가 나온다. 이 방정식으로부터 유추할 수 있는 것은 인류보다 발전된 문명이 있을 확률이 굉장히 높다는 것이다. 이미 우리 은하 내에 높은 확률로 우리보다 높은 지적 수준의 문명이 있다면 우리가 사는 세계 자체가 높은 지적 수준을 가진 생명체가 만들어낸 시뮬레이션 안에 있을 확률도 같은 맥락에서 높을 것으로 생각한다.

일단 우리가 시뮬레이션 속에 살고 있다면 우리가 만들 수 있는 기술의 최대 수준보다 시뮬레이션을 만든 종족의 기술 수준이 높거나 최소한 같아야 한다고 생각한다. 그렇다면 인류의 기술이 발전하여 현실과 구분 불가능한 시뮬레이션을 제작할 수 있다면 우리가 살아있는 세계도 시뮬레이션일 가능성이 있지 않을까? 나는 인류가 시간이 지나면 완벽한 수준의 가상 현실을 만들 수 있게 될 것으로 생각한다.

컴퓨터가 발명되면서 인류는 수많은 시뮬레이션을 만들었다. 컴퓨터 시뮬레이션은 다양한 분야에서 활용되고 있다. 군대, 의료 기관, 우주 개발 기관 등 시뮬레이션은 실제로 어떤 일을 실행하기에 위험한 경우나 확실한 결과가 보장되어야 할 때 안전장치로서 자주 활용되는 것을 볼 수 있다. 그리고 요즘은 이러한 시뮬레이션들이 고도의 기술을 탑재하여 상당한 정확도와 현실성을 지니고 개발되고 있다. 이러한 시뮬레이션들을 볼 때면 우리가 사는 현실도 미래에는 충분히 시뮬레이션으로 구현할 수 있어 보인다.

또한 '무어의 법칙'을 들어본 적이 있는가? 무어의 법칙은 인텔의 공동 창립자인 고든 무어의 이름을 딴 법칙으로써 반도체의 집적 회로 성능은 2년마다 2배가 된다는 법칙이다. 무어의 법칙이 생긴 이유 자체는 기업의 발전을 위해서라는 의견이 강하다. 하지만 결과적으로 무어의 법칙은 실제로 40~50년간 지켜졌다고 볼 수 있다. 기술의 발전 속도는 우리가 상상하는 것 그 이상으로 빠르다. 1981년 빌 게이츠는 640KB 정도면 모든 사람에게 충분하고도 넘치는 용량이라는 말을 한 적이 있다. 하지만 현재는 음악 한 곡을 다운 받더라도 최소 MB 단위를 넘어간다. 또한 지금 우리가 사용하는 전자 기기들은 기본이 GB 단위의 메모리를 탑재하고 있다. 과거의 640KB와 비교하면 이는 최소 2만 배 이상의 차이라고 할 수 있다. 기술을 수치화할 수는 없지만 40년 뒤 지금으로부터 2만 배 발전한 기술력을 가지고 있다고 하자. 그 정도 기술력으로 만들어낸 시뮬레이션을 우리는 현실과 구분할 수 있을까?

다음으로 우리가 사는 사회가 시뮬레이션이라는 근거는 자연 현상에서 찾을 수 있다. 과학이 발달하면서 우리가 관측하는 파동에서는 입자와 비슷한 성질을 띠는 것을 확인하였다. 광전효과를 통해 아인슈타인은 빛이 에너지를 가지는 입자인 광자의 형태로 존재한다고 주장하였다. 또한 빛이 전자와 충돌한 뒤의 파동을 분석하여 빛이 입자 간의 부딪힘과 비슷한 성질을 나타낸다는 콤프턴 효과도 이러한 파동의 입자성을 보여주는 부분이다. 반면 입자도 파동의 성질을 가진다고 할 수 있다. 드 브로이가 주장한 물질파에 의하면 입자도 파동과 같은 성질을 띨 수 있다고 하였고, 이는 전자가 우리가 생각하는 고전적인 빛과 같이 간섭이나 회절을 나타낸다는 것을 통해서 드러난다.

양자 역학에서 설명하는 이중성을 들여다보면 불확정성 원리가 있는데, 두 개의 관측 가능량을 동시에 측정할 때 둘 사이의 정확도에 물리적인 한계가 있다는 것이다. 입자의 위치를 정확히 측정하면 운동량에 오차가 생기고, 운동량이 정확히 측정되면 위치가 불명확해진다. 즉, 관측을 통해서 세상이 정해진다고 할 수 있다. 이는 시뮬레이션과 비슷한 변을 가진다고 볼 수 있다. 시뮬레이션의 최적화를 위해서 존재하지 않던 것이 시뮬레이션 속 관측자가 관측하는 순간 실체를 드러내는 것이다. 그리고 어떤 물질도 빛보다 빠르게 이동할 수 없는데, 이는 시뮬레이션 내에서 정해져 있는 일종의 최댓값이 아닐까 하는 견해도 있다.

또한 우리가 사는 세계를 보면 크기나 규모에 따라 세계 속에 세계가 있는 듯한 느낌을 주는 경우가 많다. 우리가 사는 은하도 우주 내의 하나의 세계와 같고, 우리가 사는 지구도 은하 내의 하나의 세계와 같다. 또 우리 몸도 세포라는 하나의 세계들로 이루어져 있고, 그 세포 또한 원자들로 구성된다고 할 수 있다. 이 원자 또한 더 작은 입자들로 구성되어 있다. 이런 여러 경우를 봤을 때 우리가 인지하는 이 세상 내지는 우주조차도 수많은 시뮬레이션 세상 중의 하나가 아닐까 하는 생각이 든다.

내가 모의실험 가설을 믿는 가장 큰 이유는 꿈과 관련된 것이다. 장자가 쓴 글을 보면 호접지몽이라는 사자성어가 나온다. '나비의 꿈'이라는 뜻으로 장자가 꿈에서 나비가 된 내용과 관련되어 나온 고사성어이다. 매우 생생한 꿈에서 깬 뒤 장자는 자신이 나비가 된 것인지 나비가 장자가 된 것인지 알지 못했다는 이야기이다. 다들 한 번씩은 비슷한 경험해 본 적이 있을 것이다. 꿈이 너무 생생해서 꿈인지 현실인지 구분 못 하는 경우가 있다. 꿈속의 내가 나비가 된다고 해서 내가 나비인 것은 아닐 것이다. 하지만 꿈을 꾸는 당시에 이를 인식하지 못한다면 내가 실제로 나비인 것과 다른 것이 없지 않을까? 마찬가지로 우리가 시뮬레이션 속에서 우리가 살고 있더라도 우리는 이를 인식하지 못할 것이다. 우리가 〈매트릭스〉의 등장인물들과 같이 컴퓨터 프로그램 속에 사는 데이터가 아닐 것이라는 보장은 어디 있는가.

우리가 잠이 들 때 어떤 상황에 놓이게 되는 것일까? 물론 과학적인 관점에서 우리는 잠이라는 과정이 신체 기관이 작동을 최소화하고 에너지를 비축하는 과정이라고 배우게 된다. 하지만 당신이 잠든 사이에 어떤 일이 일어났는지 장담할 수 있는가? 잠에서 자고 깨는 과정에서 우리가 느낄 수 있는 것은 의식이 끊어지는 느낌과 어느새 다시 의식이 생기는 느낌뿐이다. 사실 나를 제외한 모두가 마치 영화 〈트루먼쇼〉와 같이 큰 시뮬레이션 안의 부품들이고 내가 자는 과정은 시뮬레이션 프로그램의 서버 점검과 같은 시간인 것은 아닌가 하는 생각이 든다.

또한 우리가 사는 삶의 전, 후는 어떤 것일까? 「어쌔신 크리드」라는 게임이 있다. 이 게임 내에서 타인의 삶에 들어가 체험해보는 프로그램이 나온다. 타인의 삶을 체험해보는 것은 요즘 게임에서 자주 볼 수 있는 주제다. 이러한 게임들을 볼 때마다 우리가 지금 사는 삶이 어떤 '인류 시뮬레이션'의 하나가 아닐까 하는 의문이 든다. 우리의 삶이 이미 정밀하게 설계된 세계에 배치되어서 죽음이라는 과정까지 이어지는 하나의 시뮬레이션인 것은 아닐까? 우리가 역사 시간에 수많은 정보를 배우지만 사실 우리가 경험한 삶은 태어난 시점부터 지금까지가 전부다. 과거에 있었던 일들이 사실이라고 보장할 수 있는가? 또한 우리는 죽어서 어떻게 되는지 알 수 없다. 죽음이라는 과정이 위에서 언급한 '인류 시뮬레이션'의 결말은 아닐까 하는 의문이 든다.

나는 모의실험 가설이 굉장히 높은 확률로 맞을 것으로 생각한다. 세계적인 기업가 일런 머스크는 우리가 사는 현실이 시뮬레이션이 아닌 기저 현실일 가능성이 수십 억분의 일이라고 주장했다. 또한 수많은 과학자와 유명인들도 이 모의실험 가설을 지지하는 태도를 보인다. 이 글에서 내가 모의실험 가설을 지지하는 근거는 여러 가지가 있다. 일단 모의실험 가설이 성립하기에 기술력은 문제가 되지 않을 것이다. 인류의 현재 기술 발전 속도가 유지된다고 하더라도 우리가 현실과 구분하지 못하는 가상 현실이 생기는 것은 시간문제일 뿐 완성될 것이다. 또한 높은 확률로 우리 은하 내에 우리보다 높은 지적 생명체가 존재할 수 있다면 우리가 어떤 수준 높은 지적 생명체의 시뮬레이션 안에 있을 확률도 그만큼 높을 것이다. 인류가 과학을 연구하며 알게 된 자연의 비밀들 속에도 세상이 마치 하나의 큰 시뮬레이션임을 암시하는 듯한 내용이 많다고 생각한다. 그리고 꿈을 꾸는 과정이나 태어나기 전후와 같이 내가 직접 인지하지 못하는 순간들도 모의실험 내에서 발생하는 내가 경험하지 못하는 시간이 아닌가 하는 생각도 든다. 위에서 설명한 여러 가지 이유로 모의실험 가설을 지지하지만 사실 내가 진실을 알 방법은 없다.

모의실험 가설이 설득력이 있다고 생각하지만 사실 어찌 보면 모의실험 가설이 맞고 틀리고는 내가 살아가는 것과는 관련 없다고 생각한다. 르네 데카르트가 주장한 코기토 에르고 숨, "나는 생각한다. 그러므로 나는 존재한다."라는 명제가 있다. 존재를 의심함으로써 나는 생각하는 존재가 된다는 것이고, 그 존재 자체가 나라는 것이다. 우리가 사는 이 세계가 일종의 모의실험일 수도 있다. 하지만 우리는 이 세계가 모의실험이라고 해도 인지를 하지 못할뿐더러 모의실험이 아닌 바깥세상이 어떤지를 알 수도 없다. 심지어 우리는 자신이 인격체라고 믿는 수준 높은 인공 지능일지도 모른다. 그렇다고 우리가 지금 살아가는 삶이 의미가 없다고는 할 수 없다. 우리가 말하는 기저 현실과 구분할 수 없는 수준의 모의실험이라면 현실 세계와 다를 것도 없다. 데카르트의 주장과 같이 이런 고민을 하는 그 지적 존재가 '나' 자체라고 볼 수 있으니 말이다. 그저 내가 살아가는 동안 이 세계의 진실을 밝혀낼 수 있을지 궁금하다.

제2부

맛있는 음식에 과학 한 스푼

양인선 이한솔 여찬혁 장재희 임현우 노승은 이찬규

과학과 음식의 콜라보레이션, 분자 요리

화학과 19학번 양인선

"금성 온도를 재면서 왜 수플레 내부를 들여다보지 않나요?"

옥스퍼드 대학교의 물리학자였던 니콜라스 커티Nicholas Kurti가 한 말이다. 생각해보니 그렇다. 과학을 공부하면서도 매일 먹는 음식을 과학적으로 분석할 생각은 하지 못했다. 내가 본격적으로 요리에 담긴 과학에 관심이 가게 된 건, 작년 여름 제과제빵을 배우기 시작하면서였다.

제빵 기능사 자격증을 준비하면서 제빵을 처음 배우기 시작할 무렵 옥수수 식빵 베이킹에 실패한 적이 있다. 시간이 지나도 식빵 반죽이 충분히 부풀어 오르지 않았기 때문이다. 제대로 부풀어 오르지 않은 반죽을 오븐에 그대로 넣고 구우니 역시나 쫄깃한 식빵과는 거리가 먼 딱딱한 빵이 만들어지고 말았다. 막 구운 맛있는 식빵을 먹을 수 있을 것이라는 나의 기대와는 달리 결국 식빵은 식탁에 오르지 못하고 버려지고 말았다. 빵이 제대로 부풀어 오르지 않았던 가장 핵심적인 이유는 발효 때문이었다. 빵을 만들 때에는 발효를 돕는 이스트가 꼭 필요하다. 이스트가 호흡하면서 부산물로 생산하는 이산화탄소가 있어야 빵이 부풀어 오를 수 있다. 이때 이스트가 빵에 함께 들어가는 재료인 소금에 절대 닿으면 안 된다. 왜냐하면 소금이 이스트에 닿게 되면 삼투압 현상으로 인해 이스트 안에 있는 수분이 전부 밖으로 빠져나와 이스트가 사멸해버리기 때문이다. 김장을 할 때 배추를 소금물에 절여 두면 배추 내부의 수분이 빠져나가 숨이 죽는 것과 동일한 원리이다. 당시 옥수수 식빵을 만들 때 실수로 이스트가 소금에 닿아버렸고, 이로 인해 발효가 제대로 이루어지지 않았다. 오랜 시간 동안 계량하고 반죽한 노력이 물거품이 된 경험을 한 후, 제빵을 할 때에는 소금과 이스트가 닿지 않도록 조심하며 이스트의 생사를 유심히 살피는 계기가 되었다.

발효는 미생물의 작용에 의해 유기물이 분해되는 현상으로, 발효의 유무에 따라 제과와 제빵을 구분할 수 있다. 제빵의 경우 발효 과정이 존재하는데, 예로는 식빵, 단팥빵, 베이글 등이 있고 주로 쫄깃한 식감을 가진 것이 특징이다. 반면 제과의 경우 발효 과정을 거치지 않고 베이킹파우더나 베이킹 소다 같은 화학적 팽창제를 이용한다. 예로는 케이크, 쿠키, 파이 등이 있으며, 주로 바삭하거나 부드러운 식감을 가지고 있다. 발효가 빵의 맛을 결정하는 데 큰 역할을 하기 때문에 요즘은 발효에 가장 효율적인 미생물을 찾는 연구도 활발히 진행되고 있다.

KAIST 교내 식당 풀빛 마루의 촉촉한 닭가슴살샐러드

이처럼 음식의 질감 및 요리 과정 등을 과학적으로 분석해서 전혀 다른 형태의 새로운 음식을 만들어내는 것을 '분자 요리molecular gastronomy'라고 한다. '음식을 분자 단위까지 철저하게 연구하고 분석한다'고 해서 붙여진 이름이다. 대표적인 예시로는 '수비드sous vide' 요리가 있다. KAIST 교내 식당 중 하나인 '풀빛 마루'에서는 수비드 공법으로 요리한 닭 가슴살이 들어간 샐러드를 판매한다. 닭 가슴살이라고 해서 퍽퍽하다는 질감만을 떠올리면 오산이다. '수비드'란 프랑스어로 '진공하에서under vacuum'라는 뜻으로 진공 상태에서 음식물을 정확히 계산된 온도의 물로 가열하여 조리하는 방법이다. 약 60~70℃에서 정확한 물의 온도를 유지한 채 길게는 72시간 동안 조리된다. 이렇게 조리된 경우 수분은 유지되면서 맛과 향이 보존되고 식감 또한 부드러워지며 육즙도 보존된다. 그 원리는 '단백질 변성'으로 설명이 가능하다. 재료마다 단백질의 변성이 일어나는 온도는 각기 다르지만 대부분의 단백질은 40℃ 정도에서 변성이 일어난다. 반면 질긴 식감을 내는 '액틴Actin'이라는 단백질은 70℃ 이상에서 변성이 일어난다. 따라서 그 이하의 온도에서 음식을 오랫동안 유지할 경우 '액틴'의 변성이 일어나지 않은 상태로 음식을 익힐 수 있다. 덕분에 수비드 공법으로 요리한 닭 가슴살은 촉촉하고 부드러운 맛이 난다.

뿐만 아니라 진공 상태는 수비드 공법의 핵심적인 역할을 한다. 먼저 진공 상태에서는 외부로 열이 빠져나가지 않기 때문에, 물로부터 열이 음식으로 매우 효율적으로 전달된다. 또한 저장 상태에서 음식이 오염되는 것을 막고, 산화로 인한 맛의 변화를 방지한다. 더불어 수분과 향미를 유지해주는 역할도 한다. KAIST 교내 식당 '풀빛 마루'의 닭가슴살샐러드가 수비드 공법으로 요리된 덕에, 나는 닭 가슴살을 퍽퍽한 질감 대신 촉촉한 질감으로 먹을 수 있었고, 닭 가슴살은 퍽퍽하다는 편견 또한 떨쳐버릴 수 있었다. 이처럼 음식을 분자 단위까지 세밀하게 연구하여 새로운 조리 방식을 개발해내면, 같은 재료임에도 불구하고 새로운 맛과 질감, 그리고 형태를 경험할 수 있다.

노른자 반숙은 있는데, 흰자 반숙은?

어릴 때 어머니와 함께 샌드위치에 넣을 달걀 샐러드를 만들어본 적이 있다. 달걀 샐러드를 만들기 위해서는 달걀을 삶아서 으깨야 한다. 달걀을 삶은 후 껍질을 벗기자 단단한 흰자가 드러났다. 달걀을 큰 볼에 넣고 숟가락으로 으깨자 아직 익지 않은 노른자가 흘러나왔다. 오랜 시간 동안 충분하게 삶아서 흰자와 노른자 모두가 고체 형태로 변해야 했지만, 마음이 급했던 탓인지 노른자가 덜 익고 만 것이다. 제대로 된 샌드위치를 만들기 위해서 달걀을 한 번 더 삶는 시행착오를 겪긴 했지만, 이 과정에서 궁금증이 생겼다. 왜 달걀 반숙은 늘 노른자가 덜 익은 형태일까? 흰자가 덜 익은 반숙은 없는 것일까? 정답은 '있다'이다. 흰자가 덜 익은 반숙 또한 만들 수 있다. 연구 결과에 따르면 노른자는 약 50℃에서, 흰자는 약 65℃에서 응고된다. 즉, 노른자보다 흰자가 더 높은 온도에서 익는다는 것이다. 따라서 약 60℃ 정도의 온도를 일정하게 오랫동안 유지하면 노른자는 응고되고 흰자는 응고되지 않은, 이른바 '흰자 반숙'이 되는 것이다. 이 또한 분자 요리의 기법 중 하나인 '수비드 공법'의 일종이다. 다만 일반적으로 달걀 반숙을 만들 때 흰자가 더 빨리 익는 이유는 달걀의 바깥쪽에 위치해서 열전달이 더 빠르게 일어나기 때문이다.

나도 마음껏 캐비어 먹을 수 있다!

수비드 공법 이외에도 흥미로운 분자 요리는 또 있다. 바로 캐비어 분자 요리이다. 실제 캐비어는 철갑상어 알을 소금에 절인 음식이다. 전 세계에서 최고급 식재료로 손꼽히며, '바다의 보석'이라는 별명을 가지고 있기도 하다. 당연히 가격도 매우 비싸기 때문에 쉽게 접하기 어렵다. 그러나 화학 반응을 이용한다면 간단하게 캐비어와 비슷한 캐비어 분자 요리를 맛볼 수 있다. 염화 칼슘을 물에 녹인 수용액에 알긴산 나트륨을 섞은 과일주스를 조금씩 넣으면 된다. 알긴산 나트륨은 해조류에서 추출할 수 있는 물질인데, 알긴산 음이온이 칼슘 양이온을 만나면 알긴산 칼슘 막이 형성되면서 캐비어와 비슷한 식감을 낸다. 이때 주의해야 할 점이 한 가지 있다. 과일주스의 산도를 유심히 살펴야 한다. 레몬주스나 오렌지주스처럼 산도가 높아서 수소 이온이 풍부한 물질인 경우 칼슘 양이온 대신 수소 이온이 알긴산 음이온과 이온 결합을 해버리게 된다. 이렇게 될 경우 캐비어 식감을 만들어내는 데 핵심 역할을 하는 알긴산 칼슘 막이 형성되지 않고, 캐비어처럼 둥글고 말랑한 형태가 만들어지지 않아서 결국에는 캐비어 분자 요리를 만들 수 없다. 이처럼 캐비어 분자 요리는 과학과 요리의 긴밀성을 증명하는 또 하나의 예시가 된다.

여기가 주방이야? 과학 실험실이야?

과학을 떼어 놓고는 분자 요리를 설명할 수 없는 만큼 분자 요리 레스토랑은 과학 실험실 못지않은 장비와 재료들을 갖추고 있다. 분자 요리 레스토랑으로 유명한 시카고의 모토Moto 레스토랑의 호마로 칸투Homaro Cantu 셰프는 레이저LASER, Light Amplification by Stimulated Emission of Radiation를 요리 도구로 사용하여 새로운 분자 요리를 개발하였다. 이전까지 내가 떠올린 레이저의 용도는 밤하늘의 별을 가리키거나, 발표를 하면서 빔 프로젝터 스크린의 화면을 가리킬 때, 혹은 안과나 피부과에서 의료용으로 사용할 때가 전부였다. 레이저를 이용해 음식을 조리한다는 생각은 한 번도 해 보지 못했다. 그러나 분자 요리의 거장 호마로 칸투는 의료 수술 장비로 사용되는 레이저를 이용하여 재료를 순간적으로 증발시켜 음식을 조리하는 새로운 발상을 시도하였다. 아주 짧은 시간 안에 재료를 익히기에 재료의 고유한 향이 손실되지 않고 그대로 배어 있는 상태로 음식을 조리할 수 있다. 뿐만 아니라 재료에 구멍을 내어 레이저를 조사하면 속은 익힌 상태이나 밖은 익지 않은 상태로도 조리가 가능하다. 겉은 익고 속은 약간 덜 익은 레어 스테이크의 반대라고 생각하면 된다. 레이저 이외에도 액화 질소, 한천, 주사기, 진공 솥, 동결 건조기, 온도 유지 장치 등 과학 실험실에서만 볼 수 있을 법한 장비들이 분자 요리에 많이 사용되고 있다.

"보기 좋은 떡이 맛도 좋다"

분자 요리에 사용되는 장비들이 특별한 데 비해 분자 요리에 사용되는 식재료는 우리가 어디에서든 볼 수 있을 만한 평범한 재료들이다. 그럼에도 불구하고 실제로 분자 요리를 맛본 사람들은 그 맛이 이전에는 느낄 수 없었던 특별함이라고 평가한다. 기분 탓이라고 생각할 수 있다. 하지만 분자 요리가 특이한 형태와 모양을 가지고 있어 나타나는 시각적 효과는 실제로 음식의 맛을 느끼는 데 영향을 준다는 연구 결과가 있다. 2001년 프랑스의 와인 전문가 '프레데릭 보르쉐'는 와인의 시각 정보와 맛의 관계성을 알아보는 흥미로운 실험을 한다. 그는 소믈리에들에게 붉은색 색소를 탄 화이트와인을 시음하게 하였다. 그러자 전반적으로 '맛이 강하다', '스파이시하다'와 같은 전형적인 레드와인에 대한 평가를 내렸다. 실제로는 붉은색 색소만 탄 화이트와인이었는데도 불구하고 말이다. 비슷하게, 동일한 와인을 고급 와인병과 저렴한 와인병에 옮겨 담은 후 평가를 요청하자 소믈리에들은 고급 와인병에 담긴 와인에는 '맛이 깊은, 오묘한, 복합적인' 등과 같은 찬사에 가까운 평가를 내렸으나, 저렴한 와인병에 담긴 와인에는 '가벼운, 시원찮은' 같은 평가를 내렸다.

이 실험만 보면 앞으로 소믈리에의 감별을 믿을 수 없게 될지도 모르겠다. 하지만 와인의 색이 보이지 않고 라벨이 없는 용기에 담아 시음하게 하면, 소믈리에들은 레드와인과 화이트와인, 그리고 고급 와인과 저렴한 와인을 정확하게 구분한다. 즉 소믈리에가 엉터리인 것이 아니라, 시각 정보가 미각에 매우 중요한 역할을 하고 있다는 것이다. 나 또한 매년 봄 비슷한 경험을 한다. KAIST에서는 매년 봄 딸기 파티라는 전통적인 행사가 열린다. 같은 학과나 동아리, 연구실 사람들과 도서관 앞 드넓은 잔디밭에 돗자리를 펴고 다 함께 딸기를 먹는 행사이다. 딸기 파티가 열리는 시기는 KAIST의 벚꽃이 만개하는 시기이기도 하다. 푸른 잔디밭과 활짝 핀 벚꽃, 그리고 따스한 햇살이 한데 모인 야외에서 먹는 딸기는 내가 이제까지 먹어본 그 어떤 딸기보다 맛있었다. 그러나 작년과 올해에는 코로나 사태로 인해 제대로 된 딸기 파티를 즐기지 못했다. 아쉬운 마음에 딸기를 사서 기숙사에서 먹었는데, 동일한 딸기였음에도 불구하고 '그때 그 맛'이 나지 않았다. 시각적 효과가 많이 부실했기 때문일 것이다. 이들 예시에서 알 수 있듯 분자 요리는 그 특별한 형태와 모양으로 우리의 눈뿐만 아니라 혀를 즐겁게 해준다.

과학으로 발견한 음식의 잠재성

옥수수 식빵 베이킹 실패 경험 이후, 요리 레시피 제작 과정은 과학과 떼려야 뗄 수 없는 관계라는 것을 깨달았다. 과학적 지식이 기반이 되어야 음식 조리 과정의 원리를 이해할 수 있고 새로운 메뉴의 개발로 이어질 수 있기 때문이다. 이러한 점에서 보았을 때 분자 요리는 분자 단위만큼 세밀하고 철저한 연구 끝에 탄생한 획기적인 결과물이라고 볼 수 있다. 나는 과학이 음식의 잠재성을 발견해냈다는 점에서 분자 요리를 단순히 음식이 아니라 과학적 연구의 산물이라고 평가한다. 음식에 대한 본격적인 연구가 시작된 지는 그리 오래되지 않았다. 앞으로 과학기술이 발전함에 따라 무궁무진하게 풍요로워질 인류의 식탁이 기대가 된다.

맥주잔을 기울이다

기계공학과 15학번 이한솔

맥주 한잔 어때?

금요일 저녁인데 맥주 한잔하자는 친구의 연락을 받았다. 간만에 과제도 일찍 끝났겠다, 흔쾌히 친구의 제안을 수락한 나는 친구와 함께 학교 근처 맥주 가게를 찾았다. 내가 즐겨 찾는 이 맥주 가게는 매번 올 때마다 새로 들어온 맥주들을 맛보는 소소한 재미가 있다. 마치 메뉴판에서 틀린 그림 찾기를 하는 것 같은 재미라고 할 수 있을까. 한참을 고민하던 나와 친구는 각자의 취향에 맞춰 시원한 라거 계열의 맥주인 칼스버그 한 잔, 그리고 향긋한 꽃 향이 매력적인 블랑 한 잔을 주문했다.

문득, 이곳을 처음 찾았을 때, 주인아주머니께서 맥주를 따르는 정교한 방법에 대해 연설하셨던 기억이 난다. 술을 진심으로 좋아하시는 주인아주머니께서는 손님들에게 술에 관한 자신의 철학과 방법론을 설명하는 것에 거리낌이 없었다. 그날은 내가 그 관객 중 한 명이었다. 술을 즐겨 마시지도 않았고 마셔본 경험도 많지 않았던 그 당시의 나는 그렇게 맥주를 따른다고 해서 달라지는 게 있는지 도통 이해할 수 없었다. 다만 능숙하게 맥주를 따르는 전문가의 손길에 감탄하며 구경할 뿐이었다. 솔직하게 이야기하자면 당시에는 그렇게 정성 들여 따른 맥주와 마구잡이로 따른 맥주의 차이를 구분하지 못했었다. 하긴, 예민한 성격도 아닌 내가 그 정도의 차이를 구분하는 데는 더 오랜 시간이 필요한 게 당연하지 않겠는가? 차이가 있었다면, 황금빛 맥주 위에 적절하게 쌓인 거품 층이 심미적으로 아름답게 느껴졌다는 점이었다. 그 자체로 정성 들여 맥주를 따른 것에 대한 보상은 충분했다.

하지만 주인아주머니께서 내게 해주셨던 이야기는 오래오래 기억 한편에 남아 있었다. 어떤 이유 때문인지는 모르겠지만 맥주를 한 잔 따를 때면 문득 주인아주머니의 정교한 '맥주학 개론'이 손에 배어 나오는 것이었다. 그러던 어느 날, 나를 당황하게 만든 질문이 있었는데 바로 그렇게 맥주를 따라서 얻는 이점이 무엇이냐는 친구의 질문이었다. 실은 나도 이유에 대해선 딱히 생각해보지 않고 모방하는 것에 불과했기에 알 턱이 없었다. 대체 맥주를 따르는 방법론이 맥주의 맛을 어떻게 향상시킨다는 것일까? 음식의 맛을 돋우는 방법은 셀 수 없이 다양하다. 가령 과일의 단맛을 더 극대화하기 위해서는 먹기 직전에 냉장고에 넣어 차갑게 한다든지, 식빵의 부드러운 촉감을 잃지 않고 장기간 보관하기 위해서는 냉장고 대신 냉동실에 보관해야 한다는 것과 같은 이야기가 있다. 이러한 음식의 맛을 돋우는 대부분의 비법들은 과학적인 내용에 근거한다. 잔에 담긴 황금빛의 맥주를 바라보며 문득 그런 생각이 들었다. 과연 맥주를 더 맛있게 마시는 방법이 있는 것일까? 만약 있다면 그 비결은 어떤 과학적인 근거에 기반한 것일까?

맥주의 거품은 '거품'이 아니다

생맥주 가게에 가서 맥주를 시키면 따로 주문하지 않았는데도 불구하고 거품 층이 수북이 쌓인 맥주 한 잔이 나오기 마련이다. 누구나 한 번쯤은 거품 층이 있는 맥주를 보며, '잔에 담겨 있는 순수한 맥주의 양을 줄이기 위한 가게의 상술인가?' 하는 의문을 품어본 적이 있을 것이다. 실은 맥주의 거품 층은 우리가 맥주를 마시는 동안 일정한 맛의 맥주를 즐길 수 있도록 맥주의 상태를 유지하는 매우 중요한 요소이다. 알고 보면 맥주 가게의 속 깊은 배려였던 거품 층은 어떤 원리로 맥주의 맛을 일정하게 유지해주는 것일까?

이를 위해선 먼저 맥주의 거품 층을 자세히 들여다볼 필요가 있다. 맥주의 거품 층은 겉으로 보이는 것과 달리 단순한 이산화탄소 기포 층이 아니다. 콜라나 사이다와 같은 탄산음료를 잔에 따를 때를 관찰해보면 이 차이를 직접 느낄 수 있다. 탄산음료를 잔에 따를 때 역시 표면에 기포 층이 올라오는 것을 관찰할 수 있다. 하지만 이 기포 층은 금세 사라진다. 탄산음료의 내부에서 빠져나온 이산화탄소가 표면으로 바로 방출되기 때문이다. 맥주의 거품 층은 탄산음료의 기포 층에 비해 훨씬 오랜 시간 유지된다. 때로는 맥주를 다 마셨는데도 불구하고 잔의 벽면이나 바다 면에 거품이 남아 있는 것을 목격한 경험이 있을 것이다. 맥주의 거품이 오랜 시간 꺼지지 않고 남아있을 수 있는 이유는 맥주에 포함된 단백질과 폴리페놀 성분 때문이다. 이 성분이 어디서 유래되었는지를 알기 위해서 맥주의 제조 과정을 간단히 살펴보자.

맥주를 제조하기 위해선 먼저 맥아가 필요하다. 맥아는 흔히 우리가 알고 있는 곡물인 보리를 물에 불려 싹을 틔운 후, 싹을 제거하고 열을 가해 구운 것이다. 보리는 풍부한 전분을 포함하고 있는데, 싹이 트는 과정에서 보리 내부의 효소가 활성화되고 이 효소가 보리의 전분을 작은 당으로 분해한다. 이렇게 작은 당으로 분해된 맥아를 분쇄하고 여과기를 통해 걸러낸 후, 홉을 첨가해 끓여준다. 홉은 엄지손가락 정도 크기에 솔방울 모양을 가지는 꽃의 일종이다. 이때 첨가된 홉이 우리가 맥주에서 느끼는 씁쓸한 맛과 향긋한 향을 더해준다. 어떤 홉을 넣느냐에 따라 발효 과정을 거친 후의 맥주 맛과 향이 천차만별로 달라진다. 동시에 홉은 잡다한 균의 번식을 막아 맥주가 지나치게 발효되는 것을 막아준다.

홉과 함께 끓인 맥즙을 식힌 뒤에는 효모를 첨가한다. 효모는 당을 분해해 이산화탄소와 알코올을 만들어내는 미생물인데, 이때 발생한 이산화탄소가 맥주에 녹아들게 된다. 이 과정이 지난 뒤에야 비로소 맥즙은 무더운 여름날 사람들의 갈증을 해소하는 맥주로 재탄생할 수 있다. 발효 과정을 거친 맥주 내부에 여전히 남아 있는 찌꺼기와 효모를 정제한 뒤, 맥주는 짧게는 1주, 길게는 3달 동안 저온 저장 탱크에서 숙성된다. 이 과정에서 이산화탄소가 마저 녹아들고 부유물이 바닥으로 침전된다. 이 모든 과정을 거친 후, 맑게 정제된 맥주를 따로 모은 것이 우리가 시중에서 접하는 맥주이다.

일반적으로 맥주에는 0.3~0.4퍼센트의 이산화탄소가 녹아 있다. 저장 탱크나 병 속에서 대기압보다 강한 압력을 받고 있던 맥주가 잔에 담기면서 공기 중에 노출되면 압력의 차이로 인해 맥주 속에 녹아 있던 이산화탄소가 밖으로 빠져나오게 된다. 이때 맥주의 원료였던 맥아에 포함된 단백질, 그리고 홉의 폴리페놀 성분이 이산화탄소와 결합해 두터운 거품 층을 형성한다. 이것이 바로 맥주의 거품 층이 특별한 이유이다. 이산화탄소로만 이루어진 탄산음료의 기포 층과는 달리, 맥주의 단백질과 폴리페놀 성분이 기체가 쉽게 빠져나가지 못하도록 잡아두는 역할을 한다. 덕분에 맥주의 거품 층은 훨씬 오랜 시간 동안 공기 중에서 유지될 수 있다. 동시에 맥주 표면에 생성된 두터운 거품 층은 맥주 내부의 이산화탄소가 빠르게 빠져나가는 것을 막아준다. 따라서 맥주를 마실 때 맛에 많은 변화를 주는 요소 중 하나인 탄산을 오랜 시간 유지할 수 있는 것이다. 장식인 줄만 알았던 거품 층 덕분에, 사람들은 음악을 즐기며 혹은 옆 사람과 담소를 나누며 여유롭게 맥주를 즐길 수 있게 되었다.

맥주의 거품 층은 이산화탄소가 빠져나가는 것을 막아줄 뿐만 아니라 맥주의 향을 더욱 강조하는 역할을 한다. 맥주 내부의 단백질, 폴리페놀과 결합한 이산화탄소가 표면으로 떠오르면서 맥주의 향을 내는 분자들을 함께 표면으로 밀어내기 때문이다. 이로 인해 맥주의 고유한 향이 맥주 표면까지 균일하게 퍼지게 된다. 음식에 있어서 향은 맛을 결정하는 중요한 요소 중 하나이다. 감기에 걸려서 코로 냄새를 맡지 못할 때, 음식의 맛이 전보다 덜 느껴지는 것을 떠올려보면 이해하기 쉽다. 심지어

한 실험에서는 참가자들이 음식의 냄새를 맡지 못할 때, 맛을 느끼는 정도가 80퍼센트나 감소했다는 결과도 존재한다. 그만큼 냄새는 음식의 맛에 큰 영향을 미치는 요소이다. 맥주의 거품 층이 없었다면 우리는 맥주를 한 모금 머금었을 때 감도는 향긋한 향을 충분히 음미할 수 없었을 것이다. 이처럼 맥주의 거품은 단순한 거품이 아니었다. 단순히 보기 좋은 것 이상으로, 맥주의 탄산을 적절하게 유지하고, 향을 배가하는 중요한 역할을 수행하고 있었다.

기울임의 미학

지금까지 맥주의 거품 층이 맥주의 맛을 향상시키는 데에 있어 어떤 역할을 하는지 살펴보았다. 그렇다면 적절한 거품 층이 있는 맥주를 따르기 위한 비법은 무엇일까? 우선은 깨끗한 맥주잔을 준비하는 것이 중요하다. 맥주잔 내부에 이물질이 남아 있는 경우 이물질 주변으로 불균일한 거품이 형성된다. 따라서 맥주 내부에서 생성된 거품 층이 표면에 고르게 떠오르지 못하고 맥주잔 벽면에 붙어있게 된다. 이로 인해 이물질이 남아 있는 맥주잔에서는 거품 층이 잘 형성되지 않는 모습을 관찰할 수 있다. 반대로 생각하면 맥주를 잔에 따랐는데 거품이 잘 나지 않는 경우, 무언가 문제가 있음을 예상해 볼 수 있다. 가령 맥주가 너무 오래되어서 내부의 탄산이 다 빠져나가는 바람에 그럴 가능성이 있다. 또는 맥주잔에 이물질이 남아 있어서 거품 층이 형성이 잘 안 되는 것일 수 있다. 어느 쪽이나 맥주를 마시는 데 있어서 바람직한 상황은 아니다.

잔의 청결함뿐만 아니라 잔의 온도 역시 중요하다. 잔의 온도가 상온보다 높을 경우, 거품 층을 형성하는 데 불리하다. 그 이유는 잔의 온도가 높아지면서 거품 층의 불균일화 현상이 활발해지기 때문이다. 불균일화 현상이란 크기가 작은 거품에서 큰 거품으로 기체가 옮겨가면서, 작은 거품은 크기가 더욱 작아지고 큰 거품은 크기가 더욱 커지는 현상을 의미한다. 즉, 불균일화 현상이 활발할수록 거품의 크기가 커지고, 크기가 커진 거품은 표면장력 때문에 불안정한 성질을 가진다. 잔의 온도가 높아지면 기체의 운동이 활발해지면서 불균일화 현상이 더 활발하게 일어나는데 이로 인해 잔의 온도가 높을 경우, 맥주의 거품 층이 불안정해져 잘 형성되지 않는 것이다. 그렇다면 맥주잔의 온도가 낮으면 낮을수록 좋다고 볼 수 있을까? 아쉽게도 답은 그렇게 단순하지 않다. 맥주잔의 온도가 낮으면 거품의 불균일화 현상은 방지할 수 있다. 하지만 잔이 너무 차가워지면 우리의 미각을 둔화시키고 오히려 맥주의 맛을 음미하는 데 방해가 된다. 잔의 온도는 거품 층뿐만 아니라 맥주의 온도와 연관되고 맥주의 온도는 맥주의 맛을 변화시킨다. 특히 맥주의 종류에 따라 가장 좋은 맛을 내는 온도가 다르다. 맥주는 크게 라거 맥주와 에일 맥주로 구분이 된다. 라거 맥주의 경우 탄산이 풍부해서 톡 쏘는 청량감과 투명한 맛을 가지는 경우가 많고, 에일 맥주의 경우 풍부한 과일 향이 특징인 경우가 많다. 따라서 라거 맥주를 마실 때는 청량감을 강조하기 위해 4~7℃ 정도의 차가운 상태로, 에일 맥주를 마실 때는 고유의 향을 강조하기 위해 7~10℃ 정도의 미지근한 상태로 마실 때가 많다.

마지막으로 적절한 거품 층이 있는 맥주를 잔에 따르기 위해서 잔을 기울이는 각도가 중요하다. 병뚜껑을 갓 딴 맥주를 맥주잔을 기울여 벽면을 따라 따르는 경우, 거품 층이 잘 형성되지 않는 모습을 볼 수 있다. 언젠가 한번은 친구가 따라주는 맥주를 받을 때, 무심결에 잔을 수직으로 놓고 있다가 거품으로만 가득 찬 맥주를 마셨던 적이 있었다. 아마 맥주를 따를 때 누구나 한 번쯤은 비슷한 실수를 해본 적이 있을 것이다. 잔을 수직으로 놓을 때, 어떤 이유 때문에 거품이 솟아오르는 것일까? 맥주에는 상당량의 이산화탄소가 녹아 있고 이산화탄소는 맥주 외부에서의 충격 즉, 에너지가 가해질 때 더 활발하게 빠져나가는 경향이 있다. 쉬운 예시로 탄산음료 캔을 따기 전에 흔들어놓은 경우를 생각해볼 수 있다. 탄산음료 캔을 열고 난 후, 보통의 탄산음료 캔을 열었을 때와 다르게 거품이 급격히 솟구치는 모습을 볼 수 있다. 이런 현상은 탄산음료의 에너지가 가해져 이산화탄소가 더 활발하게 방출되는 환경이 만들어졌기 때문에 발생한다. 마찬가지로 맥주를 따를 때 또한 같은 원리가 적용된다. 잔을 수직으로 놓고 맥주를 따를 경우, 맥주의 낙하 거리가 길어지면서 잔 바닥에 도달한 맥주가 더 큰 충격을 받게 된다. 반면 잔을 기울여서 따를 경우, 맥주의 낙하 거리가 짧아지면서 상대적으로 맥주가 받는 충격이 줄어든다. 이로 인해 맥주잔을 수직으로 놓고 맥주를 따랐을 때 더 급격하게 거품이 솟구치는 모습을 관찰할 수 있다. 일반적으로 맥주잔을 40도에서 50도 가량 기울일 때, 맥주의 거품 층이 적절하게 만들어진다. 맥주를 마실 때마다 각도기로 측정을 할 필요는 없지만, '잔을 너무 수직으로 들면 거품이 가득 찼었지'라는 생각을 하며 잔을 고쳐 들

수는 있는 것이다.

건배합시다

시간이 흐르고 어느덧 나도 아직은 부족하지만 정성 들여 따른 맥주의 차이를 알아볼 수 있게 되었다. 어디까지나 각자의 취향에 따라 달라지는 것이지만 적어도 나는 맥주의 거품 층이 있을 때 느껴지는 풍미와 향을 즐기게 되었기 때문이다. 맥주의 거품 층은 우리가 맥주의 맛과 향을 온전히 즐길 수 있도록 돕고 있었다. 마시는 사람의 식욕을 자극할 뿐만 아니라, 맥주의 탄산을 유지하고 깊은 향을 끌어올린다는 점에 있어서 거품 층은 매우 중요한 역할을 하고 있었다. 차갑게 식힌 맥주를 따르기 전에 다시 한번 잔을 들어 벽면에 붙은 이물질은 없는지, 그리고 잔의 온도가 너무 높지는 않은지를 확인해보자. 이 모든 게 준비가 되었다면, 적절한 각도로 잔을 기울여 맥주를 따르는 일만 남았다. 벽면을 따라 맥주를 흘려 따르다가 잔이 어느 정도 차면 수직으로 기울여서 풍부한 거품으로 잔의 입구를 덮는 것에 집중하자.

처음 시켰던 맥주잔이 비워지고 한 잔으로는 아쉬운 느낌이 들어, 자판대에서 병맥주를 하나씩 골라왔다. 이름도 모르고 마셔본 적도 없는 새로운 맥주이다. 다만 맥주병에 그려진 표지로 미루어볼 때, IPA의 한 종류가 아닐까 추측을 할 수 있을 뿐이었다. '그래, 세상에는 내가 아는 것보다 모르는 게 더 많지' 맥주병을 바라보며 속으로 되뇌었다. 그렇게 나는 다시 한번 잔을 기울였다. 맥주를 유리 벽면을 타고 흘려보내다 잔의 반쯤 채워지자 잔을 똑바로 기울였다. 이윽고 거품이 잔의 1/4 정도 쌓인 먹음직스러운 맥주가 잔에 채워졌다. 맥주잔을 한참 바라보던 나에게 친구가 핀잔을 줬다. 술잔을 앞에 두고 무슨 생각을 그렇게 하냐고 하면서. 나는 대답은 하지 않고 웃음으로 답할 뿐이었다. 그리고 잔을 기울여 친구에게 내밀었다. 건배. 모든 게 이 맥주 한 잔을 위한 노력이었다.

맛있는 빵에 과학 소스 한 스푼

화학과 17학번 여찬혁

빵은 맛있다. 맛도 좋으면서 종류까지 다양하다. 쫄깃한 빵, 촉촉한 빵, 고소한 빵, 달달한 빵 등 그때그때 기분에 따라, 개인의 취향에 따라 먹다 보면 질릴 틈이 없다. 빵이 맛있다는 의견에는 대다수가 동의하고 있는 것 같다. 전국 각지에 빵, 디저트 전문 카페나 베이커리가 많이 생기고 있고, 심지어 '빵지순례'라고 하여 전국 각지에 위치한 맛있는 빵집을 찾아 맛보러 돌아다니는 사람들도 많다. 실제로 한국제분협회에 따르면 빵의 주재료인 밀가루의 국내 총 소비량은 꾸준히 증가하여 2019년 200만 톤을 돌파하였고, 유명 프랜차이즈 빵집 중 하나인 파리바게트의 전국 매장 수가 3,400여 개에 달할 만큼 우리나라에서 빵의 인기는 여전히 뜨겁고 또 상승 중이다.

빵의 인기가 많아지고 다양한 맛의 빵을 온전히 즐기고자 하는 사람들이 늘어나면서, 빵을 직접 만드는 베이킹에 대한 관심도 자연스럽게 증가했다. 맛있는 빵을 믿을 수 있는 재료들로 직접 집에서 만들어 먹고자 하는 욕구와 빵이 어떻게 만들어지는지에 대한 호기심이 더해진 결과이다. 거기다 밖에 마음대로 나가지 못하는 현 시국이 겹치면서 베이킹을 배우고자 하는 수요가 늘어나고 있다.

그런데 빵을 만드는 과정과 빵의 맛을 좌우하는 요소 중에 과학적인 것이 많은 부분을 차지하고 있다는 것을 알고 있는가? 베이킹 영상을 본 적이 있거나 베이킹을 조금이라도 배워본 사람이라면 빵을 만드는 과정에 들어가는 재료가 생각보다 많고 재료를 얼마만큼 넣어야 하는지 정량이 꽤나 자세하게 정해져 있다는 생각을 해본 적이 있을 것이다. 재료들 사이 비율이나 각 요리 과정에 투자하는 시간이 조금이라도 달라지면 맛에 확연한 차이가 나타나기도 하고, 아무리 소량이라도 재료를 빼먹으면 빵의 종류가 완전히 달라지기도 한다. 각각의 재료가 과학적으로 작용하여 각자의 역할을 하고, 복합적으로 서로에게 영향을 주어 빵이라는 음식이 만들어지는 것이다.

빵의 쫄깃함의 이유, 글루텐

머릿속으로 빵을 떠올려보면, 제일 먼저 떠오르는 것은 촉촉한 통 식빵을 반으로 가르는 와중에 빵의 속이 쫄깃한 결을 보이며 찢어지는 모습이다. 이처럼 빵 하면 보통은 쫄깃하고 촉촉한 질감을 상상하기 마련이다. 빵을 쫄깃하게 만들어주는 요인은 '글루텐'이라는 물질이다. 글루텐은 빵의 주재료인 밀가루에 들어있는 '글루테닌'과 '글리아딘'이라는 성분이 결합하여 만들어지는 성분이다. 밀가루에 물을 가하여 반죽하면 물리적인 운동이 가해지면서 글루테닌과 글리아딘이 서로 결합하여 탄력성 있는 얇은 글루텐 막을 형성하게 되고, 그로 인해 반죽이 쫄깃쫄깃하게 되는 것이다. 글루텐은 물에 용해되어 풀어지지 않는 불용성 단백질이므로 물로 반죽하더라도 그대로 남아 빵이 쫄깃하고 찰진 식감을 가질 수 있도록 해준다.

밀가루는 단백질 함량에 따라 박력분, 중력분, 강력분으로 구분된다. 앞서 언급했듯이, 글루텐은 단백질 성분이므로 단백질 함량은 곧 밀가루 내의 글루텐 함량을 나타내는 것과 같다. 박력분이 글루텐 함량이 가장 낮고, 강력분이 글루텐 함량 약 13퍼센트로 글루텐이 가장 많이 들어있다. 서로 다른 밀가루의 종류를 이용하여 빵을 만들면 같은 빵도 여러 가지 다른 식감을 가질 수 있다. 그 예로 요즘 꽤 이슈가 되고 있는 바삭한 쿠키와 쫀득한 쿠키를 들 수 있다. 물론 식감을 결정하는 데에는 여러 가지 요인들이 작용하지만 그중에서도 밀가루 종류를 다르게 하여 다양한 쿠키를 만드는 것이 가능하다. 강력분을 사용하여 글루텐 함량을 높여 쫀득한 쿠키를 만들 수도 있고, 상대적으로 글루텐 함량이 낮은 박력분을 이용하여 바삭한 쿠키를 만들 수도 있다.

그런데 최근에는 글루텐이 들어있지 않은, 이른바 글루텐 프리 식품이 건강식품으로 각광받고 있다. 소비자들이 글루텐 프리 식품을 선호하는 이유 중 하나는 밀 알레르기와 글루텐 과민증 때문이다. 미국에서는 약 6퍼센트 정도의 사람들이 밀을 섭취할 시 불편함을 호소한다고 보고될 만큼 생각보다 많은 사람들이 이 질병을 겪고 있고, 이러한 사람들에게는 글루텐 프리 식품이 도움이 될 수 있다. 그러나 글루텐 프리 식품이 인기인 가장 큰 이유는 밀가루 음식이 건강을 해치고 비만을 유발한다는 점에서 글루텐 프리 식품을 통한 건강 개선 때문이라는 조사 결과가 발표되기도 했다. 글루텐 프리 식품이 글루텐 함유 식품에 예민한 증상을 보이는 사람들에게는 건강 증진에 도움이 되지만, 그렇지 않은 사람들에게는 하나의 대체 식품일 뿐이라는 점을 인지해야 한다.

이스트와 베이킹파우더가 빵을 부풀게 만든다

빵 종류 중 하나인 '브라우니'는 특유의 꾸덕꾸덕한 식감 때문에 두터운 마니아층을 보유하고 있다. 브라우니는 재미있는 유래를 가지고 있다. 브라우니의 유래를 놓고 여러 가설이 존재하지만, 사람들에게 가장 잘 알려져 있는 것은 미국의 한 여성이 실수로 만들었다는 설이다. 과거 미국의 메인Maine주 뱅고르Bangor 지역에 사는 한 주부가 초콜릿 케이크를 만들려고 반죽을 하고 구웠는데, 도중에 베이킹파우더를 넣는 것을 깜빡하여 처음 보는 납작한 빵이 만들어졌다. 버리기에는 아까워서 주변 사람들에게 나누어줬는데 생각보다 맛이 좋아서 브라우니라는 이름을 가진 빵으로 정립되었다고 한다. 여기서 주목할 점은 베이킹파우더를 실수로 넣지 않았더니 부풀지 않은 납작한 빵이 만들어졌다는 것이다. 바로 베이킹파우더가 빵을 부풀게 만드는 재료 중 하나이다.

빵을 부풀게 하는 데에는 여러 가지 방법이 가능하다. 첫째로 위에서 살펴본 베이킹파우더가 있다. 베이킹파우더는 일종의 화학 물질로서, 열을 받으면 분해되어 탄산가스가 발생한다. 이때 빵을 쫄깃하게 만드는 요인으로도 작용했던 글루텐 막이 가스를 빵이나 반죽 안에 포집하여 빵이 부풀어 오르게 되는 것이다. 두 번째로는 효모를 이용해 빵을 부풀리는 것이다. 통성 혐기성 균인 효모는 공기가 없는 상태에서 밀가루 속에 소량 존재하는 포도당을 먹이로 하여 이산화탄소, 즉 탄산가스를 방출하고 에탄올을 생성하는 반응을 한다. 효모의 대표적인 예시가 이스트이며, 어떤 때에는 이스트 푸드라는 첨가물을 넣기도 한다. 효모 대신 막걸리를 만들어 빵을 만들기도 하는데, 우리가 잘 알고 있는 술빵이 그렇게 만들어진다. 막걸리 안에 살아 있는 효모가 그 역할을 대신해주는 것이다. 이름도 술빵이라 먹을 때 술맛이 나는 것처럼 느껴지지만 실제로는 굽는 과정에서 알코올은 다 날아가고 막걸리 특유의 냄새만이 그대로 남아서 술맛이 나는 듯이 착각을 일으키는 것이다.

빵의 노릇노릇한 색깔이 사실은 화학 반응 때문?

빵을 보면 군침이 도는 많은 원인 중 시각을 자극하는 것은 단연 빵의 먹음직스러운 노릇노릇한 색깔일 것이다. 이 역시도 과학의 원리가 숨어 있다. 바로 화학 반응의 일종인 마이야르 반응 때문이다. 마이야르 반응은 단백질을 구성하는 아미노산과 단당류, 이당류 등의 환원당 사이에 일어나는 화학 반응으로, 음식을 높은 온도로 조리하면 색이 갈색으로 변하면서 특유의 풍미를 내는 반응이다. 단백질 합성을 연구하던 중 처음으로 이 반응을 발견한 프랑스 화학자 루이스 카밀 마이야르의 이름을 따서 마이야르 반응이라고 불리게 됐다.

마이야르 반응의 예로, 식빵의 테두리나 피자 가장자리 부분을 들 수 있다. 대부분의 사람들이 속 부분에 비해 맛이 떨어진다고 생각해서 선호하지 않는 부위이다. 하지만 뜨거운 불을 가장 먼저 맞이해 맛과 향을 올려주고 갈색으로 변해버린 것이기 때문에 너무 미워하진 말자. 그렇다면 우리에게 친숙한 빵의 종류 중 하나인 찐빵은 왜 흰색인 걸까? 마이야르 반응은 섭씨 약 150도 전후의 온도에서 활발히 진행되기 때문에, 같은 밀가루 반죽이라도 수분으로 쪄서 만드는 찐빵의 경우 해당 반응이 일어나지 않아 표면이 흰색인 것이다.

프랑스 디저트인 크림 브륄레는 커스터드 크림을 그릇에 담고 크림 위에 설탕을 올려 녹여낸 음식이다. 맨 위층에 단단하고 그을려진 설탕 막이 특징인데, 그럼 이 막도 마이야르 반응에 의해 만들어진 것일까? 비슷한 반응이긴 하지만 마이야르 반응이 아닌 캐러멜화가 일어난 것이다. 캐러멜화는 설탕 등 당류에 열을 가할 때 수분이 증발하고 설탕 구조가 깨지면서 나타나는 현상이다. 가열하여 갈색을 띠게 된다는 것이 마이야르 반응과 비슷하지만 캐러멜화는 당류의 산화 반응이고 마이야르 반응은 당류가 아미노산을 만나 일어나는 반응이라는 점에서 차이를 보인다. 따라서 서로 다른 특유의 맛이나 향을 낸다.

빵이 인기가 많은 데에는 다 이유가 있었다. 빵의 맛의 비결에는 여러 가지 과학 원리가 숨어있었던 것이다. 빵이 쫄깃쫄깃한 것은 밀가루 반죽을 하면서 생성되는 글루텐이 탄력성 막을 형성하기 때문이고, 빵이 부푸는 것은 효모나 베이킹파우더의 작용으로 생성된 이산화탄소 가스를 글루텐 막이 빵 안에 포집하기 때문이다. 빵이 노릇노릇한 색을 띠는 것도 마이야르 반응이라는 화학 반응 때문이었다. 여러 과학 원리들을 이용하고 조금 비틀어 새로운 맛의 빵이 만들어져서 지금의 수많은 빵 종류가 존재하기에 이른 것이다. 본인은 이제부터 베이킹을 서로 다른 매력의 빵을 만들어내는 신비하고 위대한 과학이라고 표현하고 싶다. 수많은 과학적 원리와 아이디어가 합해져 만들어진 빵이란 존재는 맛이 없을 수가 없었다. 결국, 빵은 맛있다.

달걀 요리 속 과학: 달걀흰자는 어떻게 구름 같은 거품으로 변할까?

항공우주공학과 18학번 장재희

자취를 시작한 지 어느덧 일 년 반이 지났다. 그동안 수많은 끼니를 혼자 해결하면서 때로는 찌개도 끓여보고 전도 부쳐보는 등 여러 요리를 시도했다. 그런데 어떻게 매 끼니를 정성 들여 밥과 반찬 모두 만들어 먹을 수 있으랴. 설거지도 번거롭고 준비 시간도 오래 걸리는 요리보다는 더 쉽고 간편한 요리를 자주 찾게 되는 건 어쩔 수 없는 일이다. 이럴 때 가장 만만한 식자재는 다름 아닌 달걀이다. 달걀로 할 수 있는 요리만 수십 가지를 해보았다고 해도 과언이 아니다. 바쁜 하루를 시작하는 아침밥으로 제격인 달걀프라이와 스크램블드에그, 냉장고에 넣어놓았던 찬밥에 날달걀을 쓱쓱 비빈 후 전자레인지에 돌리고 간장 한 숟갈 올린 간장달걀밥, 따듯함이 입안에서부터 온몸으로 전해지는 부드러운 달걀찜. 달걀의 변신은 실로 무궁무진하다.

'주방의 화학자'로 불리는 미국의 과학자 겸 작가 해럴드 맥기는 그의 대표작 『음식과 요리』에서 달걀을 익히면 왜 단단해지는지에 대해 질문을 던진다. 우리가 일상에서 너무나도 당연하게 받아들이지만, 사실 생각해보면 참으로 신기한 현상이다. 아무것도 첨가하지 않고 그저 열만 가했을 뿐인데, 달걀이 흐물흐물한 액체 상태에서 단단한 고체 상태로 변한다. 이런 극단적 변신이 가능한 다른 식자재는 쉽게 떠오르지 않는다. 이렇듯 우리가 흔히 '간단하다'라고 표현하는 달걀 요리 속에는 그렇게 간단하지만은 않은 과학 원리가 숨어 있다.

투명한 연노랑 액체 속, 황금빛 덩어리가 둥둥 떠 있는 달걀. 그 속을 자세히 들여다보면 단백질, 지방, 그리고 물로 이루어진 복잡한 네트워크가 있다. 그중 단백질은 수많은 아미노산이 연결된 사슬 형태인데, 날달걀 속에서는 이 사슬이 접히고 또 작은 덩이들로 응축되어 존재한다. 달걀 전체 무게의 60퍼센트를 차지하는 흰자는 거의 물과 단백질로만 이루어져 있다. 그중 난알부민이라는 단백질의 화학적 성질로 인해 흰자 속 단백질 분자의 대부분은 음전하를 띠어 서로 반발한다. 이 반발 효과는 흰자가 흐물흐물하고 유동적인 액체 상태로 존재하는 이유이다. 반면 노른자는 물과 단백질뿐만 아니라 지방도 포함하고 있다. 지방은 일부 단백질 분자들과 결합하면서 단백질이 띠는 음전하를 중화시키고, 단백질 간의 반발을 완화한다. 따라서 노른자는 단백질 간의 더욱 단단한 결합으로 인해 흰자보다 더 고체다운 성질을 띠게 된다.

이제 달걀에 열을 가하면 어떻게 될까. 달걀의 가장 대표적인 변신인 삶은 달걀을 떠올려보자. 냄비 속 물의 온도가 어느 정도 올라가면, 달걀 속 단백질 분자들이 점점 빠르게 움직이며 서로 충돌한다. 이 힘으로 결국 뭉쳐 있던 단백질이 풀리게 되고, 단백질끼리 새로운 결합을 형성하게 된다. 이러한 단백질 그물 조직은 그 속에 물을 가두어 자유롭게 흐르지 못하게 하므로 달걀은 점점 고체에 가까운 상태로 변하게 된다. 계속해서 열을 가하면 단백질 간의 결합이 더 많아지고, 이로 인해 물 분자가 있을 공간은 점점 줄어든다. 결국 물 분자가 대부분 빠져나가고 나면 흰자는 말랑말랑하고 고무 같은 고체 상태, 그리고 노른자는 뻑뻑하고 부슬부슬한 고체 상태에 다다른다. 같은 단백질 응고에 의한 현상이지만 이러한 질감의 차이는 앞에서 거론한 노른자와 흰자의 성분 차이, 즉 지방의 유무로 인한 것이다. 지방의 유무는 노른자와 흰자가 익는 데 걸리는 시간이 차이가 나는 것의 이유이기도 하다. 반숙 달걀을 시도하다가 종종 경험한 일인데, 달걀이 어느 정도 익었다 싶어서 깨보았더니 흰자는 잘 익었는데 노른자가 주르륵하고 흘러내릴 때가 있다. 흰자가 뚜렷이 익기 시작하는 것은 섭씨 62도이고, 노른자는 그보다 높은 65도쯤부터 익기 시작하여 70도 이후에 완전히 익기 때문이다.

달걀 삶기에는 비밀이 한 가지 더 있다. 어머니의 가르침에 따라 나는 달걀을 삶을 때마다 뜨거운 물에서 꺼낸 뒤 찬물에 넣어 식힌다. 이 과정이 왜 필요한지는 정확히 모른 채, 그저 껍질이 잘 벗겨지게 하는 효과가 있다는 것만 두루뭉술하게 알고 계속해서 이 방법을 고수해왔다. 물론 어느 연구 결과에 의하면 달걀이 찬물로 인해 급속히 냉각되면서 흰자가 수축하여 속껍질과 분리되고, 이로 인해 껍질이 더 잘 벗겨지는 것이 맞다고 한다. 또 다른 효과는 '예쁜' 노른자를 얻을 수 있다는 점이다. 지나치게 높은 온도로 오랫동안 달걀을 삶게 되면 노른자 겉이 녹회색으로 변하는 것을 볼 수 있다. 흰자 속 황 성분이 노른자 속 철분과 반응하면서 노른자 겉에 얇은 황화철 막이 형성되는데, 이 막이 바로 녹회색의 원인이다. 찬물에 달걀을 담그면 철과 황이 반응하는 것을 멈추게 하여 노른자가 녹회색으로 변하는 것을 방지할 수 있다. 물론 황화철 막이 건강에 해로운 것은 전혀 아니지만, 이왕이면 깔끔한 황금빛 노른자가 보기에 더 좋지 않은가. 보기 좋은 음식이 먹기도 좋다는 말이 있다.

달걀은 제과와 제빵에도 빼놓을 수 없다. 코로나 19로 사람들이 집에만 있는 시간이 늘어나면서 지루함을 달랠 수 있는 여러 '집콕 활동'이 유행이었는데, 수백 번 저어 만드는 달고나 커피에 이어서 그 못지않게 많이 저어 만드는 머랭이 한때 인기를 누렸다. 머랭은 달걀흰자와 설탕을 기본 재료로 하여 수플레 등에 팽창제로 사용되거나 그 자체를 구워 쿠키로 만들어지기도 한다. 머랭의 구름 같은 푹신함과 부피를 위해서는 먼저 흰자를 빠르게 반복적으로 저어 거품을 내는 과정이 필요하다. 전동 거품기나 일반적인 손 거품기를 사용하면 되지만 젓가락도 불가능하지는 않다(한쪽 팔만 근육을 단련하고 싶다면 추천한다). 그러나 거품을 내는 데는 공기를 한 번에 많이 포집하는 것이 중요하기 때문에 빠른 회전력의 전동 거품기를 이용하거나, 손 거품기의 경우 철사 개수가 많은 것을 사용할수록 유리하다. 어쨌든 열심히 흰자를 젓고 나면 그릇을 머리 위로 거꾸로 들어 올려도 거품이 떨어지지 않는 것을 확인할 수 있다.

이렇게 뛰어난 응집력은 어떻게 생긴 것일까. 앞에서 다룬 삶은 달걀이 열에 의한 단백질의 응고 때문이었다면, 이번에는 기계적인 힘에 의한 응고 때문이다. 외부에서 가해진 물리적 스트레스에 의해서도 엉켜있던 단백질 분자들이 풀리고 서로 결합할 수 있는데, 흰자를 거품 내는 과정에는 두 가지 종류의 물리적 스트레스가 있다. 가장 기본적으로 거품기의 철사가 흰자를 가르면서 단백질 분자들을 풀어내는 힘이 있고, 다른 하나는 휘핑을 통해 흰자 안으로 끌어들여진 공기 방울들이 단백질의 응축된 형태를 변형하는 힘이다. 이렇게 풀린 단백질들은 공기와 물의 경계에서 모이고 그물 조직이 되어 물과 공기를 고정한다. 이렇듯 달걀의 응고성은 많은 달걀 요리의 핵심적인 부분이다.

그러나 휘핑을 너무 오랫동안 과도하게 하면 거품이 어느 순간부터 마른 거품과 액체로 분리되는 것을 볼 수 있다. 단백질끼리 너무 많이 그리고 강하게 결합하면서 그물 조직 안에 가두고 있던 물이 그만 빠져나가 버리는 것이다. 이러한 문제는 첨가물을 통해 해결될 수 있다. 머랭에는 종종 레몬즙이나 식초 등의 산 성분이 첨가된다. 황에 의한 단백질끼리의 결합은 단백질 분자에서 수소 원자를 버리면서 이루어지는데, 산 성분에 의해 수소 이온이 증가하면 단백질 원자에서 수소가 이탈하는 것이 어려워진다. 따라서 단백질 결합이 느려지고 응고가 늦춰지면서 더 많은 공기가 흰자 속에 섞여 들어갈 수 있다. 즉, 더 폭신폭신하고 단단한 거품을 만들 수 있는 것이다. 설탕 첨가도 거품의 안정성을 향상하지만, 단백질의 풀림을 방해하는 효과가 있어서 휘핑 초기에 넣을 경우 거품 형성 자체를 지체시키는 부작용을 낳는다. 따라서 어느 정도 거품이 형성된 이후에 설탕을 넣는 것이 좋다. 기계적 응고가 아닌 열 응고의 경우도 첨가물의 영향을 받기는 마찬가지다. 예를 들어 푸딩을 만들 때 우유를 첨가하는 것은 응고가 잘되게 하기 위함이다. 우유 속 칼슘 등의 무기질이 응고 능력을 향상시키기 때문이다.

휘핑 시 사용하는 용기의 중요성도 빼놓을 수 없다. 옛날부터 프랑스의 제빵사들은 구리 용기를 사용하는 것이 전통이었다고 한다. 구리 용기 안에서 거품을 낼 경우, 떨어져 나온 구리가 단백질 속 황과 강하게 결합하면서 다른 단백질과의 결합을 억제한다. 즉, 단백질의 과잉 응고를 방지하여 폭신폭신한 기품을 유지하는 것이다. 단백질의 화학적 성질을 이해하기도 전에 어떻게 프랑스인들이 몇백 년 전부터 구리 도구의 효과를 깨닫고 사용한 건지, 참 신기할 따름이다. 물론 구리 소재의 조리 도구는 비싸고 관리하기 어렵다는 단점이 있어 일반 가정집에서 많이 사용되지는 않는다. 따라서 우리가 흔히 사용하는 유리나 스테인리스 볼을 사용해도 큰 문제는 없다. 다만 용기에 기름기나 지방 성분이 묻어있지는 않은지 꼭 주의해야 한다. 이 경우에는 단백질이 지방을 감싸면서 포섭할 수 있는 공기의 양이 줄어들기 때문에 안정적인 거품이 만들어지지 않는다.

이렇듯 우리가 일상에서 만들고 먹는 요리는 과학으로 설명될 수 있다. 1990년대 후반에 처음 등장한 분자 미식학은 음식과 요리법을 과학적으로 분석하고 새롭게 창조하는 학문으로, 세계적인 관심을 받으며 계속해서 성장하고 있다. 앞에서 이야기한 내용을 바탕으로 분자 요리의 예시를 들어보자. 달걀을 특정 온도 이상의 물에서 익히면 단백질의 지나친 응고로 흰자의 식감이 질겨진다는 화학적 원리를 알게 되었으니, 그렇다면 어떤 조리 방법을 택해야 더 부드러운 식감을 얻을 수 있을지 생각해보아야 한다. 고기를 익히는 조리법으로도 잘 알려진 '수 비드sous vide' 기법을 사용하는 것이 한 가지 방법일 것이다. 진공 상태를 이용하면

100도의 끓는 물 대신 낮은 온도에서 천천히 익히는 것이 가능하다. 이처럼 과학을 알면 더 맛있는 요리를 만들 수 있다.

음식을 앞에 두고 호기심이 발동한다면 그냥 지나치지 말자. 오랫동안 전해져 내려오는 요리법에는 인류가 쌓아온 지혜가 담겨 있고 이 방법이 계속 선택되어 온 과학적 근거가 있다. 과학적 접근으로 이를 이해하고 더 나은 재료와 조리 방법은 무엇일지 끊임없이 생각해보자. 그리고 나만의 비법으로 더 발전시켜 보자.

맛 지도의 진실과 맛을 느끼고 구별하는 법

생명과학과 18학번 인현우

1980~1990년대생들은 어릴 적 과학 시간에 혀의 특정 부위가 특정 맛을 느낀다는 맛 지도를 배우곤 했다. 도대체 이 맛 지도는 누가 발견한 것일까? 1901년 독일의 연구자 헤니히는 「4대 맛에 대한 혀의 상대적 민감도」라는 논문을 발표했다. 맛 지도에 대한 첫 번째 연구인 이 논문은 맛에 대한 혀의 상대적 민감도가 다르다는 내용이었다. 하지만 영어로 번역되며 혀에 특정 맛을 느끼는 특정 부위가 있다고 잘못 알려지게 되었다. 하버드의 심리학 교수 에드 윈 보링은 이 오해를 시각화해 우리가 아는 맛 지도를 완성했다. 사람들은 헤니히가 만들었는지 보링이 만들었는지도 모르는 이 맛 지도를 비판 없이 받아들였다. 1970년대에 이를 뒤엎는 논문들이 발표되었지만 당대의 정설인 맛 지도에 대한 사람들의 믿음을 깨뜨리지는 못했다.

맛 지도가 사실이 아니며 유사 과학이라고 알려지기 시작한 것은

2000년대이다. 혀가 맛을 감지하는 원리에 대한 새로운 논문은 당시 보편적인 상식이었던 맛 지도가 허구임을 밝혀냈다. 당시에 우리나라에서도 과학 교과서에서 맛 지도 내용이 빠지며 무조건적인 과학 상식의 수용을 반성하기도 했다. 하지만 우리는 반성을 통해 교훈을 얻기만 하고 또다시 무조건적으로 새로운 상식을 수용한 것일지도 모른다. 과연 맛 지도의 진실은 무엇이며 우리는 어떻게 맛을 느끼고 수많은 맛을 구분해 낼까?

맛 지도의 진실을 파헤치기 위해서 먼저 '맛'이 무엇인지 알아야 한다. 맛을 상상하라고 하면 우리는 다양한 맛을 상상할 수 있다. 누군가는 좋아하는 음식의 맛을 떠올릴 것이고 누군가는 짠맛, 단맛 등 맛 자체를 떠올릴 것이다. 맛이란 음식을 구성하는 화학 물질이다. 예를 들어 짠맛에서 가장 먼저 떠오르는 소금은 화학 물질이고 단맛에서 가장 먼저 떠오르는 설탕 또한 화학 물질이다. 누군가가 "떡볶이 맛은 뭔가요? 떡볶이도 화학 물질인가요?"라고 묻는다면 나는 맞다고 답하겠다. 우리가 먹는 음식은 다양한 화학 물질의 집합체이며 혀는 이 화학 물질을 감지해 맛을 느끼는 역할을 한다.

인간의 혀에는 많은 돌기가 있고 하나의 돌기에는 맛을 느끼는 세포인 맛봉오리가 100~150개 존재한다. 돌기의 모양이 궁금하다면 지금 거울을 보고 혀를 내밀어 관찰해봐라. 혀의 앞부분에서 작은 돌기들이 보일 것이고 혀의 뿌리로 갈수록 큰 돌기가 보일 것이다. 돌기의 모양, 크기는 사람마다 모두 다르니 돌기가 너무 작다고 또는 크다고 놀라지 않아도 된다. 맛봉오리는 화학 물질이 결합할 수 있는 수용체를 가지며 수용체는 짝이 되는 화학 물질이 정해져 있다. 우리가 음식을 먹을 때 그 음식을 구성하는 화학 물질이 맛봉오리에 결합해 맛을 느끼게 된다. 음식에 포함된 작은 소금 알갱이가 혀에 붙는 모습을 상상해보면 좋다.

과학자들은 화학 물질을 수용체에 따라서 크게 5가지로 나눴다. 기본적인 5대 맛으로 자주 언급되는 짠맛, 단맛, 신맛, 쓴맛, 감칠맛이다. 일부 과학자는 기본적인 5대 맛에 추가로 지방 맛, 물맛, 탄산 맛 등 더욱 다양한 맛이 있다고 주장하기도 한다. 같은 생수라도 다른 회사의 생수를 먹을 때 느낌이 다르고 가끔 기름진 맛이 생각나기 때문에 저 주장은 사실 같기도 하다. 중요한 사실은 이런 다양한 카테고리의 화학 물질을 담당하는 각각의 수용체가 우리의 혀 그리고 맛봉오리에 존재한다는 것이다.

앞서 맛 지도는 2000년대에 허구로 밝혀졌다고 언급했다. 하지만 현대의 생물학에서는 어느 정도 맛 지도가 존재한다는 것이 정설이다. 일반적으로 하나의 맛봉오리는 하나의 수용체를 갖고 하나의 돌기는 한 종류의 맛봉오리로 구성된다. 그러므로 하나의 돌기는 하나의 맛을 느낀다고 볼 수 있다. 현대의 맛 지도를 이해하기 위해서는 '하나의 돌기, 하나의 맛'이라는 기본 개념을 토대로 돌기의 밀도 관점으로 혀를 바라봐야 한다. 예를 들어 혀에 있는 돌기들을 느끼는 맛에 따라 색칠한다고 생각해보자. 짠맛을 담당하는 돌기를 주황색으로 색칠한다고 하면 주황색은 혀의 모든 부분에 존재하지만 특정 부분에 몰려 있다. 주황색이 몰려 있는 부분은 짠맛을 담당하는 돌기의 밀도가 높다고 표현할 수 있고 나머지 부분은 밀도가 낮다고 표현할 수 있다.

이렇게 기본적인 5대 맛에 대한 돌기는 혀에서 특유의 영역으로 분포한다. 혀의 각 부분이 주황색, 파란색, 노란색 등으로 칠해진 것을 상상할 수 있을 것이다. 이 분포는 어릴 적 배우던 맛 지도와 유사하다. 다만 맛 지도처럼 영역의 구분이 확실한 것은 아니다. 이 분포는 보통의 인간은 어느 정도 유사하지만 각 개인 모두 다른 분포를 갖는다. 그러므로 우리는 각기 모두 다른 맛 지도를 소유한다.

결과적으로 1901년의 「4대 맛에 대한 혀의 상대적 민감도」는 사실이었으며 2000년의 "맛 지도는 허구이다"라는 주장은 사실이 아니었다. 과거에 우리는 무조건적인 과학 상식의 수용에 대하여 반성했지만 또다시 반대 방향의 과학 상식을 검증 없이 다시 받아들이고 있었던 것이다. 이에 대한 반성의 의미로 누군가 맛 지도에 관하여 물어본다면 보다 검증된 이야기를 풀어나갈 수 있도록 맛에 대하여 더 알아보자.

지금까지 기본적인 5대 맛에 대한 개개인의 맛 지도가 존재한다는 것을 알 수 있었다. 하지만 우리는 음식을 먹을 때 '이 음식은 짠맛 50퍼센트, 신맛 40퍼센트, 쓴맛 10퍼센트로 구성된다'라고 생각하지 않는다. 갈비찜을 먹을 때는 갈비찜의 맛이라고 생각하고 떡볶이를 먹을 때는 떡볶이의 맛이라고 생각한다. 게다가 영화 〈올드보이〉에서 최민식은 15년 동안 먹은 만두의 맛을 기억해 음식점을 찾아내기도 한다. 이렇듯 인간은 구체적이고 다양한 맛을 느끼며 그 맛을 학습하고 기억한다. 이런 일은 어떻게 일어날 수 있을까?

가장 먼저 생각할 수 있는 가설은 각 맛에 대한 수용체 세포가 존재하는 것이다. 예를 들어 갈비찜 세포가 존재한다고 가정해보자. 이 갈비찜 세포는 우리가 먹은 갈비찜의 화학 물질을 탐지해 뇌에 신호를 전달한다. 뇌는 이 신호를 인식해 지금 느끼는 맛이 갈비찜이라고 판단한다. 이 가설은 가장 직관적으로 보이지만 치명적인 단점이 존재한다. 첫째로 우리는 새로운 맛을 느낄 수 없다. 만약 수많은 음식의 맛에 대한 수용체 세포가 존재한다고 하더라도 새로운 맛이 탄생하면 그 맛에 대한 수용체 세포는 당장 만들어지지 않는다. 그러므로 이 가설이 옳다면 새로운 맛을 느끼지 못하고 원래 알던 맛으로만 평생 살아야 한다. 둘째로 특성 맛에 대한 수용체 세포를 잃어버리면 다시는 그 맛을 느낄 수 없다. 갈비찜 수용체 세포를 잃어버리면 다시는 갈비찜의 맛을 느낄 수 없다는 것이다.

하지만 인간은 맛을 이렇게 인식하지 않는다. 대신 기본적인 5대 맛에 몇 가지 맛을 추가해 약 10개의 맛의 비율과 조합으로 맛을 인식한다. 우리가 먹는 음식에는 짠맛, 단맛, 신맛 등 다양한 맛의 화학 물질이 모두 들어 있다. 혀의 맛봉오리는 각자 짝이 되는 화학 물질을 인식해 신호를 보낸다. 뇌에 신호가 전달되기 전에 이 신호들은 혀에서 일차적인 조합을 겪는다. 2개 이상의 수용체 세포가 하나의 중간 세포와 연결되면서 신호가 조합된다. 1,000개의 신호를 10개씩 조합한다고 가정하면 1차 조합 이후 100개의 신호가 탄생한다. 이 100개의 신호는 맛의 인식을 담당하는 뇌의 특정 부분으로 전달된다.

뇌에서는 다시 100개의 신호를 조합한다. 똑같이 10개씩 조합한다고 가정하면 최종적으로 10개의 신호가 탄생한다. 이 10개의 신호는 기억, 학습을 담당하는 부분과 생각, 인지를 담당하는 부분으로 흩어진다. 흩어진 신호를 통해 우리는 맛을 느끼고 특정 음식이라고 생각하며 기억에서 끄집어내기도 새롭게 학습하기도 한다. 이 과정을 통해 최초 1,000개 신호가 최종 10개 신호를 결정했다는 것을 알 수 있다. 그렇기 때문에 최초 1,000개 신호를 만들어내는 수용체 세포와 그 수용체에 짝이 되는 화학 물질이 최종적으로 맛을 결정하는 것이다. 이런 방법이라면 새로운 맛이 탄생해도 새로운 조합을 통해 인식할 수 있으며 일부 수용체 세포를 잃어버려도 같은 맛을 느낄 수 있다. 또한 이 세상에 존재하는 수많은 맛을 구별해낼 수 있다.

과학자들은 이런 맛을 느끼고 맛을 구별하는 방법을 토대로 맛의 척도를 제시할 수 있다. 우리는 카페를 가서 음료의 당도를 선택하곤 한다. 이때 단맛의 척도는 어떻게 계산될까? 최초 1,000개의 신호 중 단맛에 해당하는 신호가 많을수록 우리는 음료가 달다고 느낀다. 엽기 떡볶이를 주문하면서 맵기를 고를 때도 같은 원리가 적용된다. 이렇듯 과학적 지식은 우리에게 실용적인 경험으로 다가올 수 있다.

사실 맛을 결정하는 요인은 혀에서 감지하는 화학 물질만 있는 것은 아니다. 음식의 온도, 향기 심지어 음식에 대한 추억까지도 맛에 영향을 미친다. 게다가 고통을 맛으로 느끼기도 하는데 매운맛은 사실 고통에 가깝다. 이런 다양한 정보들 또한 신호로 변환되어 뇌에서 함께 조합된다. 새롭게 조합된 신호는 맛을 보다 풍성하게 만들고 감각적으로 느끼게 한다. 아직 생물학에서 맛을 느끼는 모든 과정을 밝혀내지는 못했다. 분명 더 복잡한 과정이 있으리라 생각한다. 이런 분야는 생물학 중에서도 신경 과학, 인지 과학 분야로 카이스트의 많은 교수님이 연구하고 계신다. 우리는 여기까지의 지식으로 맛의 비밀스러움을 한 꺼풀 벗겨낼 수 있었다. 이 지식을 바탕으로 앞으로 음식을 먹을 때 화학 물질이 혀에 결합해 신호들이 조합되며 뇌로 전달되는 과정을 상상하면 재미있으리라 생각한다.

당신이 치즈에 빠져들 수밖에 없는 이유

생명과학과 18학번 노승은

"너는 정말 대단하다."

내가 교내 학사 식당에서 치즈트리플규동에 치즈 추가를 해서 주문하려고 했을 때 같이 있던 친구에게 들은 말이다. 우리 학교의 학사 식당에는 치즈트리플규동이라는 일반적인 규동에 모차렐라와 체더치즈를 얹어주는 메뉴를 판매한다. 기본적으로 치즈를 많이 주지만 치즈를 많이 좋아하는 나는 기본으로 나오는 치즈의 양만으로는 부족했었던 것 같다. 치즈 추가가 되었으면 좋았겠지만 아쉽게도 트리플치즈규동은 치즈 추가가 되는 메뉴가 아니었다. 대신 아주머니께서 치즈를 조금 더 얹어주셨기에 나는 그날도 행복하게 치즈를 즐길 수 있었다.

이처럼 나는 치즈를 정말 좋아한다. 치즈의 느끼한 성분을 좋아하는데, 다른 사람들은 그 느끼한 성분에 물리기도 하지만 나는 그 느끼함을 정말 좋아한다. 나의 치즈 사랑은 아마 내가 초등학교 5학년 때 피자 프랜차이즈점에서 피자의 가장자리를 치즈가 들어있는 동그란 빵들로 마무리한 치즈 바이트 피자를 치즈 퐁뒤에 찍어 먹을 때부터 시작이지 않았나 생각하곤 한다. 학교 대표로 뽑혀 6학년 형들과 대구광역시 창의력 경진 대회에 나가게 되었는데 그때 지도 교사셨던 선생님께서 우리에게 고생했다며 치즈 바이트 피자를 사주셨다. 그때 선생님께서는 치즈 퐁뒤도 시켜주시며 치즈 바이트를 퐁뒤에 찍어 먹는 것을 알려주셨었는데, 치즈 자체가 맛있었기도 했지만 평소 다정하고 친절하셨던 선생님을 좋아해서 그랬던 것인지 치즈를 처음 먹었던 기억은 좋았던 것 같다. 그때부터 나의 치즈 사랑은 시작되었는데 집 주변의 까르보나라부터 시작해서 치즈떡볶이, 치즈스틱, 치즈가 듬뿍 담긴 치킨과 피자 등등. 나의 치즈 사랑은 점점 커져만 갔다. 그리고 다행히 내 친구들도 치즈를 좋아해서 함께 치즈를 먹으러 많이 다니곤 했다. 아직 나만큼 치즈를 좋아하는 친구들은 보지 못했지만 말이다.

내가 대학생이 되면서 우리 식문화에도 치즈가 많이 보이기 시작한 것 같다. 어릴 땐 내가 잘 몰라서 그런 것일 수 있겠지만, 요즘엔 누구나 한 번쯤은 찜닭에 치즈를 추가해서 먹고, 떡볶이에 치즈를 추가해서 먹어본 경험이 있을 것이다. 그만큼 우리 주변 음식 문화에는 치즈가 많이 녹아 들어가 있는데. 실제 우리나라 치즈 소비 통계량을 보아도 그렇다. 통계청에 따르면 우리나라 치즈 소비량은 2000년의 44,189톤을 시작으로 2010년에는 88,608톤, 2015년에는 132,593톤 그리고 2020년에는 188,321톤에 달하는 등 근 20년간 기하급수적으로 늘어나고 있다. 최근 10년간 무려 2배 이상 증가하였고, 시간이 지날수록 더 빠르게 치즈 소비량이 증가하고 있다. 통계량으로 볼 때 치즈가 점점 많이 소비되고 있다는 사실을 알 수 있지만, 우리 주변 음식점들만 보아도 손쉽게 체감할 수 있다. 어느 분식점에 가도 치즈 라면이 없는 곳은 없다. 또한 주변에 치즈 추가를 할 수 없는 떡볶이집을 찾기란 힘든 일이다. 그리고 치즈가 빠지면 섭섭한 음식들도 많다. 닭갈비 위에 솔솔 뿌린 모차렐라 치즈, 돈가스 튀김옷과 돼지고기 사이 잘 녹아든 치즈, 햄버거에 빠질 수 없는 슬라이스 치즈, 피자에 듬뿍 담긴 치즈, 치킨이랑 같이 먹으면 더욱 맛있는 치즈볼까지. 치즈의 역사가 긴 북유럽에 비할 순 없겠지만 현재는 우리도 치즈 민족이라고 부를 수 있을 정도로 식생활에 치즈가 잘 스며들어 있다. 이뿐만 아니라 특별한 요리에도 치즈를 추가해서 맛을 더 내거나 치즈로 다양한 음식을 만들어 하나의 트렌드를 주도하기도 한다. 치즈 등갈비, 치즈 곱창, 치즈 찜닭 등 그냥 먹어도 맛있는 한식에 모차렐라나 체더치즈를 올려서 더욱 맛있게 먹을 수 있고, 치즈 감자전이나 치즈 김치전같이 치즈를 기존 음식 안에 넣어서 더욱 맛있는 음식으로 만들 수 있다. 그리고 치즈 빙수나 치즈 밀크티 등 치즈를 기존 음식에 적용하여 다양한 음식들도 만들 수 있어 하나의 유행을 주도하기도 한다. 또한 요즘에는 다양한 치즈를 곁들인 샐러드가 유행하거나 그냥 치즈 본연의 맛을 음미할 수 있도록 해주는 치즈 플레이트도 자주 보인다. 이처럼 치즈는 현재 한국 식문화에서 빠질 수 없는 존재가 되어가고 있다.

우리의 치즈 역사가 약 40~50년 정도로 길진 않지만, 우리의 식생활에 치즈가 정말 빠르게 녹아들고 있다. 어떻게 이러한 일들이 가능한 것일까? 그러한 이유를 알아보기 전에 우리나라뿐만 아니라 치즈의 종주

국인 유럽부터 시작해서 우리 인류가 어떻게 치즈를 만나고 사랑에 빠졌는지 알아보자. 역사가 정말 긴 만큼 유럽이나 미국에 사는 사람들은 정말 치즈를 좋아한다. 2020년 기준 치즈 소비량을 보면 유럽 연합의 경우 무려 95억 톤의 치즈를 소비했고, 미국의 경우, 58억 톤의 치즈를 소비했다. 우리나라가 치즈를 소비하는 정도의 몇 만 배 되는 규모의 치즈를 소비하니 유럽이나 미국에 사는 사람들은 일상 속에서 치즈를 정말 많이 소비함을 알 수 있다. 소비가 많은 만큼 미국과 유럽에는 치즈 축제가 압도적으로 많다. 그중에서는 정말 규모가 크고 세계적인 치즈 축제도 이 있는데, 단위 인구당 치즈 제조사 수가 가장 많은 미국 버몬트에서는 치즈 메이커 페스티벌이 열린다. 많은 치즈 농장주가 참여하여 소비자에게 다양한 치즈 요리를 선보이는 이 축제는 한 달 전에 이미 표가 매진될 정도로 인기가 많다. 또한 지방 여러 마을에서 만든 치즈들을 모아 맛과 품질을 계량하고 평가하는 네덜란드의 알크마르 치즈 페스티벌이나 매해 웨일스에서 큰 규모로 열리는 영국 치즈 페스티벌 또한 세계적으로 유명하다. 이러한 유명한 축제들을 통해서도 볼 수 있듯이 미국과 유럽에 사는 사람들은 일상에서 치즈를 많이 접하고 치즈를 많이 좋아한다.

사람들의 이러한 치즈 사랑은 도대체 언제부터 시작되었을까? 인류의 치즈 사랑을 찾기 위해 먼저 치즈의 시초부터 한번 찾아보자. 현재까지의 연구로는 치즈가 정확히 언제 처음 만들어졌는지 명확하게 밝히지는 못한다. 하지만 치즈를 만들기 위해서는 그 원재료인 가축의 젖이 필요하기 때문에 사람들은 인류가 가축의 젖을 이용하기 시작한 때부터 치즈가 만들어졌을 것으로 추측한다. 12,000년 전쯤 무렵부터 중앙아시아의 유목 민족들이 양을 처음으로 사육하기 시작했다. 과거 유목민들은 양의 내장으로 물통을 만들어 액체를 보관하였는데 여러 과학자들은 양의 내장에서 나오는 효소나 내장 속 공생균의 효소가 양의 젖과 반응해 양의 젖이 우연히 딱딱한 치즈로 만들어졌다고 추측한다. 유목민들은 중앙아시아를 건너서 유럽을 통해 이동하였는데 이러한 최초의 치즈는 개량을 거쳐서 기원전 800년 전쯤에 유럽으로 전파된 것으로 보인다. 도중 소의 사육도 9,000년 전쯤부터 시작되어 본격적으로 유럽에서 치즈가 만들어지기 시작한다. 유럽에서의 치즈에 대한 기록은 호메로스의 서사시 오디세이에서 처음 등장한다. 오디세이에서는 주인공인 오디세이아와 싸우는 거인이 양젖 치즈를 가지고 있다는 서술이 나오고 최고의 아름다움을 지닌 헬레나가 치즈를 먹고 자랐다는 서술 또한 나온다.

그리스인들도 치즈를 그럭저럭 많이 만들어 먹었지만, 치즈를 유럽에 널리 전파한 사람들은 바로 고대 로마인들이다. 로마인들은 특히 치즈를 정말 많이 사랑하였는데 하루에 두 끼 모두 치즈일 정도로 치즈를 사랑했다. 로마인들은 이러한 사랑을 바탕으로 다양한 치즈 제조법을 개발하고 실생활에서 치즈를 많이 만들어 먹었다. 또한 치즈는 저장과 이동이 쉬워 일상의 기쁨뿐만 아니라 로마 병사들에게 있어서도 중요한 식량 자원이 되었다. 로마 제국이 주변 나라를 정복하며 점점 넓어지면서 치즈 식문화와 제조법 또한 같이 전파되어서 유럽 전반의 식문화에 치즈를 널리 퍼뜨리게 된다.

이후 로마 제국이 쇠퇴하고 전염병이 퍼져서 유럽의 암흑기와 함께 치즈 문화도 같이 암흑기에 빠지게 되었다. 하지만 다행히도 치즈 제조법이 수도원을 통해 계속 전해지면서 유럽에서의 치즈 식문화는 살아남게 되었다. 이후 19세기에는 파스퇴르가 저온 살균법을 발견하고 비슷한 시기에 냉장고가 발명되면서 치즈는 식중독의 위험을 극복하고 유럽인들의 일상에서 빠질 수 없는 존재가 된다. 또한 비슷한 시기에 미국에서 제시 윌리엄스가 뉴욕에 체더 치즈 공장을 세우면서 치즈가 대규모로 생산되기 시작한다. 1916년에 미국의 치즈 공장 회사인 크래프트가 가공 치즈를 대규모로 생산하여 판매하면서 미국인들의 일상에도 치즈는 빠질 수 없는 존재가 되었다. 이뿐만 아니라 점점 가공 치즈가 전 세계에서 많은 인기를 끌어 치즈는 많은 이들의 사랑을 받게 되고 매해 많은 양의 치즈가 생산 및 소비되고 있다.

단기간에 빠르게 퍼진 한국의 치즈 사랑뿐만 아니라 치즈는 고대 인류로부터 선택을 받아 현재까지도 꾸준히 많은 사람들에게 사랑받고 있다. 도대체 어떤 이유로 사람들은 치즈를 많이 좋아할까? 우리가 단 것을 찾게 되고, 커피를 못 끊는 것처럼 치즈에도 우리가 계속 찾게 되는 물질이 있는 것일까? 그 해답은 바로 치즈가 우리 몸에서 소화될 때 나오는 물질에 있다. 치즈나 우유와 같은 유제품류는 단백질이 풍부하다는 말을 들어본 적이 있을 것이다. 치즈의 원료인 우유에 있는 단백질들은 주로 카세인 단백질로 구성되어 있다. 치즈는 우유에 들어있는 이러한 단백질들을 응고시킨 것이므로 치즈에는 우유보다 카세인 단백질이 더욱 농축되어 있다. 카세인 단백질은 체내에서 소화되면 카소모르핀이라는 물질로 변한다. '카소모르핀'이라는 단어를 보고서 혹시 양귀비나 마약에서 자주 나오는 '모르핀'을 연상하는 사람들도 있을 것이다. 그렇다. '카소모르핀'은 실제로 모르핀과 비슷한 작용을 해서 혈관을 타고 뇌 속으로 들어가서 활력과 행복을 주는 호르몬 '도파민' 분비를 늘린다. 바로 세계 다양한 사람들이 치즈에 끌리는 이유가 바로 여기 있던 것이다! 이러한 이유로 사람들이 치즈를 먹을 때 기분이 좋고 다른 음식보다도 치즈를 더욱 찾게 되는 것이다.

카소모르핀에 의한 효과도 있지만, 치즈에 끌리는 또 다른 이유도 있다. 치즈에는 포화 지방이 어느 정도 있어서 열량이 다른 음식보다 높다. 500명을 대상으로 한 미국 미시간 대학교의 연구에서는 지방이 적은 음식보다 지방이 더 많은 음식이 더 중독성이 있는 식습관을 만든다는 것이 밝혀졌다. 이러한 음식들은 뇌에서 기쁨과 관련되는 수용체에 직접 영향을 줘서 기쁨을 어느 정도 유발한다고 한다. 진화적인 관점에서도 선사 시대 인간이 더욱 잘 살아남기 위해서는 지방을 조금 더 포함한 식품을 선호하는 것이 단위 무게당 에너지를 더 많이 얻을 수 있으므로 다른 음식들보다 더 생존에 도움이 되었을 것이다. 이러한 생존 메커니즘을 통해서 왜 우리가 과일이나 채소를 고지방 음식보다는 덜 먹고 싶어하는지 알 수 있다. 또한 이러한 내용은 치즈에도 적용이 되어 아마 우리가 치즈를 더 찾게 되는 여러 이유 중 한 가지가 될 것이다.

이러한 이유로 우리는 치즈에 더욱 자주 끌리게 되는데, 이렇게 치즈를 자주 먹게 되면 어떤 사람들은 '치즈가 인체에 나쁜 영향을 미치지 않을까?'하고 생각하기 마련이다. 특히 '카소모르핀'이 중독 물질이기 때문에 장기적으로 먹을 경우, 나쁜 영향이 있지는 않을지 더욱 걱정될 것이다. 결론부터 말하자면 전혀 유해하지 않다. 카소모르핀이 중독 물질이라고 해서 유해하다는 오해를 받기 쉽다. 보통 중독 물질이라고 하면 알코올, 니코틴, 코카인 등을 쉽게 떠올릴 수 있는데 건강에 나쁘고 피해야 하는 물질이라는 인식이 있다. 하지만 앞서 말한 물질들과는 다르게 카소모르핀은 전혀 유해하지 않다! 카소모르핀이 체내에서 중독 효과를 나타내지만 치즈의 오랜 역사에서 부작용에 대한 말이 전혀 없듯이, 우리가 알고 있는 나쁜 중독 물질에 비하여 중독 효과는 낮은 편이다. 치즈의 경우 단백질이 주된 성분이라서 위에 다른 영양소보다 조금 더 오래 머물고 천천히 소화된다. 그에 따라 카소모르핀도 뇌에 천천히 전달된다. 또 치즈가 위에 오래 머물기 때문에 포만감이 일찍 들게 되어서 치즈를 덜 먹게 되어 카소모르핀이 뇌에 전달되는 양도 조절된다. 그러므로 치즈를 먹을 때 카소모르핀에 대해서 전혀 걱정할 필요가 없다! 그리고 카소모르핀 자체도 여러 연구에서 항암과 항산화 효과를 드러내서 건강에 유익하다고 알려져서 더욱 걱정할 필요가 없다.

그뿐만 아니라 치즈는 익히 알려져 왔듯이 영양학적으로도 우수하다. 먼저 치즈는 좋은 단백질 공급원이다. 같은 무게의 우유에 있는 단백질보다 7배의 단백질을 함유하고 있다. 또한 치즈에 있는 단백질은 체내에서 합성할 수 없어서 반드시 음식으로부터 섭취해주어야 하는 필수 아미노산들이 풍부하다. 필수 아미노산에 해당하는 아미노산 9종류 모두 치즈에 풍부하므로 성장기 어린이부터 영양 공급이 필요한 노인분들까지 섭취하기에 안성맞춤인 음식이다. 치즈에는 같은 무게의 우유에 있는 칼슘의 5배가 되는 양이 있을 정도로 칼슘이 풍부하다. 체내에서 칼슘은 뼈를 더욱 튼튼하게 만들고, 골다공증을 예방할 수 있게 해준다. 또 혈액 응고, 신경 자극 전달, 근육 수축에도 관여해서 인체에서 꼭 필요한 영양소이며, 칼슘과 단백질뿐만 아니라 비타민 B12나 비타민D 등과 같은 비타민도 풍부하다. 비타민 B12는 빈혈을 예방하고 신진대사를 높이며, 비타민D는 칼슘과 인을 흡수하고 이용하는 데 도움을 주어 우리의 치아와 뼈를 건강하게 유지할 수 있도록 도와준다.

하지만 아무리 좋은 것이라도 너무 많이 먹으면 해롭다는 말처럼 치즈에는 포화 지방과 나트륨이 어느 정도 있어서 너무 많이 먹지는 말아야 한다. 또 유당 불내증 환자에게는 치즈는 피해야 할 음식이다. 대신 그런 사람에게는 유당을 뺀 락토프리 치즈를 추천한다. 이때까지 살펴본 것과 같이 각자의 사정에 맞게 적당하고 적절하게 치즈를 즐긴다면, 건강한 삶과 기분 좋은 활기찬 삶 두 마리 토끼를 잡을 수 있을 것이다.

치즈를 좋아하는 것, 자주 먹으려고 하는 것은 전혀 이상한 일이 아니다! 지금까지 소개해왔던 것처럼 인류는 치즈라는 물질에 아득한 옛날부터 자연스럽게 사랑에 빠져 왔다. 고대 유목민들에게서 만들어진 양의 젖으로 만든 치즈부터 우리 주변에 쉽게 볼 수 있는 가공 체더치즈까지 치즈는 카소모르핀을 통해서 인류에게 삶의 고됨을 잊는 하나의 소울 푸드가 되어 주기도 하고 옛날부터 인류의 건강을 책임지는 '영양소가 풍부한 음식'이 되어 왔다. 물론 살 빼는 사람들에게는 공공의 적이 될 수 있지만, 적당히 적절하게 치즈를 즐긴다면 당신의 삶에 좋은 친구가 될 것이다. 이때까지 살펴보았듯이 인류 역사로 볼 때나 생물학적으로 볼 때나 치즈를 사랑하는 것은 지극히 자연스러운 것이다. 무엇보다도 치즈는 건강에 좋고 치즈를 먹은 날의 하루를 좀 더 활력 있게 보내도록 해준다. 세상에 이런 음식만큼 좋은 음식이 있을까! 그런 의미에서 나는 오늘 저녁으로 치즈를 곁들인 샐러드를 먹으려고 한다. 이 글을 읽는 여러분도 오늘 저녁에는 식탁에 치즈를 추가해보는 것은 어떨까? 더 많은 사람들이 치즈를 먹고 더욱 건강하고 활기찬 삶을 보냈으면 하는 바람이다. 해피 치즈 타임!

과학도, 요리에 도전하다

전산학부 19학번 이찬규

난생처음 조리복을 입었다

조리복을 처음 입어본 것은 지난해 겨울이었다. 조리복이라고 함은 희고 도톰한 천으로 만든 상의와 앞치마를 뜻한다. 흔히 드라마에서 셰프들이 입고 있는 옷이라고 생각하면 된다. 카이스트에 다니는 내가 조리복을 왜 입게 되었을까? 시작은 정말 사소한 농담에서 비롯되었다. 고등학교 때부터 친했던 네 명의 친구들과 겨울 방학에 앱을 개발하며 일상을 보내고 있었다. 한창 〈펜트하우스〉라는 드라마가 유행하던 때라 "재벌 집에 장가가려면 앞치마 메고 요리 정도는 해야 해"라는 이야기를 주고받았는데, "진짜 배워볼까?"라는 이야기가 나왔다. 매일 코딩만 하기에는 방학이 아까우니 다른 경험도 해보자는 말이 마음에 불을 지폈다. 그 길로 둔산동에 있는 요리 학원으로 상담을 받으러 갔다. 다들 수학 학원 과학 학원만 다녀봤지, 요리 학원에 다니게 될 줄은 꿈에도 몰랐기에 입구에서 얼마나 망설였는지 모른다. 용기를 내 들어간 요리 학원에서 상담해주시는 분이 반갑게 맞아주셨는데, 카이스트에 다닌다고 설명하니 흠칫 놀라셨다. 동물원 밖에서 만난 수달을 보는 눈빛이랄까. 상담실장님께서 학원 소개를 해주시며 "여긴 대부분의 학생이 식당을 개업하시려는 어머님들, 호텔 조리학과 학생들로 이루어져 있다"는 말씀을 해주셨다. 호기롭게 요리 학원에 찾아왔던 우리는 자신감이 급락했고, 그래도 지푸라기라도 잡는 심정으로 실제 요리를 가르치는 선생님과의 면담을 신청했다. 실제 요리를 가르치는 선생님께 "과연 생전 칼도 안 잡아본 아가들이 요리를 배워 석 달 내에 양식조리기능사 시험에 붙을 수 있을까요?"라는 질문을 드렸다. 선생님께서는 "그야 필기시험은 워낙 잘하실 테니, 실기가 문제일 텐데……" 라며 말끝을 흐리셨다. 그리고는 잠시 고민하시더니 "아침 아홉 시 수업에 오시면 학생이 네 분을 포함해서 여섯 분인데, 집중적으로 가르쳐 드릴 테니 도전해보실래요?"라는 말씀을 하셨다. 요리라도 배우지 않으면 매일 코딩만 할 것이기에 학원에 다니기로 했고 그렇게 생애 첫 요리 수업이 시작되었다.

오! 나의 다이소

무작정 학원을 등록하고 나니 상담실장님께서는 하얀 안내문을 하나 주시며 여기에 적힌 준비물을 지참하고 다음 주에 등원해달라고 말씀하셨다. 안내문을 읽던 우리는 전부 말을 잇지 못했다. 평소 다니던 수학 학원을 생각하고 준비물에 대해서는 생각도 해보지 않았는데, 첫날 들고 가야 하는 준비물만 무려 스물일곱 가지였다. 강판, 거품기, 계량스푼, 고무 주걱, 나무젓가락, 냄비, 다시백, 채칼, 칼 프라이팬 등 준비물을 잘 구매할 수 있을지 걱정이 앞섰다. 그래도 다행스럽게도 네 명이 같은 준비물을 사야 했기에 같이 고민하면 살 수 있을 것이라는 생각으로 스쿠터를 끌고 다이소로 향했다. 제일 먼저 강판을 찾으러 3층으로 올라갔는데, 강판이 생각보다 다양한 모양으로 출시되어 있었다. 평소에 강판을 써봤어야 고를 텐데 강판을 써본 적이 없으니 뽑기랑 다를 바 없는 상황이었다. 결국 어디서 본 듯한 모양의 강판을 골랐다. 나무젓가락이나 주걱 등 다른 준비물도 어디서 본 듯한 모양을 골라 계산대로 가져갔다. 대학생으로 보이는 사람 넷이서 프라이팬 네 개, 반찬통도 크기별로 네 개, 냄비도 네 개를 계산대에 올려놓으니 계산해주시는 아주머니께서 "이거 사서 다 어디에다 쓰세요?"라며 물어보셨다. 그도 그럴 것이 그날 다이소에서 20만 원이 나왔었다. 물건 하나가 몇천 원인데 20만 원이라니, 영수증을 받아들고 나와 한참을 길에서 웃었다.

열 개의 손가락

양식조리기능사의 경우 매일 두 가지씩 서른두 개의 메뉴를 배우는 형식으로 수업이 진행된다. 앞에서 선생님께서 시범을 보여주시면 각자 자리로 돌아가서 실제로 시험을 보듯이 제한 시간 내에 요리를 만들어내야 한다. 처음에는 요리가 진행되는 과정을 외워서 막힘없이 요리를 진행하는 것이 시간을 지키는 데 가장 중요한 요소라고 생각했다. 하지만 그런 내 생각은 '샐러드 부케를 곁들인 참치 타르타르와 채소 비네그레트'를 만들면서 산산이 조각났다. 이 메뉴를 만드는 과정은 다섯 단계가 채 되지 않도록 간단한데, 준비된 재료를 아무리 다져도 끝이 없었다. 딜, 파슬리, 양파, 파프리카 등등 제한 시간이 재료를 다지다가 전부 흘러가 버렸다. 이토록 시간이 오래 걸린 데에는 부족한 칼솜씨가 원인이었다. 실제로 요리 학원에 다니며 우리의 손가락은 남아날 일이 없었다. 하루가 멀다고 손가락에 상처가 났기에 선생님께서는 우리 네 명이 모여 있는 테이블 근처를 떠나지 못하셨다. 매번 손가락에 반창고를 붙이고 있던 우리를 보시던 선생님께서는 "열 개의 손가락을 전부 베이면 그때는 정말 칼질을 잘할 수 있다"라는 말을 해주셨다. 우리는 문득 궁금해졌다. 과연 언제쯤 열 개의 손가락을 다 베일 수 있을까? 이런 궁금증은 꼭 계산해봐야 하므로, 학원이 끝나고 점심을 먹으며 이야기해 보았다.

보통 이렇게 일정한 공간에서 일어나는 무작위적인 사건은 푸아송 분포라는 통계적 모델을 사용하여 계산할 수 있다. 이를 위해서 두 가지 가정을 했는데, 첫 번째는 "일주일에 다섯 번씩 요리 학원에 나와서 꾸준히 요리한다"라는 것이고 두 번째는 "메뉴에 따라 손가락을 베일 확률이 일정하다"는 것이다. 두 가지 가정하에서 푸아송 분포를 적용하기 위해서는 손가락이 베이는 평균적인 속도를 구해야 한다. 즉, 일주일에 몇 번 정도 손가락을 베였는지 기억을 떠올려보았다. 네 명의 친구들이 돌아가면서 일주일에 두 번씩은 손을 베었으므로 주당 평균 손 베임 횟수는

0.5회로 하기로 했다. 따라서 0.5라는 숫자를 푸아송 분포에 대입한다면 열 손가락을 다 베이는 데는 평균적으로 20주가 걸린다는 사실을 알 수 있었다. 따라서 약 5개월 정도 꾸준히 학원에 다니면 칼질을 잘할 수 있겠다는 결론에 도달했고, 선생님의 말씀이 어느 정도 일리가 있는 말이라고 생각했다.

비프 콘소메와 머랭

어느덧 요리 수업이 막바지에 이르렀을 때, 비프 콘소메를 만들게 되었다. 매번 먹어보지도 않은 음식을 만들려고 하니 어려웠는데, 처음으로 먹어본 음식을 만들게 되어 기분이 좋았다. 비프 콘소메의 요리법은 토마토, 양파, 당근, 셀러리를 잘게 채를 써는 것으로 시작한다. 채를 썬 양파를 갈색이 나도록 볶아 어니언 브루리를 만든 후에 나머지 채소를 넣고 물을 부어 육수를 만든다. 이후 잘게 썬 채소들에서 나온 불순물들을 거르는 과정과 감칠맛을 더하기 위해 고기 맛을 첨가하는 과정을 거쳐야 한다. 여기서 문제가 생겼다. 불순물은 정말 작은 조각들로 나누어져서 육수에 돌아다녔고, 마치 통후추를 갈아 넣은 듯했다. 또한 고기를 직접 육수에 넣는다면 야채보다 더한 불순물이 생길 것이 뻔했다. 하지만 선생님께서는 이러한 문제는 조리 방법을 바꾸어 간단하게 해결할 수 있다고 알려주셨다. 이렇게 복잡한 문제를 그저 요리 방식을 통해 극복할 수 있다니 놀라울 따름이었다.

그 놀라운 방식은 바로 '머랭'을 사용하는 것이다. 머랭은 달걀의 흰자만을 이용해 거품기로 단단한 푸딩의 형태가 될 때까지 섞어서 만든 상태를 뜻한다. 머랭이 이번 요리를 만드는 데 효과가 있었던 이유 두 가지였다. 첫 번째는 "머랭의 기본적인 구조가 다양한 재료끼리 소통하기 좋은 다공성"이라는 점이다. 머랭은 겉으로 단단해 보여도 자세히 들여다보면 거품이 구조를 유지하고 있다. 자잘한 거품으로 이루어진 머랭과 다진 고기를 조심스럽게 버무려 끓고 있는 육수 위에 올려놓게 되면, 끓어서 올라온 육수가 머랭의 수많은 구멍 사이사이로 침투하여 고기의 맛을 가지고 다시 내려간다. 이렇게 15분 정도 끓이게 되면 놀랍게도 고기의 맛이 국물에 배어 나오게 된다. 두 번째는 "머랭은 열을 받으면 단단해진다"는 점이다. 머랭도 결국 계란 흰자에서 출발한 것이기 때문에 열을 가하면 계란프라이가 익듯이 익을 수밖에 없다. 이러한 특징은 끓는 물 위에 올릴 고기와 버무린 머랭이 모양을 유지할 수 있도록 해준다. 반숙 계란프라이처럼 머랭의 아랫부분이 익어서 전체 머랭의 구조를 지탱할 수 있도록 하는 것이다.

비싼 오믈렛 팬

양식조리기능사 시험은 서른두 개의 정해진 메뉴 중에서 무작위로 두 가지 메뉴가 출제되는데, 그중에서 오믈렛을 만들기 위해서는 오믈렛용으로 특별하게 제작된 프라이팬을 사용해야 한다. 학원에 다니는 동안은 학원의 팬을 빌려서 사용했지만, 시험을 보러 가기 위해서는 직접 팬을 사야 했다. 3만 원이 넘는 팬을 시험을 위해서 구매하려니 고민이 되었다. 심지어 서른두 가지의 메뉴 중에서 두 가지인 오믈렛을 위해서 구매했더라도 출제되지 않는다면 아무런 소용이 없는 상황이었다. 이런 상황에서 "과연 오믈렛 팬을 사는 것이 합리적인 판단인가?"에 대해 계산을 해보기로 했다. 네 명이 각각 시험을 보러 가서 오믈렛이 한 번이라도 나오지 않는다면 오믈렛 팬을 사는 이유가 없다. 따라서 이렇게 오믈렛 팬이 무용지물이 되는 상황이 벌어질 확률을 구해본다면 오믈렛 팬의 필요성을 가늠해볼 수 있을 것이다. 위의 확률은 한 번의 시험에서 오믈렛이 출제되지 않을 확률을 네제곱한다면 계산할 수 있다. 총 32가지의 메뉴 중 2가지가 출제되는데, 여기에 오믈렛이 포함되지 않을 확률은 30개 중에서 2개를 고르는 가짓수를 32개 중에서 2개를 고르는 가짓수로 나눈 값을 1에서 빼면 구할 수 있다. 계산한 결과, 한 사람에게는 약 12퍼센트의 확률로 오믈렛이 출제되었다. 그래서 "어? 생각보다 확률이 낮네!" 라고 생각하려는 찰나 네 사람 모두에게 오믈렛이 출제되지 않을 확률을 계산하였다. 그런데 반전이 생겼다. 정말 네 명 중 아무에게도 오믈렛이 나오지 않을 확률은 40퍼센트 였다. 즉, 반대로 말하면 60퍼센트의 확률로 누군가는 오믈렛을 만들어야 한다는 뜻이었다. 계산 결과를 보고, 뒤도 돌아보지 않고 오믈렛 팬을 주문했다.

이제는 나도 양식조리사?!

드디어 학원 수업이 마무리되었고 실기 시험을 보는 날이 되었다. 방학 중에 시험을 접수해서 별다른 생각 없이 대전에 있는 시험장으로 접수했는데, 시험 선날이 할머니 생신이었다. 그 바람에 서울에서 수많은 조리 도구를 가방에 챙겨 대전으로 출발하게 되었다. 양식기능조리사는 한국 산업인력공단이라는 곳에서 시험을 보는데, 시험장에 도착해서 곧장 지하로 내려가 조리복으로 갈아입었다. 보통 밖에서 사는 조리복에는 어떤 마크도 없는데, 갈아입고 나서 보니 나를 제외한 저의 모든 사람은 팔뚝에 각종 대학교 마크가 붙어있었다. 예를 들어 우송대가 붙어있다면 우송대 호텔조리학과라는 뜻이었다. 실기 시험 합격률이 30퍼센트 남짓인 것을 떠올리니 전공생들과 경쟁할 생각에 손이 떨려왔다. 시험 시간이 되어 공개된 메뉴 두 가지는 '타르타르소스'와 '해산물 토마토스파게티'였다. 가장 자신 있던 두 가지 메뉴였다. 하늘이 도와주셨다고 생각하며 조리를 시작했다. 평소 빨리 내야 한다는 생각 때문에 소홀했던 청결 부분에서 감점당하지 않기 위해 칼을 재료마다 세척했고, 손을 몇 번씩 씻어가며 조리를 했다. 그런데 정말 말도 안 되는 실수를 해버렸다. 해산물 토마토스파게티에 들어가는 토마토를 다지지도 않고 그냥 통으로 프라이팬에 올려버린 것이다. 나도 프라이팬에 토마토를 올리고는 어이가 없었다. 하지만 프라이팬에 한번 올린 재료를 다시 손질하는 것은 실격 사유였기에 울며 겨자 먹기로 주걱으로 꾹꾹 누르며 요리를 완성했다. 티 나도록 뭉친 토마토들은 슬쩍 안으로 넣어서 제출했다. 그 뒤로 긴장이 풀려 어떻게 걸어왔는지도 모르게 기숙사에 와서 누웠다. 3주 뒤, 홈페이지에서 합격자 발표를 눌렀는데 "합격을 축하합니다"라는 글자가 떠 있었다. 얼마나 기뻤는지 집에서 방방 뛰어다녔다. 물론 본업은 카이스트에 다니는 공대생이지만, 이제는 당당히 양식조리사가 되었다. 야호!

제3부

삶에 배어든 과학의 향기

이다혜 임현승 김성훈 박연수 임지홍 정연오 홍지운

계절을 상징하는 풍경은 어떤 원리를 숨기고 있을까

전기및전자공학부 20학번 이다혜

바쁘게 살아가던 어느 날, 상쾌한 기분으로 잠에서 깨니 창문으로 들어오는 햇빛이 아름다워 보이고, 창밖으로 들리는 새소리는 평화롭게만 들렸다. 시간을 보니 아니나 다를까 지각이었다. 다행히 학교 수업이 아닌 약속 준비에 늦은 것이었기 때문에 급히 약속을 미루고 나갈 준비를 하기 시작했다. 준비하는 동안 아침에 본 기숙사 가운데 위치한 중앙 정원의 연녹색 나뭇잎이 예쁘다고 생각하였다. 그리고 이제 여름이 가까워졌다는 것을 느꼈다. 이처럼 사람은 어떤 풍경이 주어질 때 계절감을 느낀다. 그렇기에 풍경은 각 계절을 알려주는 수단이라고 할 수 있다. 계절별로 생각나는 풍경들은 어떤 원리로 만들어질까?

편의점을 가거나 산책을 하다가 혹은 친구를 만나기 위해 나갔을 때 노란색의 튤립과 유채꽃, 연분홍색, 흰색의 매화와 벚꽃을 본다면 '봄'이라는 것을 느낄 수 있다. 봄이 되면 동네 뒷산과 들판, 하천이 모두 개나리와 진달래, 철쭉, 벚꽃 등으로 뒤덮인다. 각 지역에 많이 존재하는 꽃이 만개하는 시기에 맞추어 꽃 축제가 열리고, 사람들은 저마다 밝은 옷을 입고 나와 꽃구경을 한다. 꽃을 손으로 살포시 잡아 함께 사진을 찍고, 벚꽃의 경우에는 떨어지는 벚꽃잎을 잡아보기도 한다. 이처럼 봄은 아직은 쌀쌀한 기온 속에서 따뜻한 햇볕과 가끔 불어오는 따스한 바람을 느끼며 꽃 옆을 지나다닐 수 있는 그런 계절이다.

다양한 꽃의 색이 주는 분위기처럼 봄에는 활력을 느낄 수 있다. 그 이유는 꽃의 색을 보고 식물과 교감할 때 활성화되는 알파(α)파라는 뇌파 때문이다. 사람은 빨간색 꽃과 노란색 꽃으로부터 알파파를 통해 각각 활력과 유쾌함을 느낀다. 그렇다면 이런 다양한 꽃의 색은 어떻게 결정되는 것일까? 그 이유는 꽃잎에 들어있는 색소의 조합이 다르기 때문이다. 꽃잎은 식물 세포에 들어있는 엽록소 이외에도 카로티노이드계 색소, 플라보노이드계 색소, 베타레인계 색소 등을 포함한다. 이때 우리가 보는 색은 빛의 종류 중 가시광선에 의해 정해진다. 가시광선 내의 각 파장의 흡수되는 정도가 차이나면 반사되는 강도가 달라져 서로 다른 색이 된다. 색소가 흡수하는 파장은 색소의 고유한 특성이기 때문에 변하지 않으므로 서로 다른 색소를 가지고 있으면 다른 파장을 흡수, 반사할 수 있다. 그러나 같은 색소를 가지고 있다고 해서 같은 색을 띠는 것도 아니다. 색소의 농도와 빛의 흡수량은 비례하므로 색소의 농도가 달라지면 다른 색을 나타낸다.

예를 들자면 유채꽃과 개나리는 다른 색소에 비해 카로티노이드계 색소인 크산토필을 높은 농도로 가지고 있다. 엽록소는 빨간색, 파란색을 흡수하고 녹색과 황록색 파장을 반사해 식물이 녹색을 띠도록 하지만 크산토필에 비해 낮은 농도 존재하여 큰 영향을 주지 않는다. 그리고 크산토필은 노란색을 반사하므로 유채꽃과 개나리는 노란색을 띤다. 카로틴 또한 카로티노이드계 색소로, 카로틴은 크산토필과 다르게 주황색을 반사해 카로틴이 풍부한 잎은 마리골드꽃과 같이 주황색을 띤다. 마지막 예시는 벚꽃이다. 벚꽃은 안토시아닌이라는 플라보노이드계 색소를 가지고 있다. 안토시아닌은 보라색을 반사하기 때문에 벚꽃은 본래 연보라색이어야 한다. 그러나 벚나무는 온도가 높을수록 안토시아닌을 적게 생성한다. 따라서 우리가 볼 수 있는 벚꽃은 연보라색이 아닌 흰색, 분홍색을 띤다.

꽃잎이 떨어져 시들고, 점점 날이 더워지면 어느새 바닥에서 올라오는 아지랑이가 보인다. 그리고 친구나 가족과 바다를 놀러 가면 빨간색, 노란색, 파란색과 같은 형형색색의 파라솔이 반짝이는 모래사장 위에 펼쳐져 있는 풍경도 보게 된다. 이런 풍경 속에서 '여름'이 왔다는 것을 느낄 수 있다. 부산이나 강릉과 같은 해안가에서는 앞서 말한 파라솔 뒤로 반짝이는 모래사장과 넘실거리는 파도, 파란색을 띠며 넓게 펼쳐진 바다를 볼 수 있다. 햇볕은 뜨거울 정도로 쨍쨍하지만 아랑곳하지 않고 모래사장에서 조개를 줍고, 파도가 들어오고 나가는 것에 맞추어 발을 담그고, 함께 놀러 간 사람을 빠뜨리거나 튜브를 타며 물장난을 치며 논다. 여름은 걷는 것이 최대의 활동처럼 느껴지는 평화로운 봄과 달리 동적이고 열정적인 계절이다.

그러나 가만히 있어도 땀이 나는 높은 기온과는 달리 바다를 보면 시원한 느낌이 든다. 이는 바다의 푸른색이 주는 시원한 느낌과 일렁이는 파도의 소리 때문이다. 그러나 실제로 바닷물은 투명한 색이다. 그렇다면 바다는 왜 파랗게 보일까? 이미 꽃의 색이 왜 알록달록한가에 대해 말했을 때, 우리가 보는 색은 가시광선의 흡수와 반사에 의해 결정됨을 언급하였다. 그러나 바닷물은 색소에 의한 영향이 아닌 가시광선 자체의 파장으로 인해 파랗게 보인다. 빛이 바다의 표면에 닿을 때 파장이 상대적으로 긴 빨간 계열의 가시광선은 바닷물에 흡수된다. 그리고 파장이 짧은 파란 계열의 가시광선은 흡수되지 않고 바닷물의 물 분사들과 충돌하여 산란을 일으킨다. 산란된 빛들은 바다 표면을 다시 통과하여 눈으로 들어와 바다가 푸른색으로 보이도록 한다. 이 원리는 하늘이 파란색으로 보이는 원리와 동일하다.

바다의 큰 특징이자 시원한 느낌을 주는 요인 중 하나는 파도이다. 파도는 일종의 파동 현상으로 생성 원인에 따라 성질과 이름이 달라진다. 일반적으로 바다에서 볼 수 있는 파도는 바람에 의해서 생성되는 파도이다. 만일 계속해서 일정한 방향의 바람이 분다면 풍랑이라는 이름의 파도로 자리 잡는다. 그러나 어느 시점 이후로 바람의 영향을 받지 못하게 되면 파도의 강도가 약해지고 파장이 길어지며 너울이라는 이름의 파도가 된다. 너울이 연안으로 다가오게 되면 바닥과 물 분자 간의 마찰로 인해 에너지가 감소하여 파도의 높이가 낮아진다. 이 파도가 연안에서 볼 수 있는 일렁이는 파도이며, 흰색으로 부서지며 바닥과 부딪히는 연안쇄파라는 파도를 만들어낸다. 너울의 윗부분은 마찰의 영향을 받지 않아 원래의 속력으로 진행하고, 바닥 부분의 속력만 느려지게 된다. 따라서 너울은 앞으로 쏠리듯이 진행을 하다 결국엔 구조가 무너져 내려 연안 쇄파가 된다.

그러다 점점 바람이 차가워지면 사람들은 얇은 옷을 정리하고 긴 옷을 꺼내 입기 시작한다. 그때쯤 초록색을 띠던 나무가 하나둘씩 울긋불긋 물든다. 하천에는 꽃 대신 억새가 바람에 흔들거리며 바람의 형태를 눈으로 보여주듯 일렁인다. 이런 풍경 속에는 '가을'이라는 계절이 담겨 있다. 가을에는 가족들과 함께 뒷산으로 단풍 이를 가서 산책로를 따라 걸으며 시간을 보내거나 돗자리를 깔고 간식을 먹는다. 유치원생, 초등학생들은 은행나무나 단풍나무의 노랗고, 빨간 나뭇잎을 주워 그림일기에 붙이기도 하고, 책갈피를 만들어 그 위에 펜으로 편지를 쓰기도 한다. 어떤 잎은 아직 초록색이 남아있어 얼룩덜룩하고, 또 다른 잎은 완전히 말라 바스러진다. 이처럼 가을은 저마다 다른 속도를 가지고 변화하는, 하지만 평화로운 계절이다.

왜 나뭇잎은 계속해서 초록색을 유지하지 않고 울긋불긋하게 물드는 것일까? 나뭇잎을 구성하는 세포는 식물 세포로 엽록체, 엽록소로 인해 광합성을 하는 동안에 나뭇잎은 초록색을 띤다. 이때 여름에서 가을이 되면 기온이 낮아지고, 낮이 짧아져 광합성을 할 수 있는 시간이 줄어들고 광합성의 효율이 줄어든다. 따라서 나무는 개체가 사용할 수 있는 충분한 양의 영양소를 얻을 수 없다. 그래서 나무는 영양소의 사용을 최소화하기 위해 잎을 떨어뜨려 개체를 보존한다. 이 과정에서 엽록소의 생산량이 감소하여 색소의 농도가 감소한 후 두 가지 색소의 영향으로 단풍이 물든다. 먼저 노란 단풍의 경우에는 꽃잎이 색을 가지는 것과 마찬가지로 식물의 잎에 존재하는 카로티노이드라는 색소가 엽록소 농도보다 과량 발현되어 노란색을 띤다. 그리고 붉은 단풍의 경우에는 원래는 존재하지 않았던 안토시아닌이 가을철에 엽록소가 감소함에 따라 점차 과량 생산되며 나뭇잎을 붉은색으로 물들인다.

색소 안토시아닌은 나무를 강한 햇빛과 수분 증발, 기온 저하 등의 스트레스 상황에서 지키는 역할을 한다. 보호 작용을 이용하며 단풍의 색이 유지되다가 봄에 다시 푸른색으로 바뀌면 얼마나 좋을까. 바람과는 다르게 단풍은 계속해서 나무에 붙어있지 않고 짧은 기간 내에 떨어진다. 그 이유는 식물 스트레스 호르몬 때문이다. 아브시스산이라는 식물 스트레스 호르몬은 식물이 스트레스를 받게 됐을 때 식물을 보호하고자 발현된다. 식물이 스트레스를 받는 주요 요인은 수분, 빛, 온도 때문이다. 따라서 태양이 지평선 위로 떠 있는 시간이 짧아지고, 공기 중의 수분이 적어지며 온도가 낮아지는 가을과 겨울 사이 간절기에 나무에서 아브시스산이 발현된다. 낮은 기온으로 인해 잎의 생화학 반응이 느려짐과 동시에 아브시스산이 호흡을 담당하는 기공을 닫아 잎의 광합성을 멈추면 잎은 수분과 영양분을 얻지 못해 마른다. 잎이 마르는 동안 떨켜라는 잎자루와 가지 사이에 새로 생겨난 조직은 잎의 이음새를 막아 나무에서 잎을 떨어뜨리고, 이음새를 코르크 조직으로 바꾸어 나무를 증발과 균 등으로부터 보호한다.

잎이 완전히 다 떨어질 때는 초가을보다 기온이 더 많이 내려가며 초저녁부터 밤이 찾아오고, 사람들은 옷을 더 두껍게 입고 총총 걸어간다. 길가의 꽃도 시들고, 잡초조차 회갈색으로 마른다. 그 대신 하늘이 하얀색을 띠고 비가 아닌 눈이 오는 모습을 볼 수 있다. 이런 풍경 속에서 사계절의 마지막인 '겨울'을 느낄 수 있다. 겨울에는 하천과 강이 얼고, 눈이 온 다음 날이면 지붕과 나뭇가지, 길가에 눈이 소복하게 쌓인다. 알록달록하지는 않지만, 겨울에는 앞서 말한 얼음과 눈이라는 계절적 특징을 이용하여 얼음 축제나 눈꽃 축제가 열린다. 하천을 뒤덮은 불투명한 얼음판 위는 동그란 구멍을 파 빙어나 산천어 등을 낚는 사람들로 북적인다. 낚시하는 모습 이외에도 예쁘게 장식된 눈밭에서 아이들의 썰매를 끌어주는 어른의 모습과 언덕에서 동그란 썰매에 앉아 손잡고 내려오는 사람, 축제장 구석에 작게 눈사람을 만드는 사람도 보인다. 물고기를 잡아 가족들, 친구들과 신나게 축제장 옆에 마련된 음식점에 찾아가 요리를 해달라고 요청하는 모습은 사람을 저절로 웃음 짓게 한다.

빙어 축제, 산천어 축제와 같은 얼음 축제를 할 수 있는 이유는 물의 특별한 성질 때문이다. 만일 강이 물이 아닌 다른 액체로 이루어졌다면 지금까지 겨울에 보았던 풍경을 볼 수 없었을 것이다. 이와 관련된 물의 특별한 성질은 물이 섭씨 4도에서 가장 큰 밀도를 가지는 것과 물보다 얼음의 밀도가 작은 것이다. 이 성질로 인해 물은 항상 표면부터 얼어붙는다. 얼음은 고체 상태가 되며 자유로운 물의 분자 배열과 다르게 육각형 구조를 이룬다. 따라서 육각형 가운데 존재하는 공간으로 인해 물보다 밀도가 작아 물 위에 뜬다. 그리고 물의 밀도는 4도에서 가장 크기 때문에 물이 4도까지 냉각되면 밑으로 가라앉는다. 얼어붙은 얼음과 물의 열 교환에 의해 물은 4도까지 냉각되어 밑으로 하강하는 과정을 반복한다. 따라서 얼음 밑의 물은 4도로 유지된다. 이러한 원리로 물은 완전히 얼지 않고 물과 얼음으로 분리되어 존재할 수 있다. 하나 더 덧붙이자면 얼음의 밀도가 물의 밀도보다 작은 것은 얼음에 추가적인 압력을 가할 때 얼음이 녹는 이유가 된다. 그로 인해 스케이트나 얼음 썰매를 탈 때 얼음과 날 사이에 물이 생겨 마찰이 작아져 진행 방향으로 부드럽게 갈 수 있다.

겨울에 내리는 눈 또한 물의 고체 형태인 얼음의 하나이다. 눈도 물과, 일반적으로 말하는 얼음과 다른 특징을 가지고 있다. 그것은 바로 눈밭의 눈을 뭉치거나 밟을 때 나는 뽀드득 소리이다. 원리는 눈이 내릴 때 만들어진 얼음 결정이 압력에 의해 뭉쳐지는 과정에서 각 얼음 분자가 주위의 분자들과 마찰을 만들어 소리 에너지가 생기기 때문이다. 함박눈을 뭉치거나 밟을 때 들리는 소리보다 가루눈, 뭉쳐지지 않는 눈을 밟을 때 뽀드득 소리가 더 많이 들린다. 그 이유는 눈 입자의 크기가 눈의 생성 원리에 따라 다르기 때문이다. 가루눈은 얼음 결정이 하강하면서 기온이 낮은 찬 공기층 지날 때 생성된다. 이때 공기층은 차가울수록 습도가 낮은 특성이 있다. 따라서 찬 공기층은 물 분자를 적게 가지고 있어 얼음 결정의 크기를 키우는 데 사용할 수분이 없어 작은 눈을 대량 만든다. 이와는 반대로 함박눈은 얼음 결정이 가루눈보다 상대적으로 따뜻하고 수분이 풍부한 공기층을 지나기 때문에 공기층으로부터 물 분자를 계속해서 빼앗으며 입자의 크기가 커지는 과정을 통해 생성된다. 따라서 가루눈이 주변에 입자가 많고 마찰하는 총 표면적이 더 많아 마찰에 의

한 소리 에너지가 더 크게 발생함을 확인할 수 있다.

지금까지 말한 각 계절을 상징하는 풍경 요소들을 마주하다 보면 어느새 1년이 지나간다. 꽃과 단풍처럼 색을 통해 계절을 느끼기도 하고, 바다, 눈 등 전체적인 풍경을 생각하며 계절을 깨닫기도 한다. 풍경 이외에도 사람은 춘곤증, 더위, 추위 등 계절감을 통해 계절을 느낀다. 같은 행동과 같은 계절감으로 1년을 보내더라도 사람은 일반적으로 매년 다른 주변 사람들과 새로운 기억을 쌓기 때문에 작년과는 다른 1년이 된다. 그런 1년이 쌓이고 쌓여 계절을 느끼는 것만으로도 행복하게 해줄 추억이 될 것이다. 예를 들어 '지난 1년을 보내며 봄에는 텐트나 돗자리를 빌려 친구와 함께 한강을 보며 꽃놀이를 했고, 여름에는 간단하게 배낭을 메고 바닷가의 펜션으로 놀러 가 바닷가를 구경한 후에 밤에 불꽃놀이를 했다. 그리고 가을에는 바다가 아닌 산속의 펜션에 가서 단풍나무 길을 걷다 울긋불긋한 산을 보며 고기를 구워 먹고, 겨울에는 동네 놀이터나 길가에 눈사람을 만들거나 쌓여있는 눈에 손으로 그림을 그렸다.'처럼 사진을 보지 않아도 떠올릴 수 있는 소중한 기억 한 편이 만들어진다. 평소에 신경 쓰지 않고 지나친 풍경들을 들여다보면 각각의 특징을 알고, 자연의 원리를 알 수 있다. 화사한 꽃의 색, 시원한 바다의 색과 넘실거리는 파도, 울긋불긋한 단풍, 차가운 얼음과 뽀드득거리는 눈. 이 모든 것이 생화학적, 물리적 원리를 가지고 있고, 모르는 사이에 우리에게 많은 추억을 만들어준다는 것을 알고, 주변에 더 관심을 가지는 것은 어떨까.

그림과 활성화 에너지

산업디자인학과 17학번 임현승

화학과 활성화 에너지

화학 반응이란 어떠한 화학 물질이 화학 변화를 일으켜 다른 물질로 변하는 현상이다. 화학 반응이 일어나기 위해서는 반응에 필요한 최소한의 에너지가 필요한데 그 에너지를 활성화 에너지라고 한다. 따라서 반응물들이 충돌한다고 하더라도 충분한 에너지를 가지고 있지 않다면 반응이 진행되지 않는다. 쉽게 말해 활성화 에너지란 화학 반응을 위해 넘어야 하는 에너지 언덕인 셈이다.

화학은 내가 그렇게 좋아하는 과목이 아니다. 오히려 싫어하는 과목 쪽에 가깝다. 하지만 화학 반응을 배울 때만큼은 꽤 재밌었는데 그 이유는 단순히 활성화 에너지 그래프가 마음에 들었기 때문이다. 부드럽게 이어지는 다른 그래프들과 다르게 봉긋 튀어나온 활성화 에너지 언덕이 왠지 특별하게 느껴졌다. 이 그래프는 언덕 하나가 전부지만 내가 본 그래프 중에서 개념을 가장 직관적으로 담아낸 그래프이기도 하다. 활성화 에너지의 개념뿐만 아니라 정반응, 역반응, 반응 속도, 촉매 등 관련된 개념이 그래프 하나에 모두 담겨 있다. 이 그래프는 굉장히 인상적이었지만 고등학교를 졸업하고 난 후 다시는 보지 못했다. 그리고 뇌리에 박혀 있던 이 그래프를 전혀 생각지 못한 곳에서 마주한 것은 한참 뒤의 일이다.

6년 동안 근육질 몸매 그리기

중학교 국어 수업 시간에 몰래 낙서를 하다가 들킨 적이 있다. 수업 시간에 몰래 낙서하는 것을 한 번도 들켜본 적 없는 내가 발각된 이유는 내 그림을 보고 웃음을 참지 못한 짝꿍 때문이다. 사실 그 낙서는 누가 봐도 웃을 수밖에 없는 그림이었기에 짝꿍을 마냥 원망할 수는 없었다. 대머리에 연세가 좀 있으신 국어 선생님을 그린 낙서로 얼굴과 어울리지 않게 외복사근이 다부진 근육질 몸매를 그려 넣었다. 내가 선생님을 근육질 몸매로 그린 데에는 이유가 있었는데 당시 내가 근육질 몸매밖에 그리지 못했기 때문이다.

나는 어릴 때부터 만화를 좋아해서 만화에 나오는 캐릭터들을 따라 그리곤 했다. 특히 소년 만화를 좋아했었는데 대부분의 등장인물이 싸움을 잘하며 근육질 몸매를 가지고 있었다. 툭하면 싸움에 휘말려서 상의가 찢기거나 타버리는데 하필 그런 장면들은 대부분 명장면이어서 자주 나의 그림 소재가 되었다. 그러다 보니 나는 복근이 드러나는 근육질 몸매를 자주 그리게 되었고 나중에는 어떤 캐릭터를 그리더라도 복근을 그려 넣었다. 나는 관찰력이 좋은 편이어서 보고 그린다면 어떤 것이든지 비슷하게 그릴 수 있었지만 무언가 보지 않고 그려야 하는 상황에서는 결국 근육질 몸매의 캐릭터밖에 그리지 못했다.

나이가 들수록 학업 때문에 그림 그리기에 소홀했지만 그렇다고 아예 놓아버린 것은 아니었다. 중학교 때에는 만화 동아리, 고등학교 때에는 그림 동아리에 가입하며 틈틈이 그림을 그리려고 했다. 나는 고등학교 동아리 안에서 그림을 잘 그린다고 인정받았는데 그 지위를 유지하기 위해서 계속 잘 그리는 모습을 보여야 했다. 그때 나는 그림을 잘 그리는 게 아니라 근육질 몸매의 캐릭터만 잘 그린다는 것을 깨달았다. 당시 입시 준비만으로도 정신이 없었던 나는 더 잘 그리기 위해 노력하는 게 아니라 그 사실을 감추기에 급급했다. 그러다 보니 고등학교 때 그림은 대부분 만화 캐릭터였으며 가끔 친구들에게 캐리커처를 그려준 게 전부였다. 사실 캐리커처를 그리게 된 것도 나의 그림 실력을 숨기기 위함이었는데 친구의 실사를 그리는 것이 어려워서 내가 그나마 자신 있는 만화 캐릭터의 모습을 입힌 것이다. 나름 신경 써서 그렸기에 다행히 모든 친구가 국어 선생님처럼 근육질 몸매가 되진 않았다.

캐리커처의 반응이 생각보다 좋아서 한번은 친구들을 등장인물로 한 만화를 구상해본 적도 있다. 실제로 만화를 그린다고 생각하니 굉장히 설레었고 포털 사이트나 블로그에 게시하기 위하여 야심차게 펜 태블릿도 구매했다. 하지만 단 한 화도 그리지 못한 채 보기 좋게 실패했는데 내가 그린 캐릭터들이 내 맘대로 움직여주지 않았기 때문이다. 지금까지 줄곧 정면을 바라보고 있는 캐릭터만 그려왔기에 캐릭터가 조금만 몸을 틀어도 어떻게 그려야 할지 몰랐다. 정면을 바라볼 수밖에 없는 그림 속 캐릭터들은 전부 나를 쳐다보고 있었고 그 눈빛이 왠지 나를 원망하는 것 같았다. 이 일로 꽤 자존심이 상한 나는 그 뒤로 그림 그리는 것을 꺼리게 되었다.

전이 상태

그 당시 내 그림 실력은 활성화 에너지 언덕을 넘지 못하는 화학 반응 같았다. 반응 물질이 활성화 에너지에 도달했을 때를 전이 상태라고 하는데 이는 화학 반응 과정 중 가장 에너지가 높은 상태이다. 더 안정된 화학 물질이 되기 위해서 가장 불안정한 상태인 전이 상태를 거쳐야 하는데 그림 실력도 이와 마찬가지이다.

고등학교를 졸업하고 한동안 그림을 그리지 않았다. 가장 크게 바뀐 점은 더는 그림 동아리에 속해있지 않았다는 것이다. 대학교에는 고등학교보다 훨씬 많은 동아리가 있었고 당연히 그림 동아리도 있었다. 6년 동안 그림 동아리에 가입해 있던 내가 그림 동아리에 지원하지 않은 데는 제법 큰 결심이 필요했다. 하지만 당시 나에게 그림을 그리는 것은 더는 즐거운 취미가 아니었다. 잘 그리는 모습을 보여야 한다는 압박감을 느끼고 싶지 않았으며 그림을 오랫동안 그렸음에도 불구하고 그림 실력에 큰 발전이 없었기에 커다란 벽에 가로막혀 있다는 느낌을 받았다. 내 앞을 가로막는 거대한 언덕. 항상 넘어보려고 시도했으나 얼마 가지 못하고 다시 되돌아왔다. 한 번도 넘지 못했기 때문에 그 언덕이 얼마나 크고 높은지도 가늠할 수 없었다. 보이지 않는 언덕 너머에는 그저 신 포도가 있겠지. 그렇게 생각한 나는 그림 동아리에 가입하지 않았다는 사실만으로 일종의 해방감을 느꼈다.

이렇게 그림과 작별하는가 싶었지만 얼마 지나지 않아 산업디자인학과에 들어가면서 다시 만나게 되었다. 나는 입학하기 전만 해도 카이스트에 산업디자인학과가 있다는 사실조차 모르고 있었다. 대부분 전공이 공학 계열인 이곳에서 산업디자인학과는 나에게 매력적으로 다가왔으며 호기심에 들어본 전공 수업이 나에게 확신을 주었다. 물론 산업디자인학과는 순수 미술 계열과는 거리가 멀어 그림을 그리는 일은 드물었고 오히려 그림을 잘 그리지 않아도 되기에 더 마음에 들었다.

산업디자인학과에서 그림은 자기 생각을 표현하기 위한 수단이다. 그림을 못 그리더라도 큰 문제는 없으나 백문이 불여일견인지라 그림만큼 효과적으로 생각을 공유할 수 있는 수단도 없었다. 고학년으로 올라갈수록 팀 프로젝트가 많아졌고 내 생각을 표현하기 위해 그림을 그려야 하는 일도 잦아졌다. 이때 그린 그림은 대부분 아이디어 스케치 혹은 시나리오였다. 한동안 이런 그림들을 그리고 나니 어디서 늦바람이 부는지 다시 만화 캐릭터를 그리고 싶다는 생각이 들었다. 하지만 생각만 했을 뿐 그 생각을 실천하기는 쉽지 않았다. 내가 이전만큼 그림을 잘 그릴 것이라는 확신이 없을뿐더러 수업 시간에 몰래 그림을 그리던 때만큼 열정이 있는 것도 아니었다. 그러나 이미 오래전에 꺼진 줄로만 알았던 그림에 대한 열정은 작은 불씨를 남겨두었는데 그것은 이사하던 도중에 발견된 펜 태블릿이었다. 몇 년 만에 눈앞에 나타난 태블릿이 반가워 바로 작동시켜보려고 했으나 역시나 작동하지 않았다. 몇 번 써보지도 않았는데 너무 오랫동안 내버려 둔 탓인지 이미 고장 난 상태였다. 하지만 이것을 사기 위해 열심히 돈을 모았던 과거의 열정과 노력이 떠올랐고 몇 년 동안 숨어있던 이 작은 불씨는 그림에 대한 열정을 다시 불태우기에 충분했다. 결국 나는 디자인과라는 명목으로 아이패드를 구매했으며 다시 한 번 펜을 잡게 되었다.

새로운 도구에 걸맞은 새로운 그림을 그리고 싶었고 고민 끝에 중학교에서 잠깐 해봤던 크로키를 그리기 시작했다. 다시 그려본 크로키는 중학생 때의 그림과 비슷한 수준이었다. 하지만 아무에게도 그림을 보여줄 필요가 없었기에 못 그렸다는 사실이 개의치 않았으며 오히려 설렜다. 마치 쓰다만 노트를 치워두고 새로 산 노트의 첫 페이지를 써 내려가는 기분이었다. 오랜만에 해본 그림 그리기가 너무 재미있어서 하루에 적어도 한 장씩 꾸준히 그림을 그렸고 노트를 가득 채울 만큼의 그림을 그린 끝에 내 그림은 고등학생 때의 실력을 훨씬 뛰어넘는 수준이었다. 그리고 그 그림을 그리기까지는 고작 한 달도 채 걸리지 않았다.

언덕의 건너편

처음으로 반대편에서 바라본 언덕은 활성화 에너지 그래프에서 봉긋 솟아올라 있던 바로 그 언덕이었다. 한 달 아니 열흘이면 넘을 수 있는 보잘것없는 언덕인데 10년 동안이나 그 안에 갇혀있었다. 영화 〈올드보이〉처럼 나를 가둬놓은 사람에게 복수하고 싶었지만, 그 대상이 나라는 사실은 내가 가장 잘 알고 있었다. 내가 좋아하는 것, 내가 잘 그리는 것만을 그려온 나는 스스로 만든 영역 안에서 벗어나기 두려워했으며 모든 것을 내려놓은 후에야 비로소 그 영역에서 벗어날 수 있었다. 언덕의 정체를 알게 된 나에게 그림을 그리기는 매우 쉬웠다. 더는 그림을 못 그릴까 봐 두려워할 필요가 없었으며 오히려 더 못 그리기 위해 안 그려본 그림들을 그리려고 노력했다. 그럴수록 내 그림 실력은 빠르게 성장했고 크로키 사이트의 그림들이 익숙해질 때쯤에 이미 웬만한 동작의 인체를 전부 그릴 수 있었다. 덕분에 내가 그린 캐릭터들은 더는 정면을 응시하지 않게 되었다.

그림을 잘 그리는 과학적인 노하우를 기대했다면 조금 실망했을지도 모른다. 지금보다 그림을 잘 그리기 방법은 결국 내가 잘 그리는 그림이 아니라 안 그려본 그림을 그리는 것이다. 시작은 당연히 잘 그린 그림보다 못 그리겠지만 보이지 않는 실력의 언덕을 넘어서게 된다면 지금보다 발전된 그림을 그릴 수 있을 것이다. 근육질 몸매의 남자를 100장 그린다고 해서 갑자기 어린아이를 잘 그리게 될 리 없는 것은 너무도 당연한 사실이다. 하지만 내가 10년 동안 발전하지 못했던 것처럼 잘 그릴 줄 아는 그림을 뒤로한 채 불안정한 상태로 되돌아가는 것은 그렇게 쉬운 일이 아니다.

그림은 자고로 다른 사람에게 보여주기 위하여 그리는 것이다. 내가 중고등학생 때 그린 그림과 산업디자인학과에서 그린 그림 모두는 누군가에게 보여주기 위한 것이었다. 그림을 잘 그리는 사람일수록 더 많은 사람에게 자신의 그림을 보여주고 싶어 하기 마련이며 못 그린 그림은 남에게 보여주고 싶어 하지 않을 것이다. 따라서 못 그리는 것을 두려워하는 건 자연스러운 현상이다. 하지만 그로 인해 그리 높지 않은 활성화 에너지 언덕이 너무나도 크고 두렵게 느껴지게 되며 이것이 실력 향상을 방해하고 있을지도 모른다. 이것은 비단 그림 그리기에만 국한되는 것은 아니다. 찌개는 기가 막히게 끓이지만 다른 반찬들은 간을 애매하게 요리하는 분을 종종 볼 수 있는데 아마 자신이 잘하는 찌개는 자주 끓여봤지만 다른 반찬을 몇 번 만들어보지 않았기 때문일 것이다. 못하다 보니 잘하지 않게 되고 결국 언덕을 넘지 못한 채 스스로 만들어낸 영역에 갇혀 있게 된다.

당신 앞을 가로막는 커다란 언덕이 존재한다면 그 크기를 의심해보아라. 당신의 두려움이 만들어낸 허상일지도 모른다. 당신 앞을 가로막는 커다란 언덕이 존재한다면 그 건너편을 상상해보아라. 전이 상태를 뛰어넘는 에너지만 있다면 당신도 충분히 그곳에 도달할 수 있다.

음악에서 자연의 아름다움 엿보기

물리학과 17학번 김성훈

나는 음악을 좋아한다. 거의 항상 음악을 틀어놓고 생활하고, 가끔은 음악을 연주하기도 한다. 그렇게 평범한 날들을 보내던 중 문득 이런 질문들이 떠올랐다. 음악은 왜 아름다운 것일까? 우리는 왜 음악을 들으며 감상에 젖고, 떠나간 그를 생각하는 것일까? 더 나아가 우리가 느끼는 아름다움은 어디에서 온 것일까? 내가 공부하는 과학에서는 대부분의 것들이 명확하게 정의되고 수치화된다. 그래서 과학 패러다임 안에서 이루어지는 질문들은 "왜 이 수치가 변하나?"로 귀결될 수 있다. 정반대로 개인이 느끼는 아름다움은 수치화할 수 없고 정의할 수도 없으며 측정할 수도 없는 지극히 개인적인 경험이다. 훗날 뇌 과학의 발달로 뇌의 전기를 측정해 누군가가 느끼는 아름다움의 정도를 수치로 나타낼 수는 있겠지만 어떤 수치를 아름다움의 기준으로 선택할 것인지는 다분히 자의적이기에 이 또한 큰 도움이 되지는 못할 것이다. 무엇보다 이런 접근 방식은 아름답지 못한 것 같다. 아름다움에 대해 이해하기 위해 나는 나에게 가장 익숙한 아름다움인 물리학의 아름다움과 음악의 아름다움을 연결시켜 이해해보고자 한다.

먼저 물리학에 존재하는 구조적 아름다움에 대해 살펴보자. 쿼크의 아버지로 불리는 이론입자물리학자 머리 겔만에 따르면 물리학에서 성공적인 이론일수록 아름다울 가능성이 많으며 심지어 아름다움은 올바른 이론을 구분하는 기준이 될 수도 있다고 한다. 물리학 법칙이 아름답다니, 무슨 말일까? 한 가지 예를 들어 보겠다. 물리학 역사에서 가장 성공적인 이론으로 알려진 전자기학은 오직 네 개의 방정식으로 되어 있는데, 과학자들은 이 식을 맥스웰 방정식이라고 부른다. 그 식을 한번 살펴보라. 그 식이 무슨 말인지 이해할 수 없어도 그 식이 가진 아름다움을 일부 느낄 수 있을 것이다.

복잡하다고 느낄 수도 있겠지만, 이 법칙들이 얼마나 많은 것들을 설명하는지 알게 되면 이 법칙의 단순함에 크게 놀랄 수밖에 없다. 우리가 일상생활에서 경험하는 가장 직관적인 힘인 중력을 제외하면 거의 대부분을 이 네 가지 식으로 설명할 수 있다고 한다. 마찰력, 팽팽한 줄에 걸린 힘인 장력, 원자들의 화학 결합, 인체의 전기 신호, 빛, 전파, 전기 회로의 작동 등 나열하자면 끝도 없는 현상이 이 식으로 설명된다. 우리가 경험하는 거의 대부분의 것을 설명하는 식 치고는 지나치게 단순하지 않은가? 단순함에서 그치지 않고 이 식은 구조적 대칭성도 갖고 있다. 이 식은 모든 회전에 대해 대칭이다. 즉, 어떤 방향으로 돌려도 법칙이 변하지 않는다. 또 다른 대칭성을 이용하면 이 식을 더 단순하게 나타낼 수도 있다. 상대성 이론의 대칭성을 결합하면 두 개의 식으로 줄어든다.

나를 포함한 많은 물리학도들은 이 식에서 아름다움을 느꼈다. 물론 단순함이 곧 아름다움을 의미하는 것은 아니다. 이 이론의 여러 가지 구조적 대칭성이 식을 단순하고 직관적이게 하고, 이 식이 지닌 깊은 의미가 이 법칙을 아름답게 한다. 다시 말해, 단순한 구조에 숨어 있는 우주의 원리를 이해할 때, 우리는 미적 체험을 하게 된다. 가히 우주적 아름다움이라 할 만하다. 이토록 복잡하고 어지러운 세상이 이토록 단순한 법칙 아래 움직인다니! 우리는 이에 매료되어 물리학을 공부하는 것인지도 모른다. 이처럼 우리는 깊은 의미를 지니고 있지만 구조적으로 단순한 것에 아름다움을 느낀다는 것을 알 수 있다. 나는 이러한 단순성이 어떻게 음악에서의 아름다움과 연결될 수 있는지 알아보았다.

먼저 피타고라스 음률에 대해 알아보자 피타고라스는 음악의 근본적인 원리에는 수학적 관계들이 내재되어 있다고 생각했다. 전설에 따르면 대장장이가 모루를 치는 쨍그랑 소리를 들은 피타고라스는 망치에서 나는 소리가 망치의 크기에 비례하는 것을 발견했고, 음악이 수학적이라고 생각했다고 한다. 이러한 믿음을 바탕으로 피타고라스는 순정률을 최초로 이론화하여 정립하였다. 이를 피타고라스 음률이라고 부르고 모든 음정의 진동수 비율이 2:3과 4:3의 아주 단순한 비율 조합으로 이루어져 있다. 피타고라스가 어떤 식으로 음계를 만들었는지 한번 살펴보자. 어떤 음과 가장 잘 어울리는 음은 무엇일까? 자기 자신이다. 그 다음으로 잘 어울리는 음은 현의 길이를 절반으로 줄이면 나는 한 옥타브 높은 음이다. 즉 '도'와 두 번째로 잘 어울리는 음은 '높은 도'인 것이다. 그 다음은 현의 길이를 2/3으로 줄이면 나는 음이다. 이때 두 음정의 진동수 비율은 3:2가 되고 현대에는 이 음정을 완전5도라고 부른다. '도'와 '솔'의 음정과 같다. 지금까지 우리는 '도'와 '솔' 두 개의 음정을 얻었다. 솔과 어울리는 음을 찾기 위해 다시 현을 2/3으로 줄였다. 이렇게 되면 현의 마지막 길이는 4/9가 되고 이는 1/2보다 작으므로 '높은 도'보다 높은 음이 된다. 우리는 '도'와 '높은 도' 사이에 존재하는 음계를 만들고 싶은 것이기에 다시 현의 길이를 두 배 늘이면 원래 현 길이의 8/9인 현이 생기고 이 현의 음은 '레'에 해당한다. 이런 식으로 음을 찾으면 '도', '레', '미', '솔', '라', '도'의 5음계가 완성된다. 이 음계는 아주 유명한데 미국에서 애창되는 찬송가인 「Amazing grace」가 이 음계로 이루어져 있다. 이처럼 비율 관계를 계속 적용하면 12음계를 얻을 수 있고, 이 음계 안에서 아름다운 협화음을 만들 수 있다고 한다. 수학적 단순함을 추구하니 아름다움을 얻을 수 있었던 것이다.

비슷한 미적 감각을 자극시키는 것을 음악의 형식이나 구조에서도 찾을 수 있다. 앞서 언급된 대칭성은 어떤 것을 단순하게 하는 대표적인 것이다. 물리학에서는 대칭성을 "어떤 변환을 겪었을 때 변하지 않는 물리계의 특징"이라고 정의한다. 어떤 그림(물리계)을 거울에 비추어도(변환) 그림의 모양(특징)이 변하지 않으면 그 그림을 대칭적이라고 말하는 것처럼 말이다. 음악에서도 대칭성을 흔하게 찾을 수 있는데, 음악가들은 의도적으로 대칭성을 음악에 반영하기도 하고 의도치 않게 타고난 미적 감각이 음악의 대칭성을 낳기도 한다. 그중 의도적인 대칭을 먼저 살펴보자. 이번에도 우리에게 가장 익숙한 대칭인 거울 대칭을 생각해 보자. 종이 위에 그림물감을 바르고 그것을 두 겹으로 접으면 반대편에도 똑같은 그림이 나타나는 데칼코마니를 생각하면 상상하기 쉽다. 음악에서도 거울 반사 형태의 대칭성이 존재하는데, 거울 카논을 예로 들 수 있다. 카논은 한 성부가 주제를 시작한 뒤 다른 성부에서 그 주제를 모방하면서 화성 진행을 맞추어 나가는 악곡의 형식인데, 그중 거울 카논은 주선율과 주선율이 뒤집힌 형태의 대선율이 함께 연주되는 것이다.

모차르트의 「관악 8중주를 위한 세레나데」(K. 388)에서도 활용되는데 조화롭고 아름답게 느껴진다. 또한 음악에서 어떤 곡들은 반복되는 형태를 띠고 있다. 간단하게는 세도막 형식(A-B-A)에서 론도 형식(A-B-A-C-A-B-A)까지 다양한 형식 위에서 음악이 작곡되기도 한다. 우리에게 알려진 대부분의 클래식 음악들이 특정 형식 위에서 움직인다는 것은 음악의 형식이 우리에게 아름다움에 보탬이 된다는 반증이기도 하다. 이처럼 음악에서도 단순함, 대칭, 형식 그 자체에서 아름다움을 찾을 수 있고 심지어 단순함을 추구함으로써 아름다움을 얻을 수도 있었다. 음악 미학에서는 이러한 음악에서의 질서와 형태가 음악을 들으면서 느끼는 우리의 기쁨을 설명하는 데 이용되기도 한다.

이처럼 단순함, 자연의 원리, 아름다움은 서로 뗄 수 없는 관계가 있는 것 같다. 하지만 이들의 관계를 도저히 과학적 언어로 이야기 할 수는 없을 듯하다. 나는 그런 능력이 없다. 그래서 형이상학적인 수사로 이 글을 마무리하고자 한다. 노벨상을 수상한 최고의 과학자는 과학에서 아름다움과 이론의 성공이 서로 관련이 있다고 말한다. 우주가 아름다움을 추구하기라도 한다는 것인가? 심지어 그 아름다움은 인간이 느끼는 아름다움과 같은 아름다움이다. 이런 상황을 한번 생각해 보자. A 식료품 가게와 B 식료품 가게가 같은 식자재 목록을 공유하고 있다. 어떻게 두 식료품 가게는 같은 식자재 목록을 내놓을 수 있을까? 답은 셋 중에 하나인데, A도 B도 아닌 제삼자가 식자재 목록을 작성하면 그것을 각각 가져와서 사용하거나, A가 B의 것을 베끼거나 B가 A의 것을 베끼는 것이다. 다시 원래의 주제로 돌아와서 우주와 인간이 같은 아름다움을 공유하고 있다고 하자. 그렇다면 답은 3가지 중 하나이다. 제삼의 아름다움의 원천이 존재해서 인간과 우주가 그것으로부터 아름다움을 공급받거나, 우주의 아름다움이 인간의 미적 감각에서 왔거나 인간의 미적 감각이 우주의 아름다움에서 왔거나. 종교가 있는 이는 제삼의 아름다움의 원천이 자신이 믿는 창조주라고 생각함이 마땅할 것이고, 무신론자는 우주의 아름다움이 우리에게 배어 있다고 생각할 것이다. 이런 이유로 우리가 아름다움을 느끼는 음악이 자연의 원리처럼 수학적 단순함과 형식적 아름다움을 지닌 것은 아닐까? 마지막으로 나를 과학에 길에 들어서게 한 문장을 소개하며 글을 마친다.

"Some part of our being knows this is where we came from. We long to return. And we can, because the cosmos is also within us. We're made of star stuff. We are a way for the cosmos to know itself."

- Carl Sagan

"우리 존재의 일부는 우리가 어디에서 왔는지 알고 있다. 우리는 그곳으로 돌아가기를 갈망한다. 그리고 우리는 그렇게 할 수 있다. 왜냐하면 우주는 우리 안에 있기 때문이다. 우리는 별에서온 물질로 이루어져 있다. 우리는 우주가 스스로를 알아가기 위한 방법이다."

– 칼 세이건

물감, 세상의 색을 담아내다

전산학부 19학번 박연수

내가 그 소녀를 만난 건 정말 우연이었다. 초등학교 4학년 때 내가 명화집을 집지 않았더라면 그녀를 만나지 못했을 수도 있다. 항상 소설만 읽던 나는 어느 날 무심코 처음 보는 책을 꺼내어 펼쳤다. 그 책 안에는 어렸던 내가 이해하기 어려웠던 그림과 설명이 가득했다. 도로 가져다 놓아야겠다는 생각을 할 때 즈음 나는 누군가와 눈이 마주쳤다. 한 소녀가 나를 돌아보고 있었다. 검은색 배경과 대비되는 노란 옷을 입은 그녀는 반짝거리는 귀고리를 하고 있었다. 무언가 말하려는 듯 살짝 벌어진 입술은 붉었다. 무엇보다도 내 시선을 사로잡은 건 머리에 두른 터번이었다. 그 터번은 어둠 속에서도 희미해지지 않고 푸른빛을 간직하고 있었다. 그녀는 바로 베르메르의 「진주 귀고리를 한 소녀」였다.

「진주 귀고리를 한 소녀」의 모델이 되었던 소녀에 대한 정보는 알려져 있지 않다. 마찬가지로 이 작품을 그린 화가 요하네스 베르메르의 삶 또한 밝혀진 바가 많지 않다. 허름한 옷과 값비싼 귀고리의 부조화로 묘한 분위기를 풍기는 그녀는 왜 화가 앞에 서게 되었을까? 베르메르는 왜 이 작품에서만 모델의 시선이 화가를 향하게 했을까? 「진주 귀고리를 한 소녀」의 상상력을 자극하는 많은 의문점들은 흥미를 끌기에 충분했다. 그래서 나는 베르메르가 되어보기로 했다. 그해 나는 학교에서 진행하던 장기 프로젝트로 이 작품을 모작하였고 몇 달에 걸쳐 첫 유화를 완성했다. 모작을 그리기 위하여 베르메르가 그린 작품들의 특징과 기법을 조사하다 보니 나는 어느새 그의 모든 그림에 빠져들게 되었다.

베르메르가 그린 그림은 아름다운 색채 표현이 돋보인다. 그는 빛과 색을 이해하고 이를 섬세하게 그림에 녹여내는 것에 굉장히 뛰어난 화가였다. 그가 그려내는 대상물에 비치는 빛의 표현은 그의 작품을 마치 사진과 같은 느낌을 갖게 한다. 다채로운 색감 또한 그의 작품의 특징 중 하나이다. 그림 실력을 제외한 내 모작과 그의 작품의 제일 큰 차이점이 바로 이 색채였다. 같은 파란색이더라도 내 그림은 탁하고 어두워 보였다면 베르메르의 그림은 따뜻하고 부드러웠으며 선명했다. 파란색을 즐겨 사용했던 그는 광물을 원료로 하는 고가의 물감을 사용했다고 한다. 이런 안정성 있는 물감을 사용하였기에 이름 없는 소녀의 터번 속 파란색은 빛바래지 않은 채 나를 매료시켰던 것이다. 그림 속 색감이 물감에 의해 달라질 수 있다는 것을 깨달았을 때 나는 자연스럽게 물감의 세계에 입문해 있었다.

내가 스스로 물감을 탐구하는 경험을 하게 된 것은 그로부터 5년이 지난 후였다. 중학교의 막바지에 나는 각자 흥미 있는 주제를 일 년 동안 조사하여 결과물을 제출하는 과제를 받게 되었다. 개인적인 궁금증을 해결할 수 있는 절호의 기회라고 생각한 나는 천연물감을 직접 만들어보기로 결심했다. 하지만 호기로운 결심과는 다르게 물감은 굉장히 복잡했다. 물감은 대부분 크게 안료와 고착제로 구성되어 있다. 안료는 물감의 색을 만들고 고착제는 물감의 종류와 특징을 결정하는 역할을 한다. 따라서 나는 각 요소를 상황에 맞게 선택해야 했는데 여기에는 많은 과학적 지식이 요구되었다. 하지만 이러한 연구는 나로 하여금 명화들을 새로운 시선으로 바라볼 수 있게 도와주었다.

물감을 만들기 위해서는 먼저 안료를 선택해야 했다. 대부분의 안료는 지용성으로 진한 색을 가진 식물, 동물, 광물을 갈아서 얻을 수 있다. 과거에는 물감을 만들기 위해서 특정한 색을 지닌 천연 안료를 찾아 추출해야 했기 때문에 물감의 값은 안료에 따라 결정되었다. 예를 들어 티리언 퍼플이라는 자주색 안료를 1그램 얻기 위해서는 바다 우렁이 약 9,000마리의 껍질을 으깨 말려야 했고, 베르메르가 애용했던 울트라마린이라는 파란색 안료는 청금석이라는 천연 보석을 사용하여 만들어졌다. 그래서 과거의 화가들은 그림을 그릴 물감을 사기 위하여 빚을 지는 경우도 많았다고 한다. 현재는 대부분의 물감들이 인공적으로 합성된 안료로 이루어져 있어 저렴한 가격에 널리 사용되고 있지만 명도나 채도와 같은 특징들이 다르기 때문에 아직도 고가의 천연 안료로 만들어진 물감을 찾는 화가들이 많다.

물감의 색상들이 안료라는 서로 완전히 다른 화합물로 만들어진다는 것을 알게 된 후 많은 명화들의 색이 변해버린 이유를 자세히 깨닫게 되었다. 나는 그전까지만 해도 손상된 그림을 보면 우리가 제대로 보존을 하지 않았기 때문이라고 생각하며 안타까워했다. 하지만 이는 단순한 문제가 아니었다. 예를 들어 렘브란트의 「야경」이라는 작품은 어두운 배경으로 인하여 그 이름이 붙여졌다. 하지만 이 그림은 원래 어둡지 않았다고 한다. 과거에는 하얀색 물감을 만들기 위해 납이 포함되어 있는 연백이라는 안료를 사용하였다. 하지만 납은 황과 만나면 검게 변하기 때문에 황이 포함된 다른 안료들과 흰색 물감 속 납이 서서히 반응하여 그림이 어두워진 것이다. 과학자들은 옛 명화들이 점점 어두워지는 이유로 도시 발전으로 인하여 대기 중의 황산화물의 농도가 높아진 것을 지목한다. 이렇듯 안료가 주변 환경과 반응하여 많은 그림 작품들이 퇴색되거나 변색되는 경우가 많다는 것을 알 수 있다.

나는 동물이나 광물 안료를 추출하거나 합성 안료를 만들 수 없었기 때문에 주변에서 쉽게 구할 수 있는 식물성 색소를 선택하였다. 색소를 함유하고 있는 많은 식물을 조사한 끝에 강황에서 나오는 노란색의 커큐민, 광합성 하는 식물에서 나오는 초록색의 엽록소, 적양배추에서 나오는 푸른빛의 안토시아닌, 이렇게 세 가지를 고르게 되었다. 이 색소들은 독성이 있는 많은 안료들과는 다르게 인체에 무해했고 만드는 과정 또한 친환경적이었다. 나는 식물들을 잘라서 오래 끓이거나 침전 반응을 이용하여 안료로 사용할 색소를 추출하였다. 특히 안토시아닌은 수소 이온 농도에 따라 붉은색에서 보라색까지 변화하기 때문에 한 번에 여러 색의 안료를 만들 수 있을 것이라고 기대하였다.

다음으로 준비한 안료를 캔버스나 종이의 표면에 부착시키는 고착제를 골라야 했다. 안료는 물에 녹지 않는 가루이기 때문에 고착제 없이는 물감으로 사용할 수 없다. 우리가 아는 많은 물감은 고착제의 종류에 따라서 구분된다. 과거에 많이 쓰였던 템페라 물감은 계란 노른자를, 현재에도 널리 사용되는 수채화 물감은 아라비아고무를 고착제로 사용한다. 이들은 유화제로서 물을 용매로 사용하는 물감의 특성에 맞게 안료가 잘 섞일 수 있도록 한다. 반면 유화 물감은 기름이 용매이기 때문에 기름을 직접 이용한다. 같은 안료를 사용하더라도 물감의 특성은 고착제에 따라 달라진다. 예를 들어 템페라 물감은 잘 변질되지 않고 밝은 색을 표현할 수 있지만 빨리 건조되어 세심한 붓질이 힘들다. 유화 물감은 건조가 느려 훨씬 자유로운 표현이 가능하지만 작품의 높은 변색 가능성이 대표적인 단점으로 꼽힌다.

많은 화가들은 표현 대상과 기법을 효과적으로 그려내기 위해서 알맞은 물감을 고른다. 하지만 고착제의 특성을 조사하다 보니 작품의 가치를 지키기 위해서도 물감의 여러 종류를 고려해야 한다는 것을 알게 되었다. 잘못된 물감을 사용하게 되면 오히려 작품이 망가지기도 한다. 대표적인 예는 다빈치의 유명한 벽화 「최후의 만찬」이 있다. 그는 템페라와 유화를 섞은 물감으로 이 작품을 그렸다. 당시 대부분의 벽화는 석회가 마르기 전 물에 녹인 안료로 그림을 그리는 프레스코라는 기법이 사용되었다. 이는 벽에 안료가 스며들어 장기간 보존될 수 있지만 석회가 마르기 전에 완성해야 했다. 다빈치는 그림을 완성하는 데 많은 시간을 쏟는 편이었기 때문에 이 기법을 사용하지 않았을 것이라고 추측하는 사람들이 많다. 하지만 템페라와 유화의 혼합은 「최후의 만찬」이라는 걸작을 완벽하게 그려내게 했을지는 몰라도 작품의 보존에는 전혀 도움을 주지 않았다. 수분이 많은 계란 노른자와 기름으로 이루어진 유화는 시간이 지나며 분리되어 벽화가 금세 벗겨지기 시작한 것이다. 화가들은 이러한 시행착오를 통하여 물감의 화학적 특성을 자연스레 알아가 수많은 물감들을 만들어갔을 것이다.

이러한 물감의 발전은 서양뿐만 아니라 동양에서도 나타난다. 서양의 명화들은 대부분 유화이며 수채화는 찾아보기 어렵다. 하지만 한국의 많은 채색화나 수묵화는 아직까지도 보존되어 있는 경우가 많다. 예를 들어 신윤복의 「미인도」가 있다. 나는 이 작품을 직접 보고 비단은 산화되어 색이 바랬음에도 불구하고 선명하게 남아 있는 그림 속 여인의 옥색 치마와 붉은 속치마 고름에 놀랐었다. 이는 한국의 물감인 먹의 특징 덕분이다. 먹과 서양의 수채화 물감은 물을 용매로 이용한다는 점에서 비슷하다. 하지만 서양의 고착제는 아라비아 수지이다. 이는 수용성이기 때문에 쉽게 손상된다. 하지만 우리나라의 먹은 아교를 고착제로 사용한다. 따라서 그림을 그릴 때는 물과 섞이지만 마르고 나면 불용성이 되어 장기간 보존이 가능하다. 우리나라 선조의 지혜를 물감에서도 볼 수 있는 것이다.

대부분의 고착제들은 구하기 어려웠기 때문에 나는 우유 물감을 만들기로 하였다. 이 물감은 우유 속 단백질인 카제인을 고착제로 사용하는데 이는 입자가 고와 부드럽고 빈티지한 느낌을 준다. 카제인은 우유를 가열하고 산을 이용하여 단백질을 응고시키는 쉬운 방법으로 만들 수 있었다. 템페라 물감의 계란 노른자 역시 쉽게 구할 수 있었지만 내가 추출한 안료가 선명하지 않았기 때문에 노른자의 색으로 인하여 변형될 우려가 있어 선택하지 않았다. 나는 카제인을 이용하여 물감을 만듦으로써 내 연한 안료를 최대한 선명하게 종이 위에 그릴 수 있도록 해 줄 것이라고 예상하였다.

나는 그렇게 천연 안료와 카제인을 섞어 물감을 완성함으로써 일 년짜리 연구를 끝마쳤다. 하지만 결과물은 쓸만한 물감을 만들 수 있을 거라는 나의 예상을 보기 좋게 빗나갔다. 내 물감에는 많은 문제가 있었는데 제일 커다란 부분은 바로 안료였다. 먼저 여러 색깔의 물감을 만들 수 있을 것이라고 기대했던 안토시아닌은 다른 색소와는 다르게 수용성이었기 때문에 선명해야 하는 안료의 역할을 다하지 못했다. 결국 안토시아닌이 녹아있는 용액을 카제인과 섞어 탁한 물감을 제조할 수밖에 없었다. 또한 수소 이온 농도를 조절하여 여러 색의 물감을 만들고 싶다는 희망과는 달리 카제인에 남아있는 산과 안토시아닌이 반응하여 오히려 색이 변질되어 버리곤 했다. 그뿐만 아니라 주변 환경의 수소 이온 농도에 크게 영향을 받기도 했다. 제일 선명했던 색은 커큐민을 이용한 것이었다. 하지만 이 또한 용액에 녹아있는 상태로 고착제와 섞여 물감이라고 하기엔 색이 연했다. 엽록소를 이용한 안료는 입자가 굵었기 때문에 안료 자체는 선명한 편이었으나 종이에 부드럽게 그려지지 않았다. 조사하며 보냈던 시간과는 비교할 수 없이 빨리 만들어져 버린 물감의 질은 조금 허무했다. 하지만 평소 쉽게 지나치던 그림들을 보며 과거 화가들의 노력과 물감의 원리를 깨닫게 된 것에 큰 의의가 있었다.

나는 내가 모작했던 「진주 귀고리를 한 소녀」가 지금 어디 있는지 알지 못한다. 우습지만 가끔은 내가 정말 베르메르였다면, 내 모작이 대신 발견되었으면 어땠을지 상상해보곤 한다. 과연 나는 베르메르처럼 빚을 지면서까지 고가의 안료를 사용하여 그림을 그렸을까? 아마 그렇지 않았을 것이다. 많은 사람의 눈길을 사로잡은 작품 속 생생한 파란색은 빛이 바랬을 것이다. 잘못된 물감 종류를 선택하여 작품 자체가 갈라지거나 손상되었을 수도 있다. 어쩌면 나도 모르게 안료 속 들어있는 납이나 다른 독성 물질에 중독되어 목숨을 잃었을지도 모른다. 확실한 것은 그의 작품을 절대 따라갈 수 없다는 것이다. 뛰어난 작품성을 지닌 그의 그림들은 모두 요하네스 베르메르가 보았던 세상의 찬란한 빛과 따뜻한 색들을 담아내기 위한 치열한 노력과 고집으로부터 만들어졌을 것이기 때문이다.

우리는 화가를 과학자라고 부르지 않는다. 하지만 그들은 이 세상을, 생각들을, 감정들을 그림 속에 완벽하게 표현해내기 위해 끊임없는 도전을 했다. 그들은 비록 원리를 알지 못했어도 시행착오를 겪으며 직접 경험하며 예술 속 과학을 탐구해냈다. 쉽게 주변에서 찾을 수 있는 물감은 그들 노력의 산물이다. 그들이 도전 정신을 가지지 않았더라면 아마 우리는 내가 만든 연하고 탁한 물감을 쓰고 있을지도 모른다. 내가 겪었던 경험은 어쩌면 초기 화가들이 마주했던 실패와 절망일 수도 있다. 하지만 여기서 멈추지 않고 그들의 발자취를 따라가다 보면 세상의 색을 오롯이 담아내는 물감이 있을 것이다.

한국과학기술랜드

전기및전자공학부 17학번 임지홍

"대전은 갈 데가 빵집밖에 없잖아." 서울에 사는 친구와 약속을 잡을 때면 항상 말문이 막히는 상황에 빠진다. 놀이공원도 있고 수목원도 있는 대전이지만, 서울에 비하면 놀 거리가 턱없이 부족한 것이 현실이다. 이렇게 '노잼 도시'가 되어버린 대전에 온 지 5년이 지났다. 지금까지 만난 카이스트 학생들은 모두 카이스트는 재미없는 학교라고 한다. 학교 특성상 상대적으로 과제가 많고 학업에 열중하느라 바쁘기에 어찌 보면 당연한 반응 같다. 그러나 벚꽃 명소로 유명한 카이스트에 놀러 온 친구들은 입을 모아 말한다. "너희 학교 신기한 거 많다~!" 대학원 진학 비율이 높은 카이스트 학생들은 아마 매일 똑같은 캠퍼스를 보고 거니는 것이 지겨울 것이다. 하지만 그런 지루한 일상 속에서도 우리 과학도들이 모르고 지나칠 뻔했던 흥미로운 현상들을 발견할 수 있다. 카이스트를 5년이나 다녔지만, 최근에서야 깨달은 사실도 있다. 카이스트 학생인

나의 하루 속에 어떤 재밌는 과학적 요소들이 숨어있었는지 함께 보자.

전원이 기숙사 생활을 하는 카이스트 학생의 아침은 기숙사에서 시작된다. 허겁지겁 나갈 채비를 마치고 기숙사를 나온 뒤, 학생들은 강의실이 있는 창의관으로 향한다. 넓은 캠퍼스 안에서 수업을 들으려면, 자전거나 전동 킥보드 같은 이동 수단이 꼭 필요하다. 기숙사에서 창의관까지 가는 데는 거의 15분 이상 걸리기 때문이다. 마땅한 이동 수단이 없는 나로서는 무척이나 먼 길이다. 그런 내가 애용하는 방법은 바로 버스이다. 교내 셔틀버스가 매일 캠퍼스를 돌며 학생들을 태워준다. 여기까지는 그다지 특별할 게 없다. 그런데 그 셔틀버스가 보통 셔틀버스가 아니다.

올레브OLEV라는 이름을 가진 이 버스는 우리 학교 전기 및 전자공학부 조동호 교수님께서 2009년 개발하신 전기로 운용되는 셔틀버스이다. 요즘에는 전기차를 주변에서 많이 볼 수 있을 것이다. 곳곳이 설치된 전기 자동차 충전소를 보면 한국에서도 전기차가 많이 보급된 것을 실감할 수 있다. 하지만 올레브 노선에는 우리가 알던 모습의 전기 자동차 충전소가 없다. 올레브를 더욱 빛내주는 것은 바로 그 아래에 있다. 올레브가 학생들을 대기하며 서 있고, 캠퍼스를 돌며 지나는 도로가 바로 충전소다. 재밌지 않은가? 휴대폰 무선 충전은 많이 봤어도 전기 버스 무선 충전은 처음 접했을 것이다. 버스가 지나는 도로 아래로 전류를 흐르게 하면 그 전류는 자기장을 발생시킨다. 이 자기장이 버스 아래에 있는 집전장치를 통해 모여 전기 에너지로 변환되어 충전되는 원리이다. 전기를 사용하기 때문에 공기 중으로 그 어떤 오염 물질이나 온실가스를 배출하지 않아 친환경적이기까지 하다. 이 기술은 세계 10대 유망 기술 및 세계

50대 발명품에 선정되어 그 우수성과 참신성을 입증했다. 7월부터는 대전시에 올레브 시범 운행 노선이 새로 생겨 운행할 예정이라고 한다. 학교 안의 명물이 밖으로 나와 대전 시민들 앞에 설 생각을 하니 카이스트 학생이자 올레브 애용자로서 굉장히 설레고 기대된다.

올레브에서 내린 후에는 창의관에서 친구들과 함께 수업을 듣는다. 수업이 끝난 뒤, 중앙 도서관 앞 잔디 광장을 걷는 것은 카이스트 학생들의 몇 안 되는 힐링 방법 중 하나다. 잔디 광장에 나오면 학생들뿐만 아니라 나들이를 나온 가족들도 많은데, 꼬마 아이들이 가장 좋아하는 곳은 잔디 광장 바로 옆에 있는 오리 연못이다. 오리 연못 근처에 가보면 사람들이 신기해하며 거위와 오리 사진을 찍는다. 아이러니하게도 오리 연못에서 제일 인기가 많은 것은 거위다. 아이돌 부럽지 않은 인기와 함께 우스갯소리로 학교 서열 1위가 거위가 아니냐는 소리도 나온다. 카이스트에만 있는 거위 표지판과 그 앞 횡단보도를 지나는 거위 때문에 멈춰있는 차들을 보면, 마냥 우스갯소리만은 아닌 것 같다. 이 거위들은 이광형 총장님이 20년 전 적적한 연못에 활기를 불어넣기 위해 입양해 온 아이들이라고 한다. 거위들이 캠퍼스의 활기를 채운 것으로도 모자라 학교 스타가 된 것을 보며 뿌듯하실 것 같았다. 동물 관찰하기를 좋아하는 나로서는 매우 감사한 일이다.

그런데 이 거위들을 관찰하다 보면 한 가지 흥미로운 의문점이 생긴다. 거위는 영역 보호 본능과 공격성이 매우 강하다고 잘 알려져 있다. 특히 봄철에는 부화 준비로 그 공격성이 더욱 증폭된다. 그런데 사람들이 카이스트로 많이 놀러 오는 시기 또한 봄철이 아닌가? 놀러 온 아이들이 거위에게 다가가 순진하게 놀 때는 공격성이라고는 전혀 찾아볼 수 없었다. 심한 장난에도 도망치거나 피하기만 하고 위협적인 모습은 보이지 않았다. 바로 여기서 나는 생물의 적응을 떠올렸다. 적응이란, 생물이 서식하는 환경에 유리하게 변화하는 과정을 뜻한다. 중학생 때 배운 적응의 대표적인 예로는 사막여우와 북극여우가 있었다. 덥고 건조한 환경에서 서식하는 사막여우는 체온이 급격하게 올라가는 것을 막기 위해 열을 방출할 수 있어야 한다. 그 때문에 귀가 커져 넓은 면적을 통해 효과적으로 열을 식힐 수 있도록 적응한 것이라고 배웠다. 반면 북극여우는 북극이라는 춥고 혹독한 환경에서 살아간다. 추위를 견뎌야 하기 때문에 몸집은 두꺼워지고 귀의 크기가 작아져 열이 빠져나가는 것을 막는다.

적응의 산물이 눈에 보이는 신체의 변화로 나타나는 사막여우와 북극여우와는 다르게 거위의 공격성은 신체 변화로 확인할 수는 없지만, 적응의 메커니즘과 비슷한 원리이지 않을까 생각했다. 적응의 핵심적인 키워드는 '유전적 변화'이다. 아직 거위가 카이스트 식구가 된 지 20년밖에 지나지 않아 세대교체가 많이 이루어지지는 않은 상태다. 하지만 많은 시간이 지난 후에도 카이스트 거위들이 공격성을 나타내지 않고, 울음소리의 크기 변화 등 신체적인 변화를 겪는다면 적응에 성공했다고 유추할 수 있을 것이다.

문득 거위들이 탈출을 시도해 정문을 지나 도로를 횡단하여 갑천에 갔다면, 영역 보호 본능과 공격성을 유지했을지도 모른다고 생각했다. 하지만 안타깝게도 정문 밖 4차선 도로에는 거위 표지판이 없다는 것을 이내 깨달았다. 그들이 20년간 카이스트를 떠나지 못한 이유를 짐작할 수 있었다. 탈출을 포기한다면, 적응하는 수밖에 없다. 사람들이 자신들을 가만두지 않더라도 참을 수 있다면 괜찮은 것이다. 그들의 본능도 그렇게 유전적 방향성을 튼 것이 아닐까. 공격성을 버리고 온화해진 거위들에게 나중에 맛있는 밥을 한번 대접하기로 마음먹었다.

호기심 가득한 산책을 마친 후, 몸은 연구실이 있는 전자과 건물로 향한다. 카이스트의 건물들은 그 모습이 특이하다. 제일 최근에 지어진 중앙 도서관의 초콜릿 바를 올려놓은 것 같은 독특한 디자인은 물론이고, 온통 반짝이는 유리 벽인 KI 빌딩의 풍채를 보면 절로 영감이 떠오를 것만 같다. 카이스트에 들어와서 제일 신기한 구조라고 생각했던 것은 류근철 스포츠 콤플렉스인데, 우주선 모양의 유선형 구조로 지어졌다고 한다. 하지만 개인적인 생각으로는 그랜드 피아노를 더 닮은 것 같다.

크고 특이한 형태의 아름다운 건물들이 많지만, 이들은 외관 중심적으로 설계된 것들이다. 실용적인 목적보다는 상징적인 목적이 강하다는 말이다. 외관 중심적으로 건축되었기 때문에 얻는 이득은 시각적인 즐거움이 전부이다. 하지만 학과 건물들을 한번 생각해보자. 누가 봐도 평범하기 그지없는 모양새다. 카이스트에 처음 온 사람들이라면 크고 멋있는 중앙 도서관이나 스포츠 콤플렉스를 뒤로하고 학과 건물을 구경하지는 않을 것이다.

그런데도 나는 전자과 건물이 참 신기하다고 생각했다. 카이스트 캠퍼스 동쪽에 위치한 전자동은 전산학부 건물과 연결된 형태로, 6층까지 있다. 2년 전 지도 교수님을 처음 뵈러 갈 때, 교수님 사무실이 학과 건물 4층에 있다는 말을 듣고, 엘리베이터를 타고 4층으로 향했다. 하지만 내가 엘리베이터를 탄 쪽은 교수님의 사무실과 이어지지 않았다. 3층까지만 층이 이어져 있고, 4층부터는 건물이 분리된 'ㅂ'자 형태인 것을 그때 알아차렸다. 6층까지 지을 거면 왜 굳이 4층부터 건물을 분리해야 했을까? 그 답을 나는 '전자과'라는 단어에서 생각했다.

카이스트 학생이라면 누구나 알겠지만 전자과는 카이스트 학생들이 제일 많이 진학하는 학과이다. 그러나 몇 년 전에는 상황이 달랐다. 전자과가 아무리 예전부터 인기가 많다고 해도, 연간 학과 진입생 수를 보면 꾸준히 상승하고 있는 추세이다. 학과 진입생이 많아지고 교수님 수도 늘어나면서 건물의 확장 공사는 필수이다. 그러나 앞으로도 어떻게 될지 모르는데 무작정 한 층을 더 높이 쌓을 수도 없는 노릇이다. 그렇기 때문에 필요한 만큼 조금씩 부분적인 증축이 이루어졌다고 생각했다. 계속해서 변하는 사회 속에서 카이스트 건물들도 변할 준비가 항상 되어 있는 것이다. 학과 건물들은 이런 'form follows function' 형태에 충실하다고 건설 및 환경공학과 교수님께서 카이스트 신문에서 말씀하신 적이 있다. 우리 학과 건물들이 다른 학교의 캠퍼스처럼 엄청나게 화려한 모습은 아니더라도, 기능에 충실한 형태가 우리가 앞으로도 무럭무럭 성장할 카이스트 캠퍼스에 가장 이상적인 건축 양식이 아닐까.

퇴근하고 나면 연구실이 있는 전자동에서 나와 이제 기숙사로 이동할 일만 남았다. 카이스트 학생들의 대부분은 북측에 있는 기숙사에서 생활한다. 전자동에서 기숙사로 향하는 길은 창의관에서 기숙사로 향하는 길보다 훨씬 멀다. 한번은 기숙사로 돌아오는 길에 갑자기 비가 쏟아 내린 적이 있다. 우산을 잘 챙겨 다니지 않았던 나는 꼼짝없이 비를 맞을 준비를 했다. 뛰어가는 길에 다행히도 기초실험연구동 아래로 몸을 피할 수 있었다. 어찌 됐든 기숙사에는 가야 했기 때문에 기숙사까지 가려면 비를 다시 맞아야 할 것을 각오해야만 했다.

카이스트 건물은 이번엔 나에게 감동을 주었다. 기초실험연구동은 기숙사와 약 1km 정도 떨어져 있어 비를 안 맞고 가기란 불가능에 가까웠다. 그런데 내가 간과한 사실이 하나 있었다. 카이스트 북측 건물들은 아케이드 구조로 연결되어 있다는 것이다. 여기서 아케이드 구조는 기둥이나 교각으로 지탱되는 아치가 연결되어 만들어지는 복도 구조를 뜻한다. 즉, 지붕이 있는 복도인 것이다. 학교에서 교실과 교실 사이를 오갈 때 복도에서는 비를 안 맞는 것처럼 아케이드 구조가 있으면 건물과 건물 사이를 오가더라도 지붕 덕에 비를 피할 수 있다. 기초실험연구동과 산업디자인학과동은 이어져 있었고, 산업디자인학과동과 실습동이 이어져 있었다. 실습동까지 도착한 후, 교양분관으로 이어지는 통로를 발견했다. 그 길 또한 위의 든든한 지붕이 미련하게 젖은 몸을 비로부터 막아주었다. 카이스트 학생이라면 교양분관부터는 우체국 건물, 카이마루와 기숙사를 비를 안 맞고 갈 수 있다는 것을 알 것이다. 그렇게 나의 험난할 뻔했던 귀갓길은 안도감 가득한 채로 마무리 지어졌다. 평소라면 신경을 쓰지도 않았을 텐데 비가 오고 나서야 카이스트 북측 건물을 설계한 분께 감사하다는 생각이 들었다. 한 번 직접 몸으로 겪어보니, 이런 건축 형태를 설계하는 것도 참 재미있을 것 같았다. 건축학의 재미를 카이스트가 알려준 셈이었다.

5년 동안 카이스트에서 지내면서 강의실이나 연구실 안에서는 여러 가지 과학적 원리에 대해 많이 생각하고 배워왔지만, 카이스트 그 자체에서 과학을 찾으리라곤 생각도 못 했다. 우리가 익숙함에 속아서 잃어버렸던 소중함을 예상치 못한 곳에서 발견한다면, 그보다 기분이 좋을 수 있을까? 과학을 전공하는 나는 카이스트 전공과목의 무자비한 과제량과 난이도에 치여 과학이 힘들고 재미없게만 느껴졌다. 그러나 과학의 재미는 언제든지 찾을 수 있는 것들이었다. 아무리 일상이 똑같이 반복되고 당연하게만 느껴져도 그 속에서 '왜?'라는 질문을 찾으면, 그때부터는 주변의 모든 것 하나하나가 다 볼거리가 되고, 그 공간은 하나의 테마파크가 된다.

친구와 한국과학기술원은 이름마저 재미가 없다는 말을 한 적이 있다. 하지만 우리가 무관심에 가려져 보지 못했던 것들을 보게 된다면, 그 순간부터 카이스트는 한국과학기술랜드가 되는 것이다. 캠퍼스를 걷다 보면 너무나도 많은 학생들이 바쁜 일상 속에 지쳐 땅바닥만 보고 걷는 모습이 눈에 들어온다. 특히 지금 같은 코로나19 시대에서는 일상에서 벗어나 놀이공원에 놀러 가지도 못하는 상황이다. 피할 수 없을 땐 즐기라는 말이 있다. '노잼 도시' 대전을 피할 수 없다면, 카이스트를 벗어날 수 없다면, 카이스트를 즐기자. 한국과학기술랜드는 언제든지 우리에게 열려 있다. 다만 숨어 있을 뿐.

SF 영화 속 과학적 요소와 고증

원자력및양자공학과 19학번 정연오

서론

영화는 많은 사람이 즐기는 문화 중 하나이고, 나도 영화를 즐겨 본다. 나는 여러 장르의 영화를 두루두루 보는 편이지만, 특히 SF 영화를 좋아하는 편이다. SF 영화는 Science Fiction Movie의 준말로, 과학적 사실이나 요소들을 활용한 영화를 뜻한다. SF 영화는 극 중에서 여러 과학적 이론이나 요소들을 사용하는데, 이는 관객들에게 영화를 보다 설득력 있고 현실감 있게 전달해주는 역할을 한다. 하지만 일부 영화는 과학적 요소를 왜곡했거나 생략했는데, 이는 영화의 소재나 전개를 원활하게 전달하기 위해서이다. 즉, 영화적 표현을 위해 과학적 고증을 일부 지키지 않은 것이다. 이 에세이에서는 각각의 SF 영화의 과학적 요소를 소개하고, 그 요소들의 과학적 고증을 살펴보려고 한다.

1. 이제는 현실이 된 영화! 〈컨테이젼〉

첫 번째는 전 지구적 바이러스 사태인 팬데믹을 다룬 영화 〈컨테이젼(2011)〉이다. 영화의 줄거리는 다음과 같다. 어느 날 홍콩에서 새로운 바이러스가 발생하고, 한 미국인이 바이러스에 걸린 채로 귀국한다. 이후 바이러스가 전 세계로 퍼지기 시작하고 각 나라에 역학 조사관들이 파견된다. 바이러스는 빠르게 퍼져 감염자와 사망자가 기하급수적으로 증가하고, 이 때문에 각국의 도시가 봉쇄되고 계엄령이 내려지는 등 사회 혼란이 증가한다. 이 와중에 한 파워 블로거는 자신의 블로그에서 엉터리 물질을 치료제라고 선동하고, 이를 통해 막대한 이익을 챙긴다. 바이러스 사태가 일어난 지 약 1년 후에 백신이 개발되지만, 백신 물량 부족으로 사람들은 추첨을 통해 백신을 접종받으며 사태가 마무리된다. 마지막에서는 산림 파괴 장면, 서식지를 잃어버린 감염된 박쥐가 돼지 농장에 침입하는 장면, 그리고 감염된 돼지를 위생 불량으로 도축하는 장면을 순서대로 보여주면서 산림 파괴와 위생 불량이 바이러스의 원인이었음을 보여준다.

이 영화는 바이러스와 관련된 과학적 고증을 철저하게 지킨 것으로 유명한데, 이 때문에 CDC 전문가조차 놀랐다는 후일담이 있다. 대표적인 장면을 뽑자면, 역학 조사 장면과 바이러스 변이 장면 등이 있다. 역학 조사 장면에서 수사관들이 CCTV를 일일이 분석하면서 접촉자를 찾고, 여러 동선들을 방문하여 취조하는 것을 보면 COVID-19 때의 역학 조사와 매우 흡사하다는 것을 알 수 있다. 또 영화 중간에 바이러스가 변이되어 재생수(감염 재생산 지수)가 높아졌다는 언급이 있는데, 실제로 바이러스는 독성을 줄이고 감염성을 높이는 방향으로 변이하는 특성이 있다. 당장 COVID-19도 치사율은 감소하지만, 감염성을 높이는 방향으로 변이한 것을 보면, 이 또한 고증이 잘되었다고 볼 수 있다. 물론 과학적 오류가 아예 없는 것은 아니다. 오류가 두드러지는 장면은 바로 백신 관련 장면이다. 작중에서 한 과학자가 검증도 되지 않은 백신을 스스로 임상 시험하고 운 좋게 성공하자 세계 각국이 임상 시험을 생략하는 장면이 있는데, 이는 대단히 위험하다. 임상 시험을 모두 통과한 백신도 일부 사망사례가 존재하는데, 검증도 안 된 백신을 대량으로 공급하면 또 다른 심각한 사태를 낳을 수도 있기 때문이다. COVID-19 백신의 경우, 각국이 긴급승인 명령을 내려서 백신을 쓰고 있지만, 이때도 최소한의 절차나 임상 시험은 이루어졌다. 이 장면은 감독이 영화를 마무리 짓기 위해 삽입한 장면으로 보이지만, 앞서 봤던 과학적 고증을 생각하면 다소 무리하고 아쉬운 장면이다. 그래도 이 영화는 대체로 과학적 고증을 잘 지킨 영화이다. 오히려 이 영화에서 주목할 부분은 '대중들의 무지'이다. 예를 들면 영화 중간에 정부 관료가 "수돗물에 백신을 풀어서 사람들을 치료하자"라는 주장을 하고 과학자들이 기겁하는 장면이 있다. 이 장면은 사람들이 백신과 치료제를 잘 구별하지 못하는 것을 꼬집은 장면이라고 볼 수 있다. 또 파워 블로거의 선동으로 엉터리 물질을 사람들이 사재기하는 장면은 사회의 혼란 속에서 사람들이 비이성적으로 선동에 휩쓸리는 것을 표현한 장면이다. 영화 후반부에서는 백신 거부 운동 얘기도 나오는데, 현재 코로나 사태에서도 백신 거부 운동이 종종 벌어지는 것을 보면 이 또한 현실적으로 예측을 잘했다고 볼 수 있다.

종합하면 다소 무리가 있는 장면도 있지만 정말로 과학적 고증을 잘 지킨 작품이다. 특히 영화 속에는 현재 우리 모두가 겪고 있는 COVID-19 팬데믹 사태와 유사한 부분이 매우 많으므로, 이런 부분들을 찾고 비교하면서 영화를 즐겁고 유익하게 관람해보는 것은 어떨까?

2. 핵에너지를 사용하는 생명체? 〈고질라〉

두 번째 영화는 거대 괴수들의 싸움을 다룬 영화인 〈고질라(2014)〉이다. 줄거리는 이렇다. 과거에 방사능을 섭취하는 거대한 괴수들이 지구상에 존재했다가 동면에 들어갔는데, 핵 실험 등으로 방사능 수치가 다시 증가하자 괴수들이 다시 활동을 시작한다. 어느 날 필리핀에서 거대한 알이 부화해 일본의 한 원자력 발전소를 습격하고, 파괴된 원자력 발전소의 방사능을 섭취하며 성장한다. 수십 년이 지난 후 유충은 수컷 무토라는 거대 괴수로 성장하고, 수컷 무토가 신호를 보내자 미국에 있던 암컷 무토도 부화한다. 미군은 두 무토를 저지하려 하지만 무토의 EMP 능력 때문에 저항조차 하지 못한다. 두 무토는 서로 만나서 번식하려 하고, 무토의 번식으로 인한 생태계 파괴를 막기 위해 자연의 수호자인 고질라는 이 둘을 추격한다. 쫓고 쫓기는 추격전 끝에 세 괴수는 샌프란시스코에서 격돌한다. 고질라는 두 무토와 2대 1로 싸우면서 고전을 면치 못하지만, 결국에는 둘 다 죽이면서 승리한다. 이후 고질라는 바다 속으로 유유히 사라지며 영화는 끝이 난다.

이 영화에서는 수십 미터에 달하는 거대한 크기를 가진 괴수들이 등장하는데, 실제 현실에서는 이렇게 거대한 괴수가 존재하기 힘들다. 왜냐하면 현실에는 거대한 몸을 지탱할 수 있는 물질과 에너지원이 존재하지 않기 때문이다. 이런 점을 의식한 것인지 영화 내에서 이 괴수들은 보통의 생명체들과는 다른 에너지원을 사용한다. 바로 '핵에너지'이다. 설정에 따르면 이들은 방사능을 섭취하면서 생활하고, 엄청난 핵에너지를 체내에서 사용하기 때문에 압도적으로 튼튼한 몸을 갖고 있다고 한다. 이 때문에 괴수들에게는 핵폭탄 공격도 소용이 없으며, 오히려 핵폭탄을 섭취하려는 모습도 나온다. 얼핏 보면 이 설정은 거대 괴수의 원리를 현실적으로 설명하는 것 같다. 그렇다면 핵에너지는 위의 설정을 모두 설명할 수 있을까? 핵분열 에너지의 경우, 우라늄 1킬로그램은 석탄 3,000톤과 같은 에너지를 낸다. 석탄의 열량이 음식의 열량에 비해 약 1,000배 가까이 높다는 것을 고려하면, 핵에너지는 정말 엄청난 효율성을 가진 것이다. 따라서 생명체가 핵에너지를 사용한다면, 인간보다 수만 배 더 크더라도 몸에 필요한 에너지를 충분히 생산할 수 있을 것이다. 하지만 문제는 신체 구성이다. 원자로 안에서 핵분열 반응이 일어나면 약 2,000도까지 올라가는데 철의 녹는점이 1,500도인 것을 고려하면 이렇게 높은 온도를 체내에서 감당하는 건 불가능할 것이다. 만약 신체가 알려지지 않은 새로운 물질로 구성되어 있다고 가정해도 방사능 문제가 남아있다. 강한 방사능에 노출된 세포는 대부분 사멸하기 때문에 체내에서 핵에너지 활동으로 방사능이 발생하면 주위의 수많은 세포가 사멸할 것이다. 즉, 지구의 생물과 완전히 다른 생물 메커니즘을 갖고 있지 않은 이상, 핵에너지 생성 부위를 중심으로 세포 구조가 완전히 무너져 내려 몸을 유지하지 못할 것이다. 덤으로 무토라는 괴수가 가진 주변 전자기기를 일시적으로 마비시키는 특수한 능력을 작중에서는 이를 EMP 펄스 능력이라고 칭한다. 하지만 실제로 EMP는 전자기기를 아예 태워버려 영구히 작동 불능으로 만들어 버리므로, EMP 능력보다는 다른 특수한 능력이라고 보는 것이 타당하다.

종합하면, 이 영화에서 핵에너지라는 과학적 요소는 관객들에게 현실감을 부여하지만, 일부분에서는 과학적 요소를 제외했다고 볼 수 있다. 그래도 감독 특유의 연출력과 할리우드산 CG 덕분에 영화의 영상미가 대단하기에 연출 쪽에 관심이 있다면 강력히 추천하는 영화이다.

3. 독극물을 먹고 태어난 한강 괴물? 〈괴물〉

세 번째 영화는 한강에 출몰한 괴물과 사투를 벌이는 가족을 다룬 영화 〈괴물(2006)〉이다. 줄거리는 다음과 같다. 미군 기지에서 무단으로 포름알데히드를 방류하고, 이 때문에 괴물이 탄생한다. 이후 한강 공원을 습격해 많은 사상자를 낸 후, 주인공의 딸을 납치해간다. 이 때문에 가족은 딸이 사망했다고 생각했지만, 새벽에 딸에게 전화가 걸려온 이후 딸이 살아있음을 알게 된다. 하지만 아무도 이를 믿어주지 않자 가족은 병원을 탈출하고, 경찰한테 쫓겨서 서로 뿔뿔이 흩어진다. 한편 미국은 괴물을 죽이기 위해 한강에 화학 물질을 살포하고, 화학 물질에 맞은 괴물은 쓰러진다. 우여곡절 끝에 한강에 다시 모인 가족은 쓰러진 괴물의 입속에서 딸을 발견했지만, 딸은 이미 죽어 있었다. 딸의 시신을 본 가족은 복수를 위해 괴물과 최후의 사투를 벌이고, 결국에는 괴물을 죽이며 영화는 끝이 난다.

과연 괴물이 실제로 탄생할 수 있을까? 설정에 따르면 괴물은 포름알데히드의 영향으로 양서류에서 변이한 개체이고, 몸무게는 약 500킬로그램이다. 우선 포름알데히드로 괴물이 만들어지는 것 자체가 거의 불가능한데, 포름알데히드는 세포나 단백질의 성장을 방해하는 물질이기 때문이다. 포름알데히드가 주로 방부제로 쓰이는 이유도 미생물의 생장을 막는 데 아주 효과적이기 때문이다. 즉, 포름알데히드는 생물의 성장을 막을지는 몰라도 일반적인 양서류에서 수십 미터로 커질 만큼의 세포 성장을 유발하지는 못한다. 두 번째 설정인 양서류는 영화에 잘 반영되어 있다. 괴물은 한강에서 수륙양용으로 활동하고, 양서류처럼 수분을 보존하기 위해 습기가 가득한 하수도에서 거주한다. 또 후반부에 화학 물질이 공기에 뿌려지자마자 괴물이 괴로워하면서 쓰러지는 장면은 호흡하는 양서류의 특징을 잘 살린 장면이라 볼 수 있다. 마지막으로 괴물의 체중은 500킬로그램인데 감독의 말에 따르면 괴물의 고기동성을 표현하기 위한 설정이라고 한다. 하지만 영화에서 괴물은 총을 맞거나 차와 부딪쳐도 멀쩡한데, 이 모습을 보면 체격에 비해 몸이 너무 튼튼하다고 볼 수 있다. 당장 몸무게가 괴물의 16배인 아프리카 코끼리만 해도 몸무게가 8톤에 달하지만 괴물만큼 튼튼하지는 않기 때문이다. 즉, 체중의 경우 영화적 표현을 위해 과학적 고증을 희생한 경우라고 볼 수 있다. 특이하게도 이 영화에서는 과학적 고증을 너무 잘 지켜서 문제가 생긴 장면도 있다. 바로 후반부에서 괴물이 불타는 장면이다. 실제로 어류 등에 기름을 두른 후 불태우면 영화 속 장면과 흡사하게 나오지만, 관객들은 이 장면을 보고 오히려 CG 기술이 떨어진다는 느낌을 받았다. 즉, 고증을 잘 지킨 것이 오히려 장면 전달에 방해가 된 것이다.

종합하면 과학적 고증이 반은 맞고 반은 틀린, 고증을 너무 잘해서 어색한 장면도 있는 영화이다. 사실 이 영화의 중점은 SF보다 사회 풍자에 가깝고, 사회 풍자 부분에서 이 영화는 한국 영화계의 역작이라 볼 수 있다. 그러므로 이 영화를 안 봤다면 반드시 관람하기를 바란다.

4. 공중을 나는 비행석과 비행 전함? 〈천공의 성 라퓨타〉

마지막으로 다룰 영화는 하늘에 떠 있는 섬 라퓨타를 찾기 위한 모험을 다룬 애니메이션 영화 〈천공의 성 라퓨타(1986)〉이다. 줄거리는 다음과 같다. 어느 날 남주인공은 하늘에서 내려온 여주인공을 만나게 되고, 여주인공이 가진 비행석이 천공의 성 라퓨타로 향하는 열쇠임을 알게 된다. 이후 그들은 비행석을 노리는 정부와 해적단으로부터 도피하지만, 결국 정부에게 붙잡힌다. 이후 남주인공은 해적단과 협력해서 요새에 붙잡혀 있던 여주인공을 구출하는 데 성공한다. 하지만 구출 과정에서 정부 요원이 비행석을 손에 넣게 되고, 먼저 라퓨타로 향하던 주인공 일행을 뒤쫓아간다. 이후 라퓨타에 도착한 주인공 일행은 그곳에서 정부 요원을 맞닥뜨리고, 라퓨타의 힘으로 세계를 지배하려는 사악한 요원을 저지하려 싸운다. 결국 주인공 일행은 함께 멸망의 주문을 외쳐 요원의 계획을 저지하고, 파괴되는 라퓨타에서 탈출해 새로운 곳으로 떠나며 영화는 끝이 난다.

이 영화에는 여러 부분에서 오류를 찾을 수 있다. 첫 번째는 '비행석'이다. 작중에서 등장하는 비행석은 자신과 자신 주위의 물체를 공중에 띄울 수 있는 능력이 있다. 그래서 라퓨타인들은 이 돌을 이용해 수많은 물체를 띄울 수 있고, 심지어 도시 수준으로 큰 라퓨타도 공중에 띄운다. 실제로 비행석이 존재할 수 있을까? 중력은 두 물체의 질량이 존재하면 그 사이에 항상 존재하는 힘이다. 즉, 비행석의 질량이 0이거나 음수가 아닌 이상, 중력의 영향을 받지 않고 지구 위를 떠다니는 것은 불가능하다. 물론 특수한 가정을 하면, 비행석만 받는 힘으로 공중에 떠다닐 수도 있다. 가령 강한 전자기장에서 자석이 공중에 뜨는 것처럼 말이다. 하지만 작중 묘사를 보면 비행석은 주위의 물체에도 영향을 주는데, 예를 들면 영화 시작 부분에서 목걸이의 비행석이 여주인공을 띄우는 장면이 있다. 그러나 실제로 비행석이 있다 해도, 목걸이는 떨어지는 사람의 무게를 버티지 못한다. 따라서 목걸이가 끊어져 여주인공은 추락할 것이다. 즉, 주변 물체까지 공중에 띄울 수 있는 비행석은 과학적으로 불가능한 물질이다. 두 번째는 '비행 전함'이다. 작품에서 등장하는 비행 전함은 수많은 대포와 두꺼운 강철 장갑으로 무장한 형태이다. 하지만 실제 비행선은 주로 폴리우레탄 등 주로 가벼운 물질을 사용해 제작한다. 폴리우레탄에 비해 철이 약 260배 정도 더 무겁기 때문에 아무리 헬륨이 많다고 해도 강철로 된 비행선을 띄울 수는 없다. 그렇다고 강철의 두께를 줄이면 그것도 문제인데, 장갑이 얇으면 한 번의 공격으로도 추락할 수 있기 때문이다. 또 비행선의 무게가 낮아지면, 비행선의 무게 안정성이 낮아지면서 포의 명중률도 낮아지게 된다. 만약 포납의 명중률도 형편없고 방어력도 형편없다면, 비행 전함은 그저 손쉬운 표적에 불과할 것이다. 즉, 비행 전함은 과학적으로 현실성도 없고, 실용성도 없는 물건이다

아무래도 스팀 펑크와 가공의 물질들을 다룬 작품인 만큼, 전체적으로 봤을 때는 과학적 오류가 많은 작품이다. 하지만 주제 측면에서 이 애니메이션은 '과학과 자연의 관계'라는 심오한 과학적 주제를 담고 있다. 그러므로 만약 과학도를 꿈꾸고 있다면, 이 애니메이션을 보고 과학과 자연에 대해 한번 생각해봤으면 좋겠다.

결론

이처럼 SF 영화는 과학적 요소들을 영화에서 활용하지만, 영화의 시각적 표현, 소재, 설정, 그리고 이야기의 전개를 위해 과학적 고증을 희생시키는 경우가 종종 있다. 하지만 과학적 고증을 희생시켰다고 해서 너무 불편하게 관람할 필요는 없을 것 같다. 왜냐하면 영화는 다큐멘터리가 아니기 때문이다. 영화의 본질은 '재미'이고 과학적 요소들은 이런

재미를 위한 도구 중 하나이기 때문에, 고증을 전부 안 지켰다고 해서 영화가 못 만들었다고 말하기는 힘들다. 그러니 과학도의 입장에서 영화를 볼 때, 과학적 오류가 있다고 해서 불편해하지 말고, 과학적 오류를 즐겁게 찾아내면서 영화를 관람해보자.

좋은 일만 계속 일어날 수도 있다

전산학부 19학번 홍지운

지난 명절에 동생과 누가 심부름을 다녀올지 내기를 했다. 마땅히 내기를 할 것은 없었고 주머니에 동전이 있어서 동전 앞뒷면 맞추기 놀이를 했다(그런데 당신은 동전의 어떤 면이 앞면인지 알고 있는가? 정답은 그림이 있는 면이다). 나는 앞면, 동생은 뒷면에 걸었는데 안타깝게도 내가 지는 바람에 15분 거리의 마트에 홀로 다녀오게 되었다. 그렇게 고된 걸음을 하고 난 후 동생과 심심풀이로 내기를 몇 번 더 했다. 그런데 뒷면이 연속해서 3번이나 나오는 것이 아닌가! 다음 판에 나는 앞면에 걸었다. 왜냐하면 뒷면이 3번이나 나왔으므로 앞면이 나올 확률이 더 높을 것이라고 생각했기 때문이다. 그런데 다음에도, 그다음에도 뒷면이 나왔다. 그렇게 나는 내기를 5번이나 지게 되었고 그제야 깨달았다. 내가 도박사의 오류를 저질렀다는 사실을!

고등학교 때 이과 교육 과정을 밟은 학생들이라면 눈치 채고 있었을지도 모른다. 위 에피소드에서 내가 도박사의 오류를 저지르고 있었다는 사실을 말이다. 도박사의 오류는 확률과 통계를 배울 때 꽤 자주 등장하는 소재이다. 얼마나 유명한 소재인지 수능 연계 교재의 영어 과목 지문으로도 나왔었다. 유명하다는 것은 그만큼 자주 저지르는 오류이기도 하다는 뜻이다. 아까부터 도박사의 오류, 도박사의 오류 하는데 그게 도대체 뭐냐고 생각하는 독자도 있을 테니 이쯤에서 도박사의 오류에 대해 알아보도록 하자.

도박사의 오류, 영어로는 Gambler's Fallacy이다(Professor Do's Fallacy가 아니다). 도박사의 오류란 확률적으로 독립인 사건에 대해 이전 사건의 발생 빈도에 근거해 다음 사건을 잘못 예측하는 것을 말한다. 정의를 들으면 쉽게 와닿지 않을 수도 있다. 내가 내기를 안타깝게도 5번이나 지게 된 위의 에피소드를 떠올려 보자. 나는 처음에 뒷면이 3번이나 나왔다는 것을 목격했다. 그리고 동전의 앞면과 뒷면이 나올 확률은 각각 같다는 것을 떠올렸다. 따라서 이후에는 앞면이 나올 확률이 높다고 생각했다. 이것이 오류이다. 이전 사건에서 앞면 또는 뒷면이 얼마나 나왔던지 간에 다음 사건에서 앞면이 나올 확률과 뒷면이 나올 확률은 모두 50퍼센트이다. 이전의 동전 던지기의 결과는 앞으로의 동전 던지기의 결과에 영향을 주지 않는다. 이렇듯 이전 사건과 앞으로의 사건 사이에 확률적으로 영향을 주고받는 것이 없을 경우 두 사건은 확률적으로 독립이라고 한다.

다시 말하자면, 도박사의 오류란 확률적으로 전혀 관련이 없는 두 사건을 확률적으로 관련이 있다고 착각하는 것을 말한다. 이러한 오류가 왜 일어나는 것일까? 심리학에 의하면 도박사의 오류가 발생하는 이유로는 몇 가지가 있다. 첫째로 사람들은 비록 사건들이 독립적이라고 할지라도 그 사건들을 한데 엮어서 생각하려는 경향이 있기 때문이다. 우리는 살면서 너무 많은 사건을 고려하며 살아야 하고, 그 사건 사이의 상관관계를 찾아서 다루는 것이 쉽기 때문에 그렇게 되는 것이라고 예측해 볼 수 있다. 둘째로는 그렇게 해서 한데 엮인 사건들 사이에는 균형이 맞을 것이라고 생각하기 때문이다. 즉 동전의 뒷면이 세 번이나 나왔다면, 앞면이 앞으로 3번, 아니 적어도 다음에는 앞면이 나올 것이라고 생각하게 되는 것이다.

내가 처음 도박사의 오류를 알게 된 것은 중학교 때였다. 중학교 수학 선생님께 배운 것은 아니고 수학을 좋아하던 친구가 이 주제로 수학 체험전에 나가자고 해서 알게 되었다(수학 체험전은 중·고등학생이 수학 체험 부스를 운영하는 일종의 축제이다). 아무튼 친구가 제일 처음 내게 도박사의 오류를 저지를 법한 사례를 들려주었을 때, 나는 그때도 오류를 저질렀던 것 같다. 그리고 친구에게서 도박사의 오류에 관한 설명을 들었다. 듣고 나니 내가 바보 같은 실수를 했다는 것을 깨달았고 이제 도박사의 오류라는 것을 알았으니 다시 그러지 않을 것이라고 생각했다. 그런데 아니었다! 도박사의 오류를 저지르는 것은 정말 쉽다. 앞선 동생과의 내기에서도 그렇고, 예시를 들자면 끝도 없이 많을 것이다. 다른 예시로는 시험 문제의 정답이 있다. 보통 중학교나 고등학교에서 객관식 문제를 풀 때 같은 번호가 연속으로 나오면 당황하게 된다. 같은 번호가 연속 4개 이상 나온다면 그때는 정말 자신이 틀린 답을 낸 것인지 검토해보게 되기도 한다. 하지만 이 역시 도박사의 오류이다. 앞선 문제에서의 정답 번호는 뒷 문제에서의 정답 번호와 관련이 없기 때문이다.

도박을 하는 심리나 게임에서 확률형 아이템 상자를 구매하는 것도 비슷하다. 당첨될 확률이 아주 낮다고 생각해 보자. 그리고 그러한 아이템을 10개 구매했는데 10개 다 모두 꽝이었다. 그러면 이제 우리는 11번째 확률형 아이템을 사면서 이렇게 생각하게 된다. '아, 10번이 모두 꽝이었네. 그러면 이번에는 나오겠지.' 예상했겠지만 이 역시 도박사의 오류이다. 10번을 사서 꽝이었든 100번을 사서 꽝이었든 그 다음에 당첨될 확률은 같다. '이번에는 나오겠지'라는 심리는 소비를 더욱 부추기게 될 뿐이다. 하지만 대부분의 사람들이 이렇게 생각하며 그 다음 아이템 상자를 구매하게 된다. 많은 사람들이 도박을 하며 이 오류에 빠지기 때문에 '도박사의 오류'라는 이름이 붙게 된 것이기도 하다.

그런데 내가 최근에 관찰한 사례 중 흥미로운 것이 있었다. 친구와의 전화 통화 중에 친구가 오늘 아침부터 기분 좋은 일이 많이 생겼다며 왠지 오늘 하루 종일 좋은 일이 생길 것 같다는 이야기를 하는 것이다. 평소에도 많이 들을 법한 이 일상적인 대화가 내게 흥미롭게 다가온 것은 내가 그 당시에 도박사의 오류와 관련된 글을 하나 읽고 있었기 때문이다. 친구가 하루가 잘 풀릴 것 같다고 생각하는 것은 우리가 지금까지 다뤄온 도박사의 오류 관점에서 본다면 아주 이상한 일이다. 오늘 하루 종일 좋은 일만 일어났다면, 앞으로는 좋지 않은 일이 일어날 거라는 도박사의 오류에 빠지는 것이 타당하지 않을까? 아니면 적어도 오류에 빠지지는 않더라도 앞으로도 좋은 일이 더 많이 일어날 것이라는 생각은 안 하게 되는 것이 맞지 않을까? 이러한 현상은 마치 도박사의 오류가 반대로 적용된 것처럼 보인다.

실제로 이러한 현상을 부르는 명칭이 있다. 바로 '뜨거운 손 현상'이다. 뜨거운 손 현상이란 이전 사건에서의 성공이 다음 사건에서의 성공으로 이어질 것이라고 생각하게 되는 현상을 말한다. 도박사의 오류와는 반대되는 현상이지만 이 역시 오류인 것은 마찬가지다. 과거의 독립적인 결과로부터 미래의 결과를 예측하는 것이 왜 오류인지는 더 말하지 않겠다. 뜨거운 손 현상은 보통 운동 경기에서 많이 나타난다고 한다. 예를 들어 제1쿼터에서 슛을 많이 성공시킨 농구 선수가 있다면, 제2쿼터에서도 해당 선수가 슛을 많이 성공시킬 것이라고 믿게 되는 것이다.

지금까지 도박사의 오류만 알고 있던 나로서는 이 뜨거운 손 현상이라는 것이 꽤 이상하게 느껴졌다. 도박사의 오류는 여러 사건을 한데 묶어 균형을 찾고자 하는 작업일 텐데 왜 운동선수의 경우에서는 균형을 찾고자 하지 않고 아예 하나의 결과가 나올 것이라고 예상하는 것일까? 왜 슛을 많이 성공시킨 운동선수가 앞으로도 슛을 많이 성공시킬 것이라고 믿게 되는 것일까? 더 놀라운 것은 나도 뜨거운 손 현상을 많이 경험하고 있었다는 것이다. 나도 무언가 일이 잘 풀리게 되면 앞으로도 잘 풀리게 될 것이라고 생각하게 된다. 그리고 내가 농구를 하는데 어느 날 갑자기 슛이 잘 들어간다면 앞으로도 슛이 잘 들어갈 것이라고 생각할 것이다.

실제로도 그런 일이 있었다. 이전에 친구들과 한옥 마을에 놀러 가서 활쏘기 체험을 해본 적이 있다. 나는 활쏘기를 해본 적이 없다. 그런데 열 번의 기회 중 처음 세 번의 기회를 굉장히 잘 쏘았다! 그러자 갑자기 자신감이 생겨 친구들에게 내가 활쏘기 신동이라고 자랑을 했다. 그러고는 나머지 일곱 번의 기회를 모두 이상한 곳에 쏘았다. 내가 처음 세 발을 잘 쏜 것은 일어날 확률이 적은 요행인데도 앞으로도 그런 일이 계속 발생할 것이라고 생각한 것이다.

도박사의 오류와 뜨거운 손 현상에 대해 곰곰이 생각해보니 두 현상에는 공통점이 있는 것 같다. 그것은 바로 복잡한 인생을 좀 더 단순하게 바라보고자 하는 마음에서 오류를 범하게 된다는 것이다. 더 엄밀히 말하자면 불확실한 미래에 대한 확신을 조금이나마 얻고자 하는 마음에서 오류를 범하게 되는 것 같다. 우리는 살면서 다양한 결정을 하면서 살아간다. 만약 우리가 하는 모든 선택이 항상 불확실하고 과거의 사례로부터 어떠한 단서도 얻을 수 없다면 우리가 어떻게 그 많은 결정을 하면서 살아가겠는가. 또 한 가지 공통점은 두 오류가 보상 심리에서 나오는 것 같다는 것이다. 도박사의 오류의 경우 좋지 않은 일이 줄곧 일어나게 되면 그것에 대한 보상으로 다음에는 좋은 일이 일어날 것이라고 생각하게 된다. 다른 한편 뜨거운 손 현상의 경우 좋은 일이 줄곧 일어나게 되면 그만큼 열심히 해온 것에 대한 보상으로 좋은 일이 더 일어날 것이라고 생각하게 된다.

그렇다면 비슷한 상황에서 어떨 때는 도박사의 오류가 일어나고 어떨 때는 뜨거운 손 현상이 일어나는 이유는 무엇일까? 이에 대해 연구한 흥미로운 논문이 있다. 피터 에이튼Peter Ayton과 일란 피셔Ilan Fischer라는 두 명의 학자가 2004년에 저술한 「The hot hand fallacy and the gambler's fallacy: Two faces of subjective randomness?」라는 논문이다. 이 논문에서는 어떨 때 도박사의 오류가 일어나기 쉽고 어떨 때 뜨거운 손 현상이 일어나기 쉬운지를 연구했다. 논문에 따르면 뜨거운 손 현상은 사람에 의해 좋은 일이 계속 일어날 경우 발생하기 쉽다. 또 도박사의 오류는 자연적인 현상에 의해 좋지 않은 일이 계속 일어날 경우 발생하기 쉽다. 굉장히 재미있으면서도 납득 가능한 결론이다.

위 논문에서의 결론이 흥미로운 이유는 몇 가지 있나. 우선 도박사의 오류와 뜨거운 손 현상은 비슷한 상황에서 일어나는데, 각 오류가 발생할 가능성이 높은 조건을 잘 알아내었기 때문이다. 또 이 결론을 보고 있자면 사람은 공은 자신의 것으로 하고 책임은 남의 것으로 하는 데에 능통하다는 것을 다시 느끼게 된다. 사람에 의해 좋은 일이 일어날 경우 사람에 의해 다시 좋은 일이 일어날 수 있다고 생각한다. 반면 자연에 의해 좋지 않은 일이 일어날 경우 이는 자신의 의지와는 무관하므로 다음에는 좋은 일이 일어날 수 있다고 생각한다. 재미있지 않은가? 어쩌면 사람들은 자신이 항상 잘 해낼 것이라고 믿는 긍정적인 에너지를 가지고 있는 것인지도 모르겠다.

그렇다면 우리가 이 두 가지 오류에서 배울 수 있는 것은 무엇일까. 우선 도박사의 오류로부터 확률이 낮은 로또나 게임 아이템을 충동구매하지 않아야겠다고 생각할 수 있다. 나는 로또는 하지 않지만 '다음에는 나오겠지'라고 생각하며 확률형 게임 아이템을 구매한 것이 한두 번이 아니다. 그렇게 소비한 돈만 모아도 국밥 열 몇 그릇은 먹을 수 있다. 과거의 결과에 너무 연연하지 말자는 교훈도 얻을 수 있을 것이다. 왜냐하면 과거에 발생한 사건과 이번에 발생할 사건이 서로 독립일 수 있기 때문이다. 독립일 수도 있다고 한 이유는 독립이 아닌 사건들도 분명히 존재하기 때문이다. 하지만 이것은 수학 보고서가 아니므로 이쯤 하겠다.

또 다른 교훈으로는 현재에 최선을 다하자는 것이 될 수 있겠다. 도박사의 오류와 뜨거운 손 현상이 왜 일어나게 되었는지 기억하는가? 그것은 불확실한 미래를 예측하고자 하는 사람의 심리 때문이다. 하지만 도박사의 오류와 뜨거운 손 현상은 모두 수학적 지식에 어긋나는 오류이다. 즉 확실하고 보장된 미래는 있을 수 없다. 또 과거의 결과가 현재의 상태, 그리고 미래의 상태에 결정적인 영향을 주는 것도 아니다. 이를 종합해보면 확실한 것은 하나도 없으니 주어진 것에 최선을 다하자는 다소 진부한 말이 될 수 있겠다.

현재에 최선을 다하자는 말이 그 자체로는 진부할 수 있지만, 진부하다는 것은 아무런 맥락도 없이 누군가가 그 말을 우리에게 주입하려고 할 때 진부하게 느껴지는 것이다. 우리는 이제 왜 최선을 다해야 하는지에 대한 타당한 근거를 알게 되었다. 그것도 수학적이고 논리적인 근거이다! 따라서 이 말이 더 이상 진부하게 느껴지지 않을 것이다(그러면 좋겠다). 도박사의 오류와 뜨거운 손 현상이 우리를 어떤 착각에 빠지게 하는지 앎으로써, 또 그런 현상이 왜 일어나고 어떨 때 종종 일어나는지 알게 됨으로써 우리는 삶의 지혜가 하나 더 늘었다. 이제 그러한 오류를 범하지 않도록 주의하는 일만 남았다.

이제 동전 던지기에서 5번 연속 뒷면이 나오고도 또 뒷면이 나올 수도 있고, 하루 종일 나쁜 일만 일어날 수도, 반대로 하루 종일 좋은 일만 일어날 수도 있다는 것을 안다. 이러한 것을 모두 우리가 통제할 수는 없다. 하루 종일 좋은 일이 일어나도록 통제할 수 있다면 최악의 하루는 왜 생기겠는가? 그렇지만 좋은 일이 많이 일어나도록 최선을 다할 수는 있다. 바로 그것이 현재에 최선을 다하자는 것이다.

우리는 쉽게 오류를 저지른다. 좋은 일이 계속해서 일어나면 앞으로도 좋은 일이 일어날 것이라는 심리 때문에 해이해지곤 한다. 나쁜 일이 계속해서 일어나면 열심히 해도 나쁜 일이 일어날 것이라고 생각해 쉽게 포기하기도 한다. 좋은 일이 계속해서 일어나더라도 나쁜 일이 일어날 것이라는 생각에 불안해하는 사람도 있다. 하지만 이것이 모두 잘못된 미신이라는 것을 이제는 알 수 있다. 과거로부터 배울 수 있는 것은 어떠한 사건이 일어날 확률이다. 현재는 그러한 확률 아래에서 발생하는 여러 사건들의 집합이며, 이 사건들은 과거의 사건들과는 무관하게 일어난다. 이러한 수학적 지혜를 마음에 새기고 세상을 현명하게 살아갈 수 있으면 좋겠다.

제4부

0과 1이 만들어낸 기적 속으로

윤지수 김세민 석주영 이현종 황지성 박규범

비디오 스트리밍이 쏘아 올린 작은 공

전산학부 17학번 윤지수

나는 재테크와 요리를 좋아하는 평범한 대학생이다. 아침에 일어나서 여유가 있으면, 유튜브 경제 채널의 라이브 스트림 방송을 들어간다. 졸린 눈을 비비며 오전 수업을 마치면 “오늘 점심은 어떤 걸 해 먹어볼까?” 라는 생각에 즐겨 보는 요리 채널을 튼다. KLMS에서 수업 동영상을 시청하고 나면 유튜브 추천 목록에 뜬 아이돌 영상으로 위로받으며 과제를 한다. 저녁에 줌 회의까지 끝나고 나면, 소파에 누워 넷플릭스로 미드를 보며 쉰다.

요즘 공부와 여가, 회의를 관통하는 한 가지 공통점이 있다. 셋 다 온라인 영상 스트리밍으로 이루어진다는 점이다. 깨어 있는 시간의 상당 부분을 비디오와 함께 보내는 삶에 많은 분들이 공감할 것이라고 생각한다. 끊기지 않고 재생되는 스트리밍과 끝없는 영상의 바다는 우리 삶에 늘 있었던 것처럼 자연스러워졌다. 여기서는 영상 스트리밍의 양대 산맥인 유튜브와 넷플릭스를 살펴보고, 각각의 핵심 기술인 유튜브의 추천 알고리즘과 넷플릭스의 영상 전달 기술을 소개하려고 한다.

유튜브는 수많은 얼굴을 가지고 있다. 박학다식한 전문가이자, 사랑하는 반려동물을 기록하는 일기장이고, 동서양을 넘나드는 예능 클립 맛집이기도 하며, 수많은 사람들의 밥벌이 수단이다. 유튜브가 사용자의 다양한 요구를 충족할 수 있는 이유는 창립 이념대로 누구나 영상을 올릴 수 있으며, 누구나 볼 수 있기 때문이다. 유튜브는 15년 전, 인터넷 사용자들이 편하게 영상 매체를 공유할 수 있는 사이트를 원하던 세 명의 청년들이 모여 만들었다. 별거 아닌 비디오를 공유해도 된다는 그들의 생각을 담은 듯, 유튜브에 올라온 첫 비디오도 그리 특별하지 않다. 2005년 봄에 공동 창시자 중 한 명인 조드 카림Jawed Karim이 올린 19초짜리의 짧은 영상으로, 그가 샌디에고 동물원에서 수줍게 웃으며 코끼리를 소개하는 장면이 담겨 있다. 아무나 영상을 올릴 수 있는 새 플랫폼의 탄생이었다. 이 혁신적인 아이디어의 사업 가능성을 알아본 구글이 2006년에 유튜브를 인수하고 키우면서 오늘날의 공룡이 되었다(Monica 2006). 사람들의 관심이 TV에서 유튜브로 바뀌면서 엔터테인먼트 업계가 뒤바뀌기도 했고, 유튜버 및 광고업계 종사자 등 유튜브를 업으로 삼는 수많은 사람들에 의해 새로운 경제 패턴이 생겨나기도 했다. 한 기업이 선도했다는 것이 놀라운 전 지구적 변화이다.

생산자와 소비자에 제한을 두지 않는 만큼 서비스적으로 고려할 사항이 추가된다. 1분마다 500시간의 영상 콘텐츠가 올라오는데, 아무도 도와주지 않는다면 이중에서 나에게 가치 있는 영상을 찾기가 어려울 것이다. 또한, 많은 영상들과 섞여 내가 만든 영상이 관심을 받기도 어려울 것이다. 그래서 자유로운 영상 생산과 소비를 뒷받침하는 데 있어 가장 중요한 기술은 개인화된 영상 추천 시스템이다. 유튜브에서 아무도 모를 이유로 특정 영상들이 유명세를 타는 현상을 가리키는 네티즌 용어인 '유튜브 알고리즘'이 바로 이 추천 시스템을 의미한다.

유튜브 알고리즘은 한 사람의 인생을 망치기도, 새로 창조하기도 한다. 몇 달 전에 큰 화제가 되었던 아이돌 그룹인 브레이브 걸스의 인기 급상승을 보자. 그들은 별로 유명세를 얻지 못한 채 수년을 활동한 후 해체 위기에 놓여 있었으며, 전국 방방곡곡으로 군 위문 공연을 다녔다. 이때 '비디터'라는 채널에서 당시 위문 공연 영상들 중 「롤린(Rollin')」이라는 곡을 중심으로 재미있게 편집하여 유튜브에 업로드하였는데, 신나는 곡과 더불어 아티스트의 밝은 에너지, 그에 열광하는 군인들, 그리고 흥미로운 댓글들의 시너지가 완벽했던 것일까. 이 영상이 유튜브 알고리즘을 타고 갑자기 많은 사람들의 추천 영상 목록에 뜨게 되었고, 이에 빠져버린 네티즌들은 전무후무한 역주행 신화를 일으켰다. 이 인기에 힘입어 브레이브 걸스는 데뷔 10년 만에 처음으로 각종 음원 사이트와 음악 방송에서 1위를 하고, 많은 유명 예능에 출연하는 성공을 거두었다.

반대로 카메라 속에 잡힌 순간 때문에 막대한 피해를 본 이들도 있다. 작년 말, '국가비'라는 요리 채널을 운영하던 유튜버가 올린 영상이 많은 논란을 일으켰다. 그의 주 거주지는 영국인데, 해당 영상에서 그는 의료 목적의 치료를 받기 위해 잠시 한국에 온 상황임을 밝힌다. 입국 후 2주간의 자가 격리 기간 도중에 생일을 맞아 현관에서 지인들을 맞이하며 방역 수칙을 어기는 모습이 영상에 담겨 있었다. 이 영상은 시청자들 사이에서 많은 비판을 받으며 삽시간에 퍼져나갔고, 유튜버가 문제점을 인지하고 영상이 삭제했을 때는 이미 해외 방문자들의 방역 수칙 위반, 재외 국민의 건강 보험료 납부, 유튜버들의 대한민국 세금 납세 여부 등의 문제점들에 전 국민이 주목한 후였다. 국회 의원과 같은 공인과 KBS 등 언론사도 해당 사건을 조명하며 큰 이슈로 부각되었다. 이러한 사건들은 유튜브가 한 사람의 인생을 바꿀 수 있으며 사회 이슈를 공론화하는 데 큰 역할을 한다는 것을 보여준다.

유튜브 알고리즘은 과연 어떻게 작동하길래 사회의 판도를 결정하고 한 인생의 흥망성쇠를 좌우하는 것일까? 이 기술의 정확한 구현 방식은 구글의 지식 재산이라 공개되지 않았지만, 2016년도에 구글이 발표한 논문에서 그 기본적인 틀을 유추할 수 있다. 네이버 국어사전에 의하면, 알고리즘이란 주어진 입력에서 원하는 결과를 도출하는 규칙들이다. 그래서 유튜브 알고리즘의 정확한 정의는, 사용자의 데이터를 사용해서 그 사용자가 시청할 가능성이 높은 영상을 골라서 보여주는 규칙이다. 사용자가 웹 페이지에서 스크롤한 기록, 영상에 남긴 '좋아요' 및 댓글, 각 영상을 시청한 시간 등이 모두 알고리즘의 입력값이 된다.

유튜브 영상 추천은 물건이나 영화 등 다른 대상의 추천에 비해 특히 더 어려운 문제이다. 우선 웬만한 기업에서 보기 어려운 방대한 양의 데이터가 있을 뿐만 아니라, 이 데이터가 끊임없이 증가하고 변화함에 따라 변경 사항이 신속하게 반영되어야 한다. 또한, 데이터에 노이즈가 많고, 정해진 정답 없이 사용자의 반응을 유추해야 한다. 이러한 요구 사항을 반영하여 만들어진 유튜브 알고리즘의 뼈대는 흔히 딥러닝이라고 불리는 심층 신경망Deep Neural Network이다. 심층 신경망을 간단히 설명하자면, 변수가 정말 많은 복잡한 식이라고 할 수 있다. 유튜브 알고리즘은 크게 두 개의 심층 신경망으로 구성되어 있다. 첫 번째 신경망은 전체 영상 중에서 사용자가 관심 있어 할 만한 영상 후보를 몇 백 개 추출한다. 두 번째 신경은 추출된 후보군을 사용자가 관심 있어 할 순서대로 정렬한다.

후보군 추출 단계에서는 사용자의 시청 기록, 최근 검색 기록, 지리적 위치, 성별 등을 사용하여 첫 번째 신경망을 학습시킨다. 이 결과, 사용자의 취향을 한 개의 벡터로 표현할 수 있다. 이때 신경망을 학습시킨다는 것은, 수많은 데이터에 실험하며 사용자의 데이터를 넣었을 때 그 사용자의 취향을 가장 잘 표현하는 결과물이 나오도록 신경망을 구성하는 몇 억 개의 변수들을 최적화하는 행위를 의미한다. 비슷한 방식으로, 각 영상도 그 영상의 특징을 담고 있는 벡터로 표현하면, 사용자의 취향과 가장 가까운 벡터를 가지는 영상들이 알고리즘에게 선택 받은 후보가 된다. 이 과정에서, 최근 업로드 된 영상은 특별히 가중치를 주어 새 영상들이 조회수를 쌓을 기회를 준다.

후보가 추려지면, 두 번째 신경망을 사용하여 후보들을 사용자의 예상 선호도에 따라서 정렬한다. 이 두 번째 신경망을 학습시킬 때는 사용자 행동 데이터와 영상의 메타 데이터를 주로 사용하며, 학습 결과물은 특정 영상에 대한 사용자의 선호도를 수치화할 수 있는 수식이다. 이에 따라서 각 영상에 점수가 매겨지고, 점수가 높은 순으로 사용자에게 보여지게 된다. 논문에서 언급된 사용자 행동 데이터에는 해당 영상을 올린 채널에서 사용자가 몇 개의 영상을 봤는지, 마지막으로 비슷한 주제의 영상을 언제 시청했는지, 왜 이 영상이 추천되었는지 등이 있으며, 실제로 사용되는 데이터는 이 외에도 훨씬 더 많을 것으로 예상된다(Covington 2016). 이 두개의 신경망을 거치면, 수많은 영상 중에서 내 관심사에 맞는 영상들이 내가 즐겨보는 순서대로 정렬되어 내 피드에 나타나는 것이다. 이렇게 유튜브 알고리즘은 사용자가 더욱 더 많은 영상과 광고를 시청하도록 유도하여 수익을 극대화시킨다.

영상 스트리밍으로 세계 정상에 오른 또 다른 기업은 넷플릭스Netflix다. 1997년에 미국의 온라인 DVD 가게로 시작한 넷플릭스는 당대 처음으로 월 단위 구독 서비스를 창시한 DVD 배달 업체였다. 그들은 2000년대 중반부터 디지털화 흐름에 몸을 싣고, 남들이 사업 가능성이 없다고 비판한 온라인 스트리밍 서비스로 입지를 넓혀가기 시작했다. 그렇게 넷플릭스는 2021년 1월 기준으로 전 세계 유료 서비스 구독자 2억 명을 기록하고 2020년 한 해 동안 국내 매출 4,154억 원을 달성한 IT 공룡이 되었다.

넷플릭스는 전 세계 영화 시장을 뒤흔들었다. 영화관을 편히 다닐 수 없는 팬데믹 시국과 맞물려, 영화는 영화관에서 보는 것이라는 인식이 깨져버렸다. 좋아하는 드라마를 보기 위해 더 이상 금요일 밤 9시에 서둘러 집에 와서 TV 앞에 앉을 필요가 없다. 영화관에 가지 않아도, 드라마 재방송을 기다리지 않아도, 넷플릭스를 이용하면 언제든지 수많은 작품을 볼 수 있기 때문이다. 거기에 넷플릭스는 자체 생산되는 '넷플릭스 오리지널' 시리즈에 막대한 비용을 투자하여, 세련된 컨텐츠를 제공한다. 〈브리저튼Bridgerton〉 〈퀸즈 갬빗Queen's Gambit〉과 같이 해외에서 제작된 오리지널 시리즈가 우리나라에서 인기를 끄는 것은 물론이며, 반대로 해외에 K드라마가 널리 알려지기도 한다. 조선 시대를 배경으로 한 좀비 스릴러인 〈킹덤〉, 사람의 욕망을 괴물로 형체화한 〈스위트홈〉 같은 컨텐츠는, 우리나라를 배경 및 기술력으로 제작되었으며, 국내는 물론 해외 넷플릭스 이용자들 사이에서도 선풍적인 인기를 끈 작품들이다. 우주 청소부들의 모험담을 담은 국내 제작 영화인 〈승리호〉는 넷플릭스 오리지널은 아니지만, 팬데믹으로 인해 극장 대신 넷플릭스에 단독 공개되며 한국뿐 아니라 프랑스, 벨기에 등 28개국에서 영화 부문 1위에 오르는 영광을 얻게 되었다. 이와 같이 넷플릭스는 즐거운 여가 시간을 안겨줄 뿐만 아니라, 〈킹덤〉 예술적인 분장과 연출, 〈스위트홈〉의 독창적인 이야기, 〈승리호〉에서 우주선을 표현한 국내 그래픽 기술력 등 어디에 내놔도 자랑스러운 우리나라의 뛰어난 콘텐츠 퀄리티와 그래픽 기술을 전 세계에 알릴 수 있는 플랫폼을 제공한다.

이렇게 넷플릭스는 OTT 서비스(Over-The-Top, 인터넷을 이용해 미디어를 제공하는 서비스)로 큰 성공을 거두고 전 세계 영화계에 큰 획을 그었으며, 이런 성과는 틀림없이 뛰어난 경영인들과 프로듀서, 배우들의 피땀 어린 노력 덕분일 것이다. 그런데 이들이 빛날 수 있는 기반을 마련해준 것은 다름 아닌 공학자들이다. 클릭 한 번에 몇천 개의 영화를 볼 수 있는데, 이 영화들이 어디에 저장되어 있는지, 당신이 클릭하는 찰나에 무슨 일이 일어나는지 궁금했던 적이 있는가? 넷플릭스의 동영상 스트리밍 기술 중에 핵심은 클라우드 서비스와 CDN[Content Delivery Network]이다.

클라우드 서비스를 이용한다는 것은, 필요한 컴퓨팅 자원을 마련하기 위해 서버 컴퓨터를 사지 않고, 원격으로 서버 컴퓨터를 대여해주는 업자로부터 컴퓨터를 대여하여 사용함을 의미한다. 유명한 클라우드 서비스 업체에는 아마존의 AWS와 마이크로소프트의 Azure 등이 있다. 영화 상영을 계약하면, 넷플릭스는 먼저 영화 제작사로부터 영화의 원본 파일을 받아 이를AWS 클라우드 서버에 업로드한다. 이 클라우드 서버는 사용자의 환경에 따라 TV, 스마트폰, 컴퓨터, 태블릿 등 다양한 기기 및 네트워크 품질을 지원할 수 있도록 한 영화당 품질 및 크기가 다른 여러 개의 동영상이 생성한다.

만약 모든 동영상들이 물리적으로 한 위치에 저장되어 있다면 어떻게 될까? 우리나라 사용자가 영화를 보기 위해서 매초 수십 장의 HD 이미지와 오디오 파일을 전달받아야 하는데, 이 자료가 다 미국 컴퓨터에 저장되어 있다고 가정해보자. 한국에서 이미지를 달라고 요청을 보내면, 그 요청이 우리나라 내부의 공유기를 여러 개 통과하며, 공항 역할을 하는 큰 인터넷 연결 지점인 ISP에 도착한다. 국내 ISP를 타고 홍콩이나 싱가폴의 ISP에 전달 된 후, 태평양을 건너 미국에 도착할 것이며, 미국에서 이미지 한 장 한 장이 또다시 바다를 건너 사용자의 컴퓨터를 찾아간다. 각 이미지가 지구 반 바퀴를 돌아야 되니 사용자 입장에서 기다리는 시간이 길어질 것이다.

영상 전달의 효율을 높이기 위해서 넷플릭스와 구글 같은 기업들은 CDN[Content Distribution Network]을 사용한다. CDN은 지리적으로 곳곳에 분산된 채 같은 자료를 저장하고 있는 서버 클러스터를 의미한다. 한국, 유럽, 북미 등 곳곳에 같은 영화가 저장되어 있는 컴퓨터가 있는 셈이다. 넷플릭스는 자체적으로 물리 서버를 설치하여 세계 곳곳에 CDN을 구축하였다.

그러면 사용자가 넷플릭스 사이트에 접속하면 무슨 일이 일어날까? 시청자가 영상을 고르면, 클라우드 서버에서 해당 영상이 저장되어 있는 CDN중 지리적 위치와 트래픽을 고려하여 가장 적합한 CDN을 찾은 후 그 CDN의 IP 주소와, 여기에 저장된 해당 영화의 버전들과 URL을 알려 준다. 그러면 사용자의 컴퓨터는 그 IP 주소에 원하는 해상도의 URL을 사용해서 접속한 후 DASH라는 통신 규약을 사용해서 영상을 전달받는다. DASH는 영상 조각에 해당하는 이미지들과 오디오를 어떤 형태와 순서로 전달해줄지에 대한 약속이다. 넷플릭스의 영상 한 조각은 약 4초 정도 되는데, 이 조각들을 다운받는 동안, 사용자 컴퓨터는 이전 조각을 전달받은 속도를 측정하고, 이 다음 조각은 어떤 퀄리티로 요청할지 계산하여 CDN에 다시 요청을 보낸다(Kurose 2021). 이와 같이 보이지 않는 곳에서 일어나는 많은 연산과 통신 덕분에 사용자는 영상을 클릭하자마자 영상을 바로 시청할 수 있다.

피라미드가 위대해 보이는 것은, 그것을 구성하는 큰 벽돌 하나하나가 얼마나 많은 노력을 필요로 했을지 느껴지기 때문이라고 생각한다. 비디오 스트리밍 기술, 나아가 인터넷 전체는 피라미드보다도 더 오랜 시간 동안, 더 많은 인재들이 인생을 바쳐 만든 인류 지성의 산물이다. 단지 그 부품들이 눈에 보이지 않아 숨 쉬듯 당연하게 느껴지는 것뿐이다. 컴퓨터 공학에 대해 배울수록 인터넷의 벽돌이 하나하나 모습을 드러내고 있다. 이제 유튜브 서비스에 장애가 발생하거나 넷플릭스의 버퍼링이 평소보다 조금 더 걸릴 때, 짜증이 나기보다는 여러 어려움을 극복한 위대한 기술력에 대해 한 번 더 생각하게 된다. 재치 있는 유튜버의 입담에

웃고, 넷플릭스 오리지널의 잘생긴 배우에 감탄할 때, 가끔 이 사람들이 피라미드의 꼭대기에 서 있기 때문에 더 빛난다는 점을 떠올린다면, 인터넷을 사용하는 경험이 조금 더 특별해지지 않을까.

피콜라(PICOLA), 유튜브 2배속 재생에 숨어 있는 과학

기계공학과 19학번 김세민

2021년 지금, 끝날 듯 끝나지 않는 코로나19는 벌써 1년이 넘도록 사람들을 집에 가두고 있다. 그러나 이 우울한 감금 상황에도 남몰래 웃는 자가 있다면 바로 넷플릭스, 유튜브 등의 온라인 콘텐츠를 서비스하는 회사일 것이다. 강제로 온라인으로 자리를 옮긴 여가 생활은 온라인 콘텐츠 시장을 폭발적으로 성장시켰다. 코로나바이러스로 전 세계가 봉쇄되던 2020년 1분기, 넷플릭스에 새로 가입한 사람은 약 1,600만 명으로 이전 분기 신규 가입자의 무려 두 배에 달했다. 왓챠, 웨이브 등의 다른 OTT 서비스나 아프리카TV, 트위치 등의 인터넷 방송 서비스 역시 난데없는 호황을 누리고 있음은 두말할 필요도 없다. 그러나 이러한 온라인 콘텐츠를 제공하는 플랫폼 중 가장 유명한 것은 유튜브일 것이다. 유튜브는 자유롭게 영상을 업로드하고 시청할 수 있는 영상 콘텐츠 플랫폼으로, 2005년 처음 서비스를 시작해 지금은 매월 20억 명이 넘는 사람이 사용하는 글로벌 서비스이다. 2020년 말 분석한 결과에 따르면 우리나라에서도 10명 중 8명꼴로 유튜브를 사용한다고 하니 실로 그 위상이 대단하다.

필자 역시 유튜브에서 다양한 영상을 찾아보기를 좋아하지만, 사실 한 가지 불만 사항이 있다면, 가끔 영상의 많은 부분이 이미 아는 내용이라 불필요하거나 지루하다는 점이다. 세간의 소문에 따르면, 유튜브에 업로드한 영상의 길이가 너무 짧으면 영상 제작자에게 수익이 돌아가지 않기 때문이라고도 한다. 이유야 어쨌든 현대인은 수 분에서 수십 분 길이의 영상을 마음 놓고 즐기기에는 너무 바쁘다. 적어도 성격 급한 필자에게는 그렇다. 이런 때 유용한 기능이 바로 영상을 더 빠르게 재생하도록 해주는 '재생 속도' 기능이다. 유튜브에서는 영상을 0.25배속부터 2배속까지 0.25배속 단위로 변경하여 영상을 빠르거나 느리게 재생할 수 있는 기능을 제공하고 있다.

그런데 여느 때와 같이 2배속으로 영상을 빠르게 훑어보던 중, 문득 이런 생각이 들었다. 왜 영상을 2배속으로 재생하는데 음의 높낮이는 변하지 않을까? 이제는 다소 보기 힘들지만, 기억을 더듬어 보면 카세트테이프에서는 그렇지 않았던 것 같다. 카세트테이프를 플레이어에 넣고 빨리 감기 버튼을 누르면 마치 헬륨을 마신 사람 목소리처럼 높은 소리가 들린다. 카세트테이프와 유튜브 영상 사이에는 어떤 차이가 있는 것일까? 필자와 마찬가지로 성격 급한 독자를 위해 먼저 적자면, 유튜브는 피콜라PICOLA라는 알고리즘을 이용하여 음의 높낮이를 변화시키지 않으면서 자연스럽게 재생 속도를 변화시킨다. 이 주제를 깊게 공부해본 적은 없어 부정확한 내용이 있을지도 모르겠으나, 해답을 찾고 보니 사뭇 흥미로워 여기에 적어보고자 한다. 아무 생각 없이 사용하던 배속 기능에 과학 원리가 숨어있었다니 흥미롭지 않은가? 그러면 이제 소리가 어떻게 우리 귀에 들어오는지, 그리고 피콜라 알고리즘은 어떤 것인지 그 원리를 하나하나 파헤쳐보자.

제일 먼저, 카세트테이프에서는 왜 배속 재생을 할 때 소리가 높게 변하는 것일까? 궁금증을 해결하기에 앞서 우리의 질문을 더 과학적인 표현으로 바꾸어 보자. 과학적으로 설명하면 소리는 '음파', 즉 진동을 통해서 전달되는 파동이다. 파동이란 진동이 퍼져나가는 현상으로, 어떤 물체가 진동하면 공기(사실 꼭 공기일 필요는 없다)가 같이 떨리게 되고, 이 떨림이 퍼져나가 귀에 전해진다. 귀 안에서 몇 가지 과정을 거친 음파는 전기 자극으로 변환되어 뇌에 전달되며 우리는 이를 통해 소리를 인지한다.

그렇다면 소리가 '높게' 들린다는 것은 무엇일까? 과학적으로 표현하면 이는 음파의 진동수가 높다는 의미이다. 가로축이 시간이고 세로축이 크기(세기)인 그래프를 상상해보라. 공기 중 어떤 한 점에서의 파동을 이 그래프에 표현하면, 파동은 곧 떨림이니 주기적으로 크기가 커졌다가 작아졌다 하는 모양으로 그려야 할 것이다. 이 그래프에서 같은 모양이 한 번 반복되는 시간을 주기라고 부른다. 그리고 1을 주기로 나눈 값(역수)이 바로 진동수이다. 즉 소리가 높다(고음)는 표현은 곧 음파의 진동수가 높다는 의미이다. 여기에 한 가지 토막 상식을 덧붙이자면, 오케스트라 단원들은 공연을 시작하기 직전에 '라' 음을 다 같이 내면서 악기를 조율하는데, 이 음은 440헤르츠(Hz, 진동수의 단위)의 진동수를 가진다. 1헤르츠는 1초에 한 번 진동함을 의미하므로, 이 표준 '라'는 곧 초당 440번 떨리는 소리굽쇠에서 나는 소리이다.

이제 소리는 공기를 통해 퍼져나가는 떨림이며, 소리가 높게 들린다는 것은 소리의 진동수가 높다는 의미임을 알았다. 이를 바탕으로 우리의 궁금증을 과학적 표현으로 다듬어보면, "어떻게 하면 진동수를 유지하면서 파동의 전체 길이를 변화시킬 수 있을까?" 하는 것이다. 눈치가 빠른 독자라면, 파동의 전체 시간을 변화시키는 것은 그리 어려운 일이 아님을 깨달았을 것이다. 그냥 파동을 '말 그대로' 두 배 빨리 이루어지게 하면 되는 것이다. 가령 1초마다 한 번 진동하여 총 10번 진동하는 10초짜리 파동을, 0.5초마다 한 번 진동하게 하면 똑같이 10번 진동하였을 때 전체 시간은 5초로 줄어들 것이다. 즉, 파동을 표현한 그래프를 가로축(시간) 방향으로 확대하거나 축소하면 전체 길이를 조절할 수 있다. 그런데 그렇게 하면, 진동수도 따라서 변하게 된다는 것이 문제이다. 앞선 예에서 전체 시간은 10초에서 5초로 절반이 되었지만, 그래프에 있는 진동의 전체 횟수는 10회로 변하지 않았으므로 0.5초마다 한 번 진동이 일어났다. 즉 똑같은 횟수의 진동이 절반 시간에 이루어지므로, 진동수는 두 배가 된 셈이다. 우리가 흔히 이야기하는 '옥타브'는 진동수가 두 배(절반)의 관계에 있음을 가리킨다. 따라서 단순히 시간 방향으로 그래프를 절반으로 줄여버리면, 우리 귀에는 원래 음보다 한 옥타브 높은음이 들린다. 이것이 카세트테이프를 빨리 감기 하면 음이 높게 바뀌어 들리는 이유이다.

빨리 감기 하면서도 자연스러운 소리를 들으려면 음의 높낮이를 유지하면서 소리의 길이를 늘이거나 줄일 수 있어야 한다. 이 문제를 타임 스트레칭time stretching 문제라고 부른다. 반대로 소리의 길이를 유지하면서 음의 높낮이를 변화시켜야 하는 경우를 피치 스케일링pitch scaling 문제라고 부른다.

이제 진짜 해답을 찾을 차례다. 우리가 궁금한 것은 음의 높낮이를 변화시키지 않고 자연스럽게 전체 재생 시간을 줄이거나 늘이는 타임 스트레칭 문제다. 우리가 가장 먼저 떠올린 '그냥 빨리 재생하기'는 안타깝게도 정답은 아니었다. 소리를 단순히 두 배 빨리 재생하면 음은 한 옥타브 높아진다. 그러면 진동수를 미리 두 배로 높이고, 10번의 진동 중 홀수 번째 것만 골라서 이어붙이는 것은 어떨까? 좋은 해답이지만, 사실 그렇게 간단한 방법은 아니다. 앞에서는 소리를 하나의 진동수만 가지고 있는 음파로 설명했지만, 실제 우리가 듣는 소리에는 여러 가지 진동수를 가진 여러 소리가 뒤섞여 있다. 즉, 실제 상황에서의 음파는 모양이 아주 복잡하다. 따라서 이를 잘게 쪼갠 뒤 하나 건너 하나 이어붙이면, 앞 구간의 끝 음에서 뒤 구간의 첫 음으로 넘어갈 때 자연스럽게 이어지지 않으므로 끊기는 듯한 불쾌한 소리가 날 것이다. 비슷하게, 만약 재생 속도를 줄이고 싶다면, 음파를 잘게 잘라 각 구간을 복제해버리면 될 것이다. 물론 이 경우에도 각 구간의 양 끝에서 불연속적인 변화가 일어나므로, 썩 듣기에 좋지 않은 소리가 될 것이다.

결국 타임 스트레칭 문제의 본질은 사라지거나 반복되는 작은 구간을 어떻게 자연스럽게 만드느냐에 달려있다. 이제 드디어 피콜라 알고리즘이 등장한다. 유튜브 엔지니어링 블로그에 따르면, 유튜브 모바일 앱의 배속 재생 기능은 피콜라 알고리즘을 사용하는 소닉SONIC 프로그램을 이용하여 구현된다. 안타깝게도 오래전 개발된 이후 시간이 많이 흘러 인터넷에 정보가 많이 남아있지는 않지만, 남아있는 정보에 따르면 피콜라는 1985년에 일본의 나오타카 모리타가 개발한 타임 스트레칭 알고리즘이다. 피콜라PICOLA라는 이름은 'Pointer Interval Controlled OverLap and Add'의 약자로, 우리말로 직역하면 포인터를 옮겨가며 구간을 겹치고 더하는 방법이다.

피콜라는 이름 그대로 동작한다. 먼저 속도를 변화시키고 싶은 시점의 처음에서 출발하여, 원본 소리를 분석한 뒤 음정을 감지한다. 음정 감지pitch detection는 사실 음향학에서 또 다른 중요한 문제인데, 간단한 설명을 위해 여기서는 넘어가도록 하자. 음정을 감지한다는 것은 음파의 진동수를 감지한다는 뜻이고, 이는 주기를 감지한다는 것과도 같은 의미이다. 피콜라 알고리즘은 분석한 주기 정보에 더하여, 늘리거나 줄일 비율이 얼마인지를 토대로 버퍼buffer의 길이를 계산한다. 여기서 버퍼는 이번 단계에서 변환시킬 원본 소리의 시간 한 단위이다.

다음으로, 버퍼에 담긴 원본 소리가 복사 및 가공된다. 만약 전체 시간을 늘려야 한다면, 알고리즘은 감지한 주기만큼의 파동을 버퍼의 앞과 뒤에 덧붙인다. 그리고 이를 자연스럽게 잇기 위해, 이전 버퍼의 뒤에 붙은 소리와 현재 버퍼의 앞에 붙은 소리를 겹치게overlap 한다. 이때 이전 버퍼 끝에 추가된 소리는 점차 줄어들고 현재 버퍼의 덧붙인 소리는 점차 커지도록 하면, 자연스럽게 두 버퍼가 이어진다. 이른바 '페이드-인fade-in'과 '페이드-아웃fade-out'을 사용하는 것이다. 시간을 줄여야 할 때도 비슷하다. 감지한 주기에 해당하는 파동을 이전 버퍼, 다음 버퍼와 겹치게 만들어 자연스럽게 이어주는 것이다.

글로 적으니 다소 복잡해졌지만, 결국 피콜라 알고리즘의 원리는 음의 높낮이를 감지하고, 그 정보를 이용해 구간의 길이를 계산하고, 그 구간의 앞뒤에 파동을 덧붙이고, 이를 인접한 구간과 겹치게 하면서 자연스럽게 잇는다는 것이다. 이렇게 변환된 소리는 원본 소리와 거의 같은 진동수를 가지므로 우리 귀에 똑같은 음정으로 들린다. 드디어 우리는 유튜브 영상에서 재생 속도를 변경했을 때 어떤 일이 일어나는지 알게 되었다. 생각보다 복잡한 일이 일어난다는 사실이 꽤 놀랍지 않은가?

우리의 주된 궁금증은 해결되었지만 몇 가지 더 흥미로운 사실을 소개하며 글을 마무리하고자 한다. 이 글에서는 피콜라 알고리즘에 중점을 두어 타임 스트레칭 문제를 설명하였지만, 현실 세계에서의 문제는 역시나 더 복잡하다. 피콜라 알고리즘은 단지 쉽게 이해할 수 있는 타임 스트레칭 알고리즘의 하나일 뿐이다. 음악을 전문적으로 다루는 컴퓨터 프로그램에서는 훨씬 복잡하고 고도화된 알고리즘을 사용하며, 특히 최근에는 인공지능 기술을 이용하여 이를 처리하기도 한다. 이 경우 소리의 길이를 늘이거나 줄이면서도 피콜라 알고리즘을 사용할 때보다 훨씬 자연스럽고 좋은 음질을 얻을 수 있다.

이 글에 유튜브가 자주 언급된 것도 이와 무관하지 않다. 사실 유튜브에서 이 알고리즘을 사용하는 것은 안드로이드 환경에 한정된다. iOS 환경에서는 이와 전혀 다른 방법으로 이 문제를 처리한다. 유튜브 엔지니어링 블로그에 소개되어 있지는 않지만 아마 모바일이 아닌 PC 환경에서는 또 다르리라고 생각한다. 이는 궁극적으로 하드웨어의 성능 차이에 의한 것이다. 유튜브는 결국 음악이 아닌 영상을 서비스하는 플랫폼이므로, 화면 재생과 동시에 실시간으로 소리를 처리하여 재생해야만 한다. 모바일 환경에서는 하드웨어의 성능이 대개 낮고, 게다가 네트워크도 불안정한 경우가 많다. 피콜라는 다른 알고리즘보다 간단하므로 모바일 환경에서 사용하기 알맞다. 심지어 2014년의 연구 결과에 따르면, 그 당시 사양이 매우 낮은 편이었던 스마트폰(2010년에 개발된 HTC 디자이어)에서도 한 프레임에 대해 피콜라 알고리즘을 수행하는 데 수십 밀리초(1밀리초는 1초의 1,000분의 1이다)면 충분한 것으로 나타났다. 유튜브 앱에 배속재생기능이 추가된 것은 2017년이므로, 이 시기에는 거의 모든 사용자가 이 기능에 충분한 성능을 가진 기기를 사용했을 것이다. 즉 피콜라는 고급 음악 편집 프로그램에서 사용하는 알고리즘보다는 성능이 나쁘지만, 연산이 비교적 간단하다는 이점 덕분에 유튜브 모바일 환경에 채용될 수 있었다.

무심코 사용했던 재생 속도 조절 기능에 이런 비밀이 숨어 있었다니 놀랍지 않은가? 꼭 유튜브에서만이 아니라 텔레비전이나 라디오의 광고가 15초 또는 30초 단위로 꼭 들어맞을 수 있는 것, 언어를 배울 때 발음을 천천히 들어볼 수 있는 것, 노래방에서 부르기 어려운 노래를 키를 낮추어 쉽게 부를 수 있는 것은 전부 피콜라를 비롯한 타임 스트레칭 알고리즘 덕분이다. 필자가 그랬던 것처럼, 이 글의 독자들도 일상생활 속에서 사용하는 수많은 기능이 사실은 많은 연구자가 노력 끝에 얻은 산물이고, 또 많은 과학자가 쌓아 올린 과학이 설명해주는 선물임에 가끔 경탄을 느꼈으면 한다. 더하여 이 주제를 통해 무심코 지나치던 일에 다시 한

번 "왜?"라고 묻는 과학적 사고의 즐거움도 깨달을 수 있었다면 좋겠다.

추천 알고리즘: 어떻게 내 취향을 그렇게 잘 알까?

전산학부 19학번 석주영

유튜브는 한국인이 가장 많이, 그리고 오래 사용하는 앱 1위이다. 2020년 10월을 기준으로 유튜브 앱의 1인당 월평균 사용 시간은 29.5시간이다. 그렇다면 유튜브는 어떻게 사용자들의 사용 시간을 이렇게 많이 확보할 수 있었을까? 그 답은 바로 추천 알고리즘이다. 누구나 유튜브를 켜고 나서 시간이 쏜살같이 지나버리는 경험을 해보았을 것이다. '딱 이 영상만 봐야지' 하다가도, 시청 후 하단에 뜨는 추천 영상에 눈길이 가고 무심코 누르게 된다. 어쩜 이렇게 내가 딱 좋아할 법한 영상들만 모아놓았는지 의문이 들 때도 있다. 이러한 추천 영상들은 추천 알고리즘에 의해 추천된 영상들이다. 추천 알고리즘은 우리의 취향을 파악하는 것에 매우 뛰어나서 유튜브를 제외하고도 우리 삶 주변 수많은 곳에 스며들어 있다. 하지만 정작 추천 알고리즘의 원리를 알고 있는 사람들은 별로 없다. 이 글에서는 수수께끼처럼 보였던 추천 알고리즘의 원리와 추천 알고리즘에 대해 우리가 유의해야 할 점을 소개할 것이다.

친구한테 줄 생일 선물을 고르는 게 추천 알고리즘과 관련이 있다고?
: 콘텐츠 기반 필터링과 협업 필터링

추천 알고리즘이 추천하는 방식은 크게 콘텐츠 기반 필터링Contents based filtering과 협업 필터링Collaborative filtering으로 나눌 수 있다. 콘텐츠 기반 필터링은 내가 구매했거나 관심 있는 상품과 비슷한 유형의 상품을 추천하는 기법이다. 이와 다르게, 협업 필터링은 사용자 데이터에 기반해서 나와 유사한 성향의 고객이 좋아한 상품이나 콘텐츠를 추천하는 기법이다. 얼핏 보면 어렵게 들리지만, 이 방식들은 우리가 선물을 고를 때 의사 결정 과정과 매우 유사하다. 예를 들어서, 친구의 생일을 맞아서 선물을 준비한다고 해보자. 우리는 가능하면 친구가 받았을 때 좋아할 만한 선물을 주고 싶다. 이에 대한 첫 번째 방법은 친구가 이미 사용하고 있거나 관심 있어 하는 물건과 유사한 물건을 선물해주는 것이다. 즉, 선물할 '물건'에 초점을 맞추어 선물을 준비하는 것이다. 반면에 친구와 비슷한 성향을 지닌 주변 사람들에게 조언을 구해 선물을 구매하는 방법도 있다. '물건'이 아닌, '친구'와 비슷한 사람들을 고려해서 선물하는 것이다. 위와 같은 상황에서 우리의 고민은 추천 알고리즘이 하는 고민과 같다. 추천 알고리즘의 입장에서 선물은 상품이고 선물을 받는 친구는 사용자에 대응된다. '물건'에 초점을 맞추는 방법은 콘텐츠 기반 필터링이고, '친구'와 비슷한 사람을 찾는 방법은 협업 필터링이다.

하지만 실제로는 추천 알고리즘이 추천하는 것과 선물을 고르는 것은 다소 차이가 있다. 먼저, 추천 알고리즘은 한 명의 친구가 아닌 수많은 사용자에게 추천을 할 수 있어야 한다. 또한, 추천 알고리즘은 물건과 '유사한' 물건, 친구와 성향이 '비슷한' 주변 사람에게서 유사도를 정량적으로 계산할 수 있어야 한다. 이러한 차이점으로 인해 추천 알고리즘의 구현에는 복잡한 수학적 개념들이 포함되어 있다. 그렇지만 대략적인 맥락을 이해하는 과정에서는 추천 알고리즘의 추천과 선물을 고르는 과정은 동일시해도 무방하다.

협업 필터링과 콘텐츠 기반 필터링을 합치다: 하이브리드 추천 시스템

두 가지 방법은 각각 치명적인 한계를 가지고 있다. 콘텐츠 기반 필터링은 사용자가 선호하는 상품들을 기반으로 하여 추천한다. 따라서 사용자에 대한 선호도 정보가 충분치 않은 상황이라면, 콘텐츠 기반 필터링은 무용지물이 된다. 또한, 협업 필터링은 어느 정도 사용자 수가 확보되어야 실행할 수 있다. 적은 사용자 수로는 특정 사용자와 유사한 성향을 지닌 사용자를 많이 찾기 어렵고, 따라서 표본이 부족해 추천이 부정확하기 때문이다. 이러한 문제점을 해결하기 위해 등장한 방법이 하이브리드 추천 시스템Hybrid recommender system이다. 이 방법은 소개한 콘텐츠 기반 필터링과 협업 필터링을 혼합한 방법으로 앞서 소개한 한계점들을 어느 정도 상쇄시킨다. 사용자 선호도 데이터가 부족하다면, 콘텐츠 기반 필터링 대신 협업 필터링을 사용하고, 사용자의 수가 부족하다면 선호도 데이터를 사용해 콘텐츠 기반 필터링을 사용하는 것이다. 유튜브와 넷플릭스를 포함한 많은 기업이 하이브리드 추천 시스템을 이용한다고 알려져 있다.

알파고가 해주는 추천: 딥러닝 기반 추천 알고리즘

추천 알고리즘의 정확도는 데이터의 양과 직결된다. 사용자, 상품 정보, 리뷰 등을 포함한 데이터는 협업 필터링, 콘텐츠 기반 필터링을 수행할 때 밑바탕이 된다. 그래서 방대한 양의 데이터는 추천 알고리즘의 핵심이라고 할 수 있다. 그리고 최근, 수많은 데이터를 다루며 결정을 할 때 압도적인 성능을 보여주는 기술이 등장했다. 바로 인공 지능이다. 몇 년 전, 인공 지능 알파고가 이세돌 9단과 대국에서 4:1로 승리한 이후, 인공 지능 기술은 지금까지도 굉장히 빠른 속도로 발전하고 있다. 최신의 추천 알고리즘에도 인공 지능 기반 기술이 적용되고 있다.

인공 지능 기술 중에서도 특히 딥러닝 기술은 추천 알고리즘에 발전 방향에 큰 영향을 미치고 있다. 딥러닝이란 인간의 뇌세포인 뉴런의 연결 구조를 모방하여 만든 네트워크 구조를 쌓아서 데이터를 분석하는 방식인데, 사람의 도움 없이 기계의 자가 학습이 가능하여 큰 인기를 끌고 있다. 2020년 10월, KAIST 내 유민수 교수 연구팀에서도 딥러닝 기술을 이용해서 기존의 기술보다 21배 더 빠른 추천 시스템을 개발하기도 했다. 딥러닝 기반 추천 알고리즘은 기존 추천 알고리즘보다 더 개개인에게 특화된 방향으로 발전하고 있다. 가까운 미래에 나올 추천 알고리즘 또한 이 딥러닝에 의존할 확률이 높다.

추천 알고리즘은 왜 중요할까? 기업들의 속사정

추천 알고리즘, 나아가 고객에게 알맞은 상품을 추천하는 추천 시스템은 이미 수많은 기업이 갖추고 있는 기술이다. 또한, 많은 경우 추천 알고리즘은 '있으면 좋은' 수준의 기술이 아니라 그 기업의 핵심적인 경쟁력을 구성하는 요소이다. 그렇다면 추천 알고리즘이 이토록 중요한 이유는 뭘까? 넷플릭스와 같은 기업이 추천 알고리즘 대회를 개최해 우승자에게 상금으로 수십만 달러를 주는 이유는 무엇일까? 그것은 좋은 추천이 구매를 유도하기 때문이다. 좋은 추천 알고리즘을 통해 매출을 늘릴 수 있는 것이다. 이 현상은 온라인 쇼핑몰에서 가장 명확하게 관찰할 수 있다. 온라인 쇼핑몰에서 좋은 추천은 직접적인 구매로 이어질 수 있다. 미국의 최대 온라인 쇼핑몰, 아마존은 전체 매출의 약 35퍼센트가 협업 필터링 알고리즘에 의해 발생한다고 한다. 마케팅, 상표 가치, 배송 등을 모두 제외한, 추천 알고리즘 하나만으로 나온 결과라는 것을 고려하면 굉장히 놀라운 수치이다.

SNS에서는 사용자의 체류 시간을 늘리는 것이 중요한 과제이다. 사용자의 체류 시간이 길어지면 그만큼 광고 노출 시간도 많아지기 때문이다. 사용자의 체류 시간을 늘리기 위해서는 사용자가 관심 있어 할 만한 친구, 사진, 글 등을 추천하는 것이 핵심이다. 이를 위해 추천 알고리즘이 사용된다. 페이스북은 사용자의 뉴스 피드에 가장 적합한 게시물을 추천하기 위해 인공 지능 기술인 기계 학습을 사용한다. 또한, 프로필 검색 기록, 프로필 체류 시간을 종합해 친한 친구를 추천하기도 한다. 종합하면, 페이스북 앱 내에서 사용자의 모든 행동이 데이터로 기록되어 추천에 사용되는 것이다.

마지막으로, 추천 알고리즘이 가장 핵심적으로 사용되는 곳은 유튜브와 넷플릭스와 같은 동영상 플랫폼이다. 동영상 플랫폼의 추천 알고리즘 목적은 SNS와 비슷하게 사용자의 체류 시간을 늘리기 위해 최적화되어있다. 유튜브의 이용자 시청 시간의 70퍼센트는 추천 알고리즘에 의한 것으로 밝혀졌고, 추천 영상에 의해 시청 시간이 20배 이상 증가했다는 통계도 존재한다. 넷플릭스의 경우, 매출의 75퍼센트가 추천 시스템에 의한 것으로 알려졌다. 나아가 최근에는 추천 알고리즘 자체가 유행을 만드는 현상도 발견된다. 대표적으로, 예능 프로그램 〈무한도전〉의 '무야호', 브레이브걸스, 학교 폭력 프로그램 '멈춰'는 처음에는 큰 이목을 끌지 못했지만, 알고리즘에 의해 추천되기 시작해 빛을 발한 영상들이다.

이게 정말 나의 선택일까? : 점점 더 추천에 지배당하는 우리

지금까지 소개한 추천 알고리즘과 관련된 수치를 보면, 추천 알고리즘은 우리의 선택에 막대한 영향을 끼침을 알 수 있다. 추천 알고리즘이 알아서 내가 관심 있어 하는 콘텐츠와 상품을 추천해주기 때문에, 추천에 따라가는 것은 편리할 수 있다. 하지만 과한 의존은 피해야 한다. '필터 버블'은 사용자의 관심사에 맞춰 필터링 된 정보 안에 갇히는 현상을 가리키는 말로, 이와 같은 추천 알고리즘의 지속적인 사용 때문에 발생한다. 사용자들이 지속해서 추천을 받으면서 결과적으로 자신의 취향에 부합하는 콘텐츠들만 받아들이게 되고 이는 개인의 편견과 고정관념을 강화시킨다. 특히, 성장기 아이들의 경우에 가치관이 형성되는 과정에서 필터 버블 현상을 맞는 것은 매우 치명적이다.

이에 더해서, 우리는 추천 알고리즘의 추천은 순수한 추천의 목적으로 하는 것이 아니라는 점을 인지해야 한다. 추천 알고리즘의 주된 목적은 사용자의 체류 시간을 늘려 구매로의 전환을 이루는 데 있다. 따라서 사용자의 취향에 조금 벗어나더라도 상업적 가치가 있는 것들이 추천될 수 있다. 사용자들의 이목을 끌기 위해 더 자극적이고 선정적인 상업적 콘텐츠들이 상단에 노출되는 것은 필터 버블 현상을 가속화하는 주된 원인이 된다.

떠오르는 개인 정보 문제들

21세기 디지털 시대에 우리가 인터넷에 남기는 발자취는 헤아릴 수 없을 정도로 많다. 검색 기록, 체류 시간, 클릭, 유입 과정 등 모든 것이 기록되고 다시 추천 알고리즘의 추천에 쓰인다. 그리고 그 추천은 소름 돋을 정도로 우리의 취향을 정확하게 파악하고 있다. 만약 이렇게 축적된 데이터가 제삼자에게 넘겨져서 악의적인 의도로 사용된다면, 불특정 다수가 우리의 취향을 파악 가능해지고, 그에 따라 사태는 걷잡을 수 없이 커질 것이다. 하지만 아직 이러한 데이터는 현행법에서 규정하는 개인 정보는 아니다. 그러므로 우리는 더욱 개인 정보 침해에 대해서 경각심을 가질 필요가 있다. 개인 정보 문제를 조금이라도 예방하기 위해 취할 수 있는 방법은 검색 기록을 주기적으로 초기화하는 것, 웹 사이트 방문 기록, 쿠키 초기화, 비밀번호 변경 등이 있다.

추천 알고리즘은 어느샌가 우리 생활 속에 스며들어 이제는 우리의 일상과 선택에 자리매김한 존재가 되었다. 그 발전 배경에는 콘텐츠 기반 필터링, 협업 필터링, 그리고 딥러닝 기반 추천 시스템이 있다. 현재의 추천 알고리즘은 빅데이터, 인공 지능 기술을 이용해 상당히 고도화되었고 사용자에게 가져다주는 편의성 또한 무시할 수 없는 수준이다. 하지만 추천 알고리즘의 발전에 따라 수면 위로 올라온 필터 버블 현상과 개인 정보 문제는 우리에게 추천에 지배당하지 않아야 한다는 교훈을 일깨워준다. 가장 이상적인 태도는 추천 알고리즘의 한계성, 편협성을 항상 염두에 두며 개인이 주체적으로 콘텐츠와 상품을 소비하는 것이다. 추천은 어디까지나 추천임을 잊지 말자.

온라인 추천 알고리즘, 성실한 메신저인가 무분별한 선동자인가

전기및전자공학부 17학번 이현종

나는 드라마를 보는 것을 참 좋아한다. 기억에 남는 장면들을 모아두고 계속해서 돌려보는 것이 내 인생의 낙이다. 여느 때처럼 유튜브에서 드라마 클립 수십 개를 연달아 재생하며 행복한 여가 시간을 보내고 있었던 도중, 문득 10년 전 나의 초등학교 시절이 떠올랐다. 생각해보면 그때도 나는 영상을 찾아보는 것을 좋아했었다. 다만 지금과 달랐던 점은 그때는 게임에 미쳐 주로 게임 영상을 찾아봤던 것, 그리고 무엇보다 그 당시에는 '유튜브'가 존재하지 않았다는 것이다. 그때만 하더라도 영상을 보고 싶으면 그나마 가장 큰 플랫폼인 네이버에 영상 제목을 최대한 정확히 검색하여 동영상 카테고리로 들어간 후 육안으로 직접 찾아내야만 했다. 지금은 유튜브가 개떡같이 검색해도 찰떡같이 우리가 보고 싶은 영상을 찾아주고 있다.

하지만 우리가 유튜브를 편리하다고 느끼는 가장 큰 이유는 뛰어난 검색 능력보다는 영상을 알아서 추천해주는 맞춤 동영상 서비스에 있을 것이다. 홈 화면에는 새롭게 올라온 내 취향의 영상들이 언제나 가득하고, 하나의 영상을 시청하고 있으면 아래의 동영상 목록에는 내가 좋아할 만한 영상이 끊임없이 제공된다. 흔히 '알고리즘'이라 불리는 이 온라인 추천 알고리즘 덕분에 나는 수십 개의 드라마 클립을 일일이 찾아다니는 수고를 덜 수 있었다.

그러나 아쉽게도 그날 나의 여가 생활은 끝이 상쾌하지 못했다. 그리고 이 또한 아이러니하게도 '알고리즘' 때문이었다. 아껴두었던 드라마 클립을 보던 중 맞춤 동영상 목록에서 불과 3시간 전에 올라온 주연 여배우의 사생활 논란 영상이 눈에 띄었다. 당시 사실 여부가 명확히 밝혀진 상황이 아니었기 때문에 나는 일단 앱을 종료하고 이 정보를 회피하는 방향을 선택했다. 하지만 그다음 날부터 유튜브는 나에게 계속해서 그 드라마를, 특히 해당 여배우가 나오는 클립을 추천해주기 시작했다. 아마 그쪽도 나도 '알고리즘'에게 제대로 걸린 모양이었다.

그 영상에 달린 댓글을 보고 나는 놀라지 않을 수가 없었다. 하루도 채 지나지 않아 여배우의 외모에 대해 호평 일색이던 댓글 사이사이를 그 여배우를 조롱하는 댓글들이 비집고 들어와 있었다. 그들은 각자의 방식으로 권선징악의 통쾌함을 표현하는 듯했다. 하지만 그 광경에서 내가 느꼈던 감정은 어떠한 통쾌함도 아닌 공포였다. 만약 이것이 허위 사실로 드러난다면 그에 대한 책임은 도대체 누구에게 물어야 할까? 사실상 책임의 상당 부분은 사실 여부를 제쳐두고 이를 최선을 다해 유포한 '알고리즘'에게 있을 것이다. 하지만 그저 누가 열심히 짜놓은 이 이진법 코드에 책임을 물을 수도 없는 노릇이다. 수만, 아니 수백만의 사람들이 동시에 한 사람에게 폭력을 가하는 것이 가능해진 시대인데 그 주동자는 사람이 아니어서 책임을 물을 수도 없다니. 참으로 무서운 세상이다.

유튜브의 온라인 추천 알고리즘이 이렇게 양날의 검이 된 이유를 알아보려면 우선 그 '알고리즘'이라는 것이 대체 무엇인지 살펴볼 필요가 있다. 추천 알고리즘, 정확히 말하면 추천 시스템recommendation systems이 도입된 가장 근본적인 이유는 오프라인에서 온라인으로 플랫폼이 이동했기 때문이다. 서점을 예로 들어보자. 대전 복합 터미널에는 영풍문고라는 상당히 큰 규모의 서점이 있다. 하지만 물리적인 공간에는 어디까지나 한계가 있기 때문에 사람들이 보편적으로 구매한 몇몇 책들을 책장에 올려 둔 모습을 볼 수 있다. 하지만 온라인 서점의 경우에는 얘기가 다르다. YES24에는 한국에 존재하는 거의 모든 책이 있다. 바로 여기서 오프라인 서점과는 반대의 딜레마가 발생한다. 모든 책을 전부 보여줄 수가 없는 것이다. 이 문제를 해결하기 위해 사용자가 선택할 가능성이 높은 정보만을 우선적으로 제공하는 시스템이 도입되었고, 이것이 바로 추천 시스템이다. 그리고 이 추천 시스템에 적용되는 다양한 종류의 컴퓨터 처리 절차를 추천 알고리즘이라고 한다.

추천 시스템은 온라인 플랫폼에서 불가피한 요소이기도 하지만 동시에 사용자에게 편의성을 제공할 수 있기 때문에 많은 개발이 이루어져 왔다. 실제 유튜브에서 사용되는 추천 알고리즘은 딥 러닝deep learning, 즉 인공 지능을 기반으로 한 매우 복잡한 구조로 이루어져 있다. 이때 보통 알고리즘 또는 인공 지능이라 하면 사람들은 대부분 아이언맨의 자비스와 같이 인간 수준의 지성을 갖춘 프로그램이라 생각하는 경향이 있는데,

사실은 그렇지 않다.

추천 시스템은 내용 기반 필터링 시스템content-based filtering systems과 협력 필터링 시스템collaborative filtering systems, 이렇게 크게 두 가지로 분류된다. 간단히 예를 들어보면 내용 기반 필터링 시스템은 〈스타워즈〉를 본 사람에게 〈스타트랙〉을 추천해주는 것, 협력 필터링 시스템의 경우 나처럼 〈스타워즈〉를 즐겨 본 사람이 〈레옹〉을 봤다면 〈레옹〉을 내게도 추천해주는 것이라 할 수 있겠다. 물론 실제 알고리즘은 단순 시청 여부보다 훨씬 많은 것을 고려하고 그 구조도 복잡하지만 결국 기능적인 면에서는 비슷한 역할을 수행한다. 인공 지능은 '지성'보다는 '학습'에 가까운 개념이다. 사용자 데이터에 어떤 공식을 대입해야 사용자의 선택과 일치할 확률이 높았는지 성공과 실패를 반복하며 특정 공식을 찾아내는 것이 바로 인공 지능이다. 사용자의 정보만을 바탕으로 학습을 통해 사용자의 선택을 예측해주는, 어떻게 보면 굉장히 순수한 의도를 지니고 있다.

유튜브의 추천 알고리즘 또한 다음과 같은 두 가지 목표를 지향하고 있다. 첫 번째, 시청자들이 보고 싶어 하는 영상을 찾아주는 것. 두 번째, 시청자들이 계속해서 보고 싶은 영상을 볼 수 있게 하는 것. 추천 시스템이 본래의 개발 의도에 따라 그 역할을 충실히 수행하는가에 대해서는 논란의 여지가 없다. 유튜브의 CPO 닐 모한Neal Mohan에 따르면 인공 지능 알고리즘이 추천한 영상을 시청하는 시간이 유튜브 사용자 시청 시간의 70퍼센트를 차지한다. 특히 모바일 사용자는 추천 알고리즘으로 인해 평균적으로 60분 동안 계속하여 영상을 시청한다고 한다. 우리가 침대에 누워서 하는 일을 떠올려보자. 잠이 쏟아지는 상황에서도 무언가에 홀린

듯이 다음 영상을 클릭하고 있지 않은가?

결과적으로 유튜브는 그 순수한 의도에 따라 전에 없던 편리함을 제공하면서 많은 사랑을 받고 있다. 지금은 바야흐로 대 유튜브의 시대이다. 먼 미래에 역사학적으로 이 시기를 '유튜브 전기' 같은 식으로 분류해도 전혀 어색하지 않을 것 같다. 몇 년 전에 나는 설문 조사에서 하루에 휴대폰을 몇 시간 정도 사용하는지에 대한 질문을 받은 적이 있다. 아침에 정신 차리려고 1시간, 이 닦고 면도할 때 적적해서 30분, 과제 하면서 노래를 들으려 6시간, 자기 전에 심심해서 1시간. 잠시만 생각해 보아도 나는 유튜브 앱을 갖가지 이유로 하루 종일 사용하고 있었다. 한국언론진흥재단에서 실시한 설문 조사에 따르면 사람들이 많이 이용하는 온라인 서비스에서 유튜브가 남성은 2위(57.3%), 여성은 3위(50%)를 차지했다. 또한 흔히 유튜브를 단순한 유흥 거리 정도로 치부하는 경향이 있는데 대표 포털 사이트인 네이버, 다음에 이어 뉴스를 보기 위해 세 번째로 많이 이용하는(남성 48.9%, 여성 42.1%) 온라인 서비스가 유튜브라고 한다. 유튜브로 자주 시청하는 분야도 뉴스/시사가 1위를 차지했다. 주류로 분류되던 언론사와 방송국 뉴스가 오히려 앞다투어 유튜브 채널을 개설한 모습을 보면 유튜브의 영향력이 실로 대단함을 확인할 수 있다.

사용자 개인에게 최고의 맞춤 서비스를 제공한다는 커다란 장점으로 유튜브는 순식간에 미디어의 패왕이 되었지만 이것은 매우 심각한 맹점 하나를 가리고 있었는지도 모른다. 바로 이 추천 알고리즘이 개인을 넘어 사회 전체에 제공된다는 사실이다. 추천 알고리즘은 그 구조상 비슷한 시청 정보를 가진 사용자들에게 동일한 영상을 추천할 가능성이 높을 수밖에 없다. 따라서 유사한 관심사를 공유하는 집단, 즉 하나의 세대는 거의 실시간으로 모두 같은 정보를 접하게 될 수 있다. 여론 형성에 소요되는 시간이 현저히 짧아지는 것이다. 여론 형성에 충분한 시간이 보장되지 않는다면 건전하고 비판적인 정보 수용이 힘들다. 이러한 상황에서 사용자 개인의 편의에만 초점을 맞추어 정보 자체의 사실 여부가 아닌 사용자의 선호도에 따른 유용성만을 고려하는 추천 알고리즘은 자칫 거짓 정보의 무분별한 확산을 초래할 수 있다. 또한, 맞춤 동영상을 타고 흘러가다가 완전히 새로운 영상을 맞닥뜨린 경험이 한 번쯤은 있을 것이다. 연관 동영상을 계속해서 추천하는 유튜브의 특성상 다른 사용자 그룹 간의 접점이 연쇄적으로 발생한다. 따라서 종국에는 이 위험이 사회 전반으로 걷잡을 수 없이 확대될 가능성도 무시할 수 없다. 추천 시스템이 제공하는 개인적인 편리함이 사회 전체로 보면 독이 되는 것이다.

그러나 이렇게도 분명한 잠재적 위험성에 비하여 피해 보상에 대한 문제는 참으로 모호하기 그지없다. 피해에 대한 보상은 기본적으로 법적 책임의 문제에 해당한다. 하지만 여기에는 '책임 귀속'이라는 아주 흥미롭고도 복잡 미묘한 문제가 얽혀있다. 작년 5월에 한 연예인의 반려견이 주인이 부재한 상황에서 담장을 뛰쳐나가 80대 노인을 물어 중상을 입한 사건이 있었다. 안타깝게도 피해자는 사망하였고 그에 따른 처벌에 대한 문제가 대두되었다. 그런데 당시 이 사건에 대해서 대중의 의견이 갈렸다. 반려견을 제대로 관리하지 못한 견주에게 엄중한 처벌을 내려야 한다는 입장이 있었고, 견주의 통제를 벗어난 상황에서 반려견의 자유 의지에 따라 발생한 사고라면 그 책임의 크기에 대해서는 논의할 필요가 있다는 입장도 있었다. 반려견의 경우 동물형법에 규정된 안전관리의무 조항이 존재한다. 하지만 해당 견종은 형법상으로 지정된 맹견에 포함되지 않았고, 결과적으로 견주에게 어떠한 처벌도 내리지 않는 것으로 사건이 종결되어 한동안 논란이 이어졌던 기억이 있다.

인공 지능도 '통제'라는 문제에 있어서 이와 결을 같이 한다. 허위 사실 유포와 같은 인공 지능에 의한 불법적인 결과를 오롯이 개발자 혹은 그 회사의 책임이라 할 수 있을까? 한국형사정책연구원에서 발행한 논문 「형법상 인공지능의 책임귀속」에 따르면 형법상의 책임에는 예측 가능성과 회피 가능성이 중요한 요소로 작용한다. 하지만 개발 단계에서 인공 지능이 추후 수많은 데이터를 바탕으로 복잡한 과정을 거쳐 학습하여 내릴 결정을 모두 예측하고 회피하는 것은 불가능하다. 통제 자체가 불가능한 것이다. 게다가 인공 지능의 경우 동물형법이나 상품의 리콜과 달리 생산 후 생산자와 완벽히 단절되어 독립적인 의사 결정을 내리기 때문에 그 책임을 지우는 것은 여간 복잡한 일이 아닐 것이다. 또한, 순수하게 사용자의 관심사를 반영하도록 설계된 추천 알고리즘이 결과적으로는 허위 사실 유포라는 범죄를 수행할 수 있듯이 특정 알고리즘을 소위 맹견으로 분류하고 처벌하는 일도 쉽지 않다.

그런데 잠시 생각을 해보면 그렇게 대단한 전문가들도 풀기 어려운 이 문제는 오히려 개인의 단계에서 간단히 해결할 수 있다. 추천 기능을 끄면 된다. 이따금 설정에 들어가서 시청 기록을 지우기만 하면 당신은 알고리즘의 소용돌이에서 곧바로 벗어날 수 있다. 추천 기능을 사용하지 말자는 것이 아니다. 나는 내 소중한 여가 시간 대부분을 드라마 제목이나 검색하는 데에 낭비하고 싶지 않다. 또 굳이 뉴스를 찾아서 볼 자신이 없기에 사회의 일원으로서 제구실하려면 내겐 알고리즘의 도움이 필요하다. 하지만 내 문 앞에 서 있는 것이 그저 성실한 우체부일 뿐인지 아니면 광기에 찬 선동자인지 잠시 동안이라도 문 뒤에서 생각해볼 시간을 가질 필요는 분명 있다. 21세기에 살아가는 우리가, 적어도 마녀사냥에 가담하는 일은 더 이상 없어야 하지 않겠는가.

효율적인 세상을 위한 계산법, 최적화 이론

신소재공학과 17학번 황지성

세상에 존재하는 여러 가지 직업 중 공학자들만큼 효율을 중시하는 직업은 드물 것이다. 공학자들은 무언가를 만들기 위한 기존의 방법이 존재해도 더 효율적인 방법이 없을지 항상 고민하는 사람들이다. 바로 그러한 호기심이 기술의 발전을 부르는 원동력이기도 하다. 주어진 상황에서 원하고자 하는 값을 가장 크게, 혹은 가장 작게 얻을 수 있는 방법을 찾는 것을 최적화라고 한다. 출발지와 목적지를 알 때, 목적지에 가장 짧은 시간 안에 도달할 수 있는 경로를 탐색하는 내비게이션이 최적화의 좋은 예이다. 이렇게 최적화라는 과정을 설명하니 거창하게 느껴지고 우리 실생활과는 동떨어진 단어처럼 느껴진다. 하지만 우리 모두 일상에서 효율적인 생활을 위한 최적화를 습관적으로 진행한다. 우리 실생활에서 있을 법한 예시를 들어보도록 하겠다.

지성이는 다가오는 기말고사에서 좋은 성적을 거두기 위해 매일 도서관에서 공부하기로 결심하였다. 지성이는 하루에 5시간씩 도서관에 머물면서 학업에 정진하게 되었다. 그런데 지성이는 시험공부를 하며 푼 연습 문제의 양이 날마다 들쑥날쑥하다는 사실을 알게 되었다. 왜 그런 것일까? 지성이는 깊은 고민에 빠졌다. 여기서 지성이는 해답을 도서관의 온도에서 찾을 수 있었다. 도서관의 난방이 너무 따뜻하면 숨을 쉬기가 답답하기 때문에 지성이는 많은 연습 문제를 풀 수 없었다. 그런데 도서관의 냉방이 너무 강해도 지성이는 추위 속에서 떠느라 집중을 하기 힘들어했다. 지성이는 중간 정도 수준의 온도에서 가장 많은 연습 문제를 풀 수가 있었다. 지성이가 어떤 온도에서 가장 집중을 잘하는지 엄밀히 계산하지 않더라도 대략 느낄 수 있을 것이고, 지성이는 그 최적의 온도에 맞게 도서관의 냉난방을 조절할 것이다. 이런 것들이 우리가 일상생활 속에서 하는 최적화이다. 어떻게 생활 조건을 설정해야 효율적으로 일을 수행할 수 있을지 우리는 항상 생각한다.

여기서 한 단계 더 나아가서 생각해보자. 과연 지성이가 정해진 시간 동안 풀 수 있는 연습문제의 양이 도서관의 온도에만 의존하는 것일까? 지성이는 금방 아니라는 것을 깨달았다. 도서관에 들어가기 전에 식사를 많이 하면 식곤증이 와서 연습 문제를 푸는 데 집중을 하기 힘들었고, 그렇다고 아예 굶고 들어가면 두뇌에 공급되는 당이 부족해져서 문제 해결을 위한 아이디어가 빨리 떠오르지 않았다. 그 외에도 전날 밤의 수면시간, 주변 소음의 크기처럼 지성이의 집중력과 상관관계가 있는 변수들은 수없이 찾아낼 수 있다. 이런 경우에는 감으로 모든 조건을 최적으로 설정하기도 힘들다.

공학자들이 마주치게 되는 문제들도 위와 같이 여러 개의 변수가 엮인 경우가 대부분이기에 최적화 문제를 해결하기 상당히 힘들다. 5개 정도의 변수밖에 고려하지 않아도 되는 경우도 있지만 심할 때는 수천 개의 변수를 상대해야 하는 상황도 있다. 논리적인 추측을 통해 최적화 조건을 찾는 것은 사실상 불가능에 가깝다.

그럴 때 가장 원시적인 방법으로 문제를 해결할 수 있는 방법은 가능한 가짓수를 모두 시험해보는 것이다. 여러 변수들에 들어갈 수 있는 값들을 하나하나 대입해보는 것이다. 앞서 살펴본 지성이의 예시를 다시 들어보면 도서관의 온도와 공부 전 식사량, 수면 시간, 주변 소음의 크기 등의 변수를 하나하나 조절해가면서 어떤 조건에서 지성이가 가장 편안함을 느끼는지 실험해보는 것이다. 시간이 오래 걸리지만 절대 실패할 수 없는 방법이다. 생각하고 있는 모든 숫자들을 대입하여 지성이가 가장 연습 문제를 많이 풀게 되는 조건을 찾는 것이다. 변수가 5개 정도라면 투철한 실험 정신으로 무장하여서 해볼 만한 시도이다.

그런데 만약 변수가 이것보다 훨씬 많다면 어떨까? 앞서 말했듯이 공학자가 접하게 되는 문제에는 변수가 수백, 수천 가지에 달하는 경우도 존재한다. 이렇다면 하나하나 값을 계산해가면서 문제를 최적화하는 것은 불가능하다. 앞에서 변수가 5개밖에 없어도 시간이 오래 걸리는 방법이라고 했는데, 지금은 변수가 수천 개로 늘어난 것이다. 계산량이 너무 많아 컴퓨터 여러 대를 가동하여도 수십 년의 계산이 필요할 수도 있다. 이때 필요한 것이 수학의 힘이다. 공학자들이 최적화 문제를 해결하기 위해 어떤 수학적 기술을 사용하는지 살펴보도록 하자.

첫째로는 함수의 기울기를 사용하는 방법이다. 수학에서 '기울기'라고 함은 변수의 변화량에 대한 함숫값의 변화량 비율로 정의를 한다. 쉽게 풀이하자면, 변수가 같은 크기만큼 변화를 했을 때 함숫값이 많이 변한다면 기울기가 가파른 것이다. 변화하는 변수의 크기를 극도로 작게 했다면 어떤 점 순간에서의 기울기를 구할 수 있다. 변수와 함숫값이라는 개념이 익숙하지가 않다면 산으로 비유하여 생각해보자. 여러분은 높은 산 중턱에 서 있다. 우리가 등산을 할 때 왼쪽으로 3미터, 오른쪽으로 5미터와 같이 움직이는 방향과 거리는 우리가 스스로 정할 수 있다. 이렇게 우리가 스스로 변화시킬 수 있는 요소를 변수라고 한다. 함숫값은 변수가 결정됨에 따라 계산되는 값이다. 여러분이 산 위에 있는데 그 위치를 특정할 수 있다면 산의 높이는 하나로 정해진다. 이는 마음대로 변화시킬 수 있는 값이 아니다. 이때 산의 높이를 함숫값이라고 말할 수 있다. 산의 경사는 함수의 기울기에 비유를 할 수 있다. 이렇게 생각한다면 더 직관적일 것이다.

그렇다면 이를 최적화와 어떻게 연관시킬 수 있을까? 여러분이 산 정상을 목표로 올라갈 때 산 전체가 나와 있는 지도가 주어져 있다면 쉽게 정상에 도달할 수 있겠지만, 여러분에게 지도는 주어져 있지 않다. 여러분이 있는 지점에서의 기울기를 활용해본다면 산 정상에 언젠가는 도달할 수 있다. 가장 가파른 방향으로 계속 위로 올라간다면 언젠가는 정상에 도달할 수 있을 것이다. 공학자들이 이용하는 방법도 비슷하다. 함수의 기울기를 구한 다음, 가장 가파른 방향으로 변수를 계속 이동시킨다. 그렇게 된다면 함수의 최댓값을 구할 수 있을 것이고 최적화에 성공하게 된다. 함수의 최솟값, 산으로 치면 가장 낮은 골 지점을 구하고자 해도 같은 방법을 적용할 수 있다. 가장 가파르게 아래로 내려가면 된다. 수학에서는 함수의 기울기를 구하는 작업을 미분이라고 한다. 미분이라는 용어는 많이 들어 봤을 것이다. 위의 내용을 통해서 봤듯이, 미분 계산이 최적화 작업에서는 필연적으로 쓰인다.

아까 도서관에서 공부를 하고 있던 지성이와 연관 지어서 생각해보자. 우선 무작위로 도서관 온도, 공부 전 식사량, 수면 시간, 주변 소음 크기로 설정하여 지성이가 연습 문제를 주어진 시간 내에 얼마나 푸는지 관찰해본다. 그 뒤에는 도서관 온도, 공부 전 식사량 등의 변수를 아주 조금씩 바꾸어 측정하여 지성이가 문제 푸는 양의 차이가 어떻게 변하는지 기울기를 구하는 것이다. 지성이의 공부량이 도서관 온도에 가장 민감하다고 느낀다면 도서관 온도를 대폭 변화시키는 방향으로 설계를 하는 것이 최적의 공부량에 다가설 수 있는 가장 빠른 방법일 것이다.

두 번째로는 유전적 알고리즘을 예시로 들 수 있다. 유전적 알고리즘은 앞에서 다루었던 함수의 기울기를 다루는 방법과는 근본적으로 다른 방법이다. 유전이라는 말을 통해 변수 간의 혼합을 통해 새로운 변숫값을 생성해낸다는 사실을 알 수 있다. 실생활 속의 쉬운 예시로 그네를 타는 효율적인 방법을 유전적 알고리즘을 통해 설계할 수 있다. 우리가 그네를 타기 위해서는 시점을 잘 맞춰 그네 위에서 일어서거나 무릎을 꿇는 것을 반복한다. 어떤 물리적 법칙이 작용하는지는 모르지만 경험적으로 시도해보는 것이다. 1초 동안 한 번 왕복하는 그네에서 0.1초 동안 무륜을 굶는 행동을 '0', 0.1초 동안 그네 위에 일어서는 행위를 '1'이라고 정의를 할 때 우리가 어떤 순서대로 움직여 그네를 타는지는 숫자를 통해 정의할 수 있다. 예를 들자면 0.3초 동안 그네 위에 앉았다가 0.7초 동안 그네 위에서 일어난다면 이를 (0 0 0 1 1 1 1 1 1 1)로 표현할 수 있다. 무작위로 여러 숫자의 조합, 즉 여러 가지의 언제 일어나고 언제 앉을지의 조합을 시도하고 그네가 어느 높이까지 올라가는지를 측정한다.

유전적 알고리즘의 핵심은 측정한 여러 가지 숫자 조합 중, 만족할 정도로 그네를 높이 올려 보낸 조합을 선택하여 숫자를 '교배'하는 것이다. '교배'는 여기서 특정한 규칙을 가지고 숫자를 혼합하는 것을 얘기하는 것이다. (1 1 1 0 0 1 1 1 0 1)과 (1 0 1 0 0 1 1 0 1 0)의 측정값이 좋아 이 둘을 섞고자 한다면 앞의 절반과 뒤의 절반을 섞어 [1110011010]을 다음 세대의 숫자로 만드는 것이다. 측정값이 괜찮게 나온 변수들을 계속 섞는다면 결과적으로 최적의 측정값을 구할 수 있다는 것이 유전적 알고리즘의 핵심이다. 상식적으로 그네를 높이 보낼 수 있는 방법들을 찾았다면 그 방법들 속에 그네를 높이 보낼 수 있는 요인이 숨어 있을 것이다. 그것의 정체가 무엇인지는 몰라도 말이다. 계속되는 '교배'로 최적의 그네 타는 방법을 구할 수 있다. 놀랍게도 이는 우리가 그네를 타는 방법과 비슷하다. 우리가 그네를 탈 때 물리 법칙을 고려해서 타는 게 아니라 우선 그네를 타보고, 그네가 높이 올라가는 방식 여러 개를 터득하고 이를 조합하여 타지 않는가? 우리 몸이 저절로 유전적 알고리즘을 구현하고 있는 것이다.

지금까지 최적화 방법의 대표적인 갈래와 원리와 실생활에서 어떻게 응용을 할 수 있을지에 대해서 살펴보았다. 두 방법은 각자 장단점이 있기 때문에 상황에 맞는 방법을 선택하는 것이 중요하다. 이에 대해서는 특별히 정해진 정답이 없다. 물론, 이 둘 뿐만 아니라 최적화를 할 수 있는 방법은 다양하다. 독자분들께서 생활 속의 간단한 상황에서도 최적화 방법을 사용하여 효율적인 삶을 설계할 수 있으며, 이미 우리 몸은 알게 모르게 이를 터득하였다.

우리가 일상 속에서 최적화 방법을 습득하여 사용할 수 있는 것만큼 공학자들과 과학자들은 최적화 방법을 많은 연구에서 활용한다. 너무 복잡하여 구하고자 하는 숫자를 이론적으로 도출해내기 힘든 경우에 최적화 방법이 애용된다. 5년 전 대한민국을 바둑과 인공 지능의 열풍으로 이끌었던 알파고를 모두가 기억할 것이다. 이때 인공 지능이라는 키워드가 한창 화제가 되었다. 사실 인공 지능이라는 것이 말에서 느껴지는 것처럼 알파고가 스스로 생각을 하여 바둑을 두는 것이 아니다. 결국 알파고도 최적화 알고리즘을 통해 자신이 선택할 수 있는 수 중 가장 승률이 높은 최적의 방법을 선택하는 것이다. 알파고에는 인공 신경망이라 해서 최적화에 필요한 데이터를 수집하는 과정은 위에서 설명한 기본 최적화 방법보다는 다소 복잡하지만 기본적으로 알파고도 결국은 스스로 생각을 하여 바둑을 두는 것이 아니라 설계한 알고리즘에 따라 최적화를 항상 실행해주는 방법으로 바둑을 두는 것이다.

또한 산업 공학에서도 최적화는 핵심 개념으로 사용된다. 산업 공학이야말로 최적화라는 개념을 가장 중요시하는 학문이다. 최소의 자원을 사용하여 최대의 생산량을 도출해내는 것이 산업 공학의 미덕이기 때문이다. 공장에서 물건의 생산량에 영향을 주는 요소(동선, 작업속도, 원료)를 변수로 사용하여 최대의 생산량을 이끌어내는 것을 목표로 한다. 실제로 공정 과정을 수학적인 방법으로 설계하는 것은 산업 공학의 단골 연구 주제이다.

이 글에서는 최적화라는 다소 생소할 수 있는 개념에 대한 소개와 함께 이것이 우리 삶에 어떻게 녹아 있는지에 대해 알아보았다. 또한 실제 학문과 산업에서도 중요하게 다루어지는 개념이라는 사실도 알게 되었다. 이 글을 통해서 여러 가지 최적화 방법에 대해서 살펴본 만큼, 앞으로의 우리 생활 속에서도 이러한 방법들을 조금이나마 응용해보면 좀 더 효율적인 생활을 할 수 있을 것으로 생각한다. 물론 행동 하나하나 할 때마다 펜을 붙잡고 계산을 할 수는 없겠지만 여러 가지 것들이 엮인 복잡한 일을 하기 전에는 쭉 정리해 최적의 방법을 선택하는 것도 나쁘지 않을 것이다.

AI와 함께하는 주식

생명화학공학과 18학번 박규범

최근 대한민국을 가장 뜨겁게 달군 화제는 바로 주식입니다. 언론에서도 매번 주식 관련 뉴스를 쏟아냈고, 여러 플랫폼에서도 주식 관련 콘텐츠를 방송하였습니다. 그리고 저 또한 이런 분위기에 휩쓸려 주식을 시작하게 되었습니다. 분위기를 타서 갑작스럽게 주식을 시작한 저는 주식에 관한 모든 것이 어색하고, 어렵게 느껴졌습니다. "그래도 기본은 알아야 하지 않을까?"라는 생각으로 평소대로라면 보지 않았을 경제 뉴스를 찾아보고, 주식 서적을 통해 주식 관련 개념들을 공부했습니다. 그래도 실제 돈을 바로 시작하기에는 무리가 있다고 생각했습니다. 그래서 그다음에는 증권 회사에서 주최하는 모의 투자 대회에 참여했습니다. 모의 투자 대회는 주어진 가상의 돈을 이용하여 일정 기간 내에 누가 가장 높은 수익률을 내는지 겨루는 대회입니다. 가상의 돈을 통해 투자하지만, 시장의 흐름은 실제 주식 시장의 흐름과 똑같이 실시간으로 반영하기 때문에 실제 주식을 시작하기 전 경험을 쌓을 수 있는 좋은 기회였습니다.

실제로 저는 이 대회에서 나쁘지 않은 수익률을 기록했습니다. 처음 한 투자에서 수익을 봐서 그런지 그때 당시에는 "주식, 그렇게 어렵지 않은데?"라는 생각과 함께 주식에 대한 자신감으로 가득했습니다.

지금 생각해보면 너무 단순한 생각이었습니다. 사실 모의 투자에서 꽤 괜찮은 수익률을 기록할 수 있었던 요인이 두 가지 있었습니다. 그때 당시 주식 시장은 '불장'이라고 불릴 만큼 투자를 했다면 대부분 수익을 낼 수 있었을 정도로 상황이 좋았던 점, 가상의 돈이었기에 과감하고 공격적인 투자를 했다는 점이 그 요인들입니다. 하지만 당시 모의 투자를 성공했다는 그 자신감 하나로 무작정 제 돈으로 투자를 시작했습니다. 물론 모든 돈을 잃는 최악의 상황에 대비하여 사라지더라도 문제되지 않을 정도의 금액만 운용했습니다. 실제로 제 돈을 투자해보니 모의 투자와는 느낌이 조금 달랐습니다. 모의 투자는 "가상의 돈이니까 뭐 어때?" 라는 생각으로 과감하고 공격적인 투자를 했습니다. 그렇지만 실제 투자에서는 실제 돈을 이용해 투자하다 보니 과감하게 투자하지 못했습니다. 비록 없어져도 상관없는 돈만 이용한다지만 실제로 직접 해보니 느낌이 달랐습니다. 모의 투자와는 다른 상황 때문인지 실제로 투자를 할 때는 낮은 수익률을 보였고, 잃을 때도 꽤 많았습니다.

앞선 상황이 반복되다 보니 이렇다 할 수익도 내지 못했습니다. 주변에서는 돈을 번다는 이야기가 계속 들려왔지만 수익은 나지 않아 왠지 모르게 다급한 느낌이 들었습니다. 투자는 급하게 하지 말라는 아버지의 말씀에도 불구하고 신경이 쓰이는 것은 어쩔 수 없었습니다. 그래서 의미 없이 증권 앱을 실행하고 종료하는 행동을 반복했습니다. 그러던 중

이벤트 배너 하나가 제 눈에 들어왔습니다. 이벤트 배너의 내용은 증권회사에서 주식을 시작한 지 얼마 지나지 않은 신규 유저 대상으로 주식 AI를 약 두 달간 무료로 사용할 수 있게 해주는 이벤트였습니다. 이벤트를 보고 "AI가 도와준다면 지금 상황이 나아지지 않을까?"라는 생각에 AI 서비스를 신청하였습니다. 이것이 제가 주식 AI 서비스와의 첫 만남이었습니다.

"금일 추천 매수 항목은 ●● 입니다. 코멘트: 저평가. 금일 추천 매도 항목은 ○○○ 입니다. 코멘트: 목표가 달성!" 주식 AI를 시작한 후 평일 아침 제 휴대폰을 울리는 문자입니다. 오전 9시에 주식 시장이 열리기 전 여러 정보를 분석하여 당일 매수 종목과 매도 종목을 추천해줍니다. 어떤 이유로 이렇게 추천하는지 짧은 코멘트도 달아줍니다. "아무것도 모르는 나보다는 AI가 더 정확하겠지"라는 생각에 무조건 AI 서비스가 추천해주는 대로 따라했습니다. 초기에는 어느 정도 높은 수익률을 가질 수 있었습니다. 추천한 종목을 따라하기만 했는데 돈이 생기는 것이 놀라웠습니다. 주식 초기에 기록한 수익률에 비해 높은 수익을 얻게 되자 그 이후로 자연스럽게 AI서비스를 믿게 되었습니다. 그래서 조금 더 과감하게 투자를 했던 것 같습니다. 이전에 본 손해를 메꾸자는 생각이었습니다. 지금 생각해보면 어디에 홀린 것처럼 투자한 것 같습니다. 문제는 그 후 얼마 지나지 않아 발생하였습니다. 하루는 오전에 AI서비스가 추천해준 종목이 있었고, 매번 그랬던 것처럼 아무 생각 없이 그 종목을 매수하였습니다. 그런데 몇 시간 지나지 않아 급락을 하게 되었습니다. 주식 초기에도 이 정도의 급락은 겪어본 적이 없었습니다. 처음 겪는 상황에 당황했던 저는 어떻게 할 생각을 하지 못했습니다. 그래서 미련하게 계속 가지고 있다가 후에 많은 손실을 입게 되었습니다. 앞선 과정들이 주식 AI서비스에 대한 저의 맹신을 거두게 만들어 준 계기가 되었습니다. 이 손실은 투자를 위해 AI에 의존하기만 한 저에게 투자는 그렇게 하는 것이 아니라는 경고의 의미로 받아들였습니다.

"소 잃고 외양간 고치기"라는 속담이 딱 그때 제 상황을 보여주기 알맞은 말이라고 생각합니다. 생각해보면 AI서비스라는 이름에 혹하여 무작정 보고 신청했던 것 같습니다. 그 뒤 돈을 잃고 나니 그제서야 부랴부랴 AI 서비스에 관한 정보를 찾아보았습니다. 주식 AI의 기본적인 원리를 보면 과거부터 현재까지 있었던 주식 종목들의 모든 데이터를 이용하고, 분석하여 추후 이 종목의 흐름이 어떤 식으로 변화할지 예측하는 것입니다. 과거의 지표에서 유사한 흐름이 관찰되었다고 가정한다면 어떤 상황일 때 매수를 하면 높은 수익률을 낼 수 있는지 분석하여 새로운 전략을 세워줍니다. 그리고 그런 자료를 바탕으로 AI 서비스를 이용하고 있는 사람들에게 정보를 제공해줍니다. 관련 정보를 찾다 보니 놀라운 사실을 알게 되었습니다. 제가 생각하는 예전부터 이미 주식 시장에서는 AI를 사용하고 있었습니다. 심지어 운용하는 범위를 계속 확장하고 있었습니다. 이러한 현상은 세계의 증권사의 변화에서 찾아볼 수 있습니다. 미국의 투자 은행 '골드만삭스'에서는 2017년 600명에 달하던 주식 매매 트레이더들을 해고하고 컴퓨터 엔지니어로 대체하였습니다. 외환 거래 부서에서 4명의 딜러가 담당하던 업무를 컴퓨터 엔지니어가 개발한 기존 딜러와 유사한 거래 방식을 가진 알고리즘이 대체할 수 있게 되었기 때문입니다. 우리나라의 경우도 마찬가지입니다. 여러 증권사에서 앞 다투어 IT 직군의 채용을 늘리고 있습니다. 최근 기사들을 보면 '○○증권, IT 직군의 채용 확대'와 같이 기업들이 IT쪽의 지원 및 투자를 확대하고 있습니다. 현재 투자와 주식 시장의 흐름이 과거와 다르게 바뀌었다는 것을 여실히 보여주는 사례들로 볼 수 있습니다. 그만큼 데이터를 운용하고, 알고리즘을 이용해 자료를 분석하는 IT와 AI관련 직종의 중요성이 많이 높아졌다는 것을 의미하는 것 같습니다.

그렇다면 이렇게 많은 기업이 연구 및 투자하고 있고, 점차 활용되는 범위를 늘려가는 AI, 전적으로 믿고 투자에 사용해도 될까요? 저는 아직까지는 무리라고 생각합니다. 분명 AI가 주는 이점들이 많습니다. 가장 큰 장점은 사람들이 쉽게 분석하지 못하는 방대한 양의 데이터를 AI는 빠른 시간 내에 분석을 마치고 그에 맞는 최적화된 결론을 도출해준다는 것이죠. 그렇지만 주식 투자만큼은 다르다고 생각합니다. 아직까지는 AI가 주식 시장에서 적극적으로 활용되기에는 시기상조라고 생각합니다.

주식 AI는 아직 즉각적인 반응을 하지 못한다는 점이 첫 번째 이유입니다. 한국의 주식 시장은 평일 오전 9시부터 3시 30분까지 열립니다. 이 시간동안 주식의 가격은 지속적으로 변동됩니다. 그리고 주식의 가격은 주식을 팔거나 사는 사람들에 의해 결정되게 됩니다. 어떤 주식을 한 주당 2만 원에 파는 사람과 2만 원에 사는 사람이 동시에 있고 거래가 체결된다면 그 주식의 가격은 한 주당 2만 원이 되게 됩니다. 결국 주식은 회사의 소유권을 의미하고, 사람들은 자신만의 가치관으로 투자 방향을 결정합니다. 그렇다면 주식의 가격을 결정짓는 가장 중요한 요소들은 어떤 것이 있을까요? 대표적으로 회사의 정보와 가치가 중요한 요소를 차지합니다. 현재 사람들은 인터넷을 통해 어떤 특정한 기업이 취급하는 물건과 서비스는 어떤 것인지, 어떤 방식으로 이익을 얻었고, 과거 이익은 어느 정도인지 그리고 어떤 가치를 가지고 기업을 운용하는지 많은 정보들을 얻을 수 있습니다. 앞선 정보들을 분석해 사람들은 투자를 결정하게 되고, 유망한 산업이고, 좋은 주식회사라면 자연스럽게 주식의 가격은 올라가게 됩니다. 그렇게 주식의 가격을 결정짓는 베이스가 됩니다. 이렇게 회사의 가치만으로 단순히 결정되면 정말 좋겠지만 주식은 회사의 정보 이 외에 여러 외부 환경에게도 영향을 많이 받습니다. 외부 환경의 예시는 회사에 악영향을 미치고, 회사의 이미지를 실추시키는 사건들이 발생하거나 회사에 큰 손실을 끼치는 자연재해 또는 사고가 일어나는 등 셀 수 없이 많습니다. 예를 들어, 최근 수에즈 운하를 무역의 주요 통로로 사용하던 여러 회사의 배들이 컨테이너선 단 한 척의 사고로 수에즈 운하가 막히면서 운송 계획에 차질이 생기게 되었고, 각 회사에는 수백 억이 넘는 손실이 생기게 되었습니다. 아무도 이런 사고가 일어날 것이라고 예상하지 못했을 것입니다. 이처럼 사건 및 사고는 갑작스럽게 일어나게 됩니다. 그리고 관련된 주식들에도 많은 영향을 주게 됩니다. 이 경우 사람들은 정보들을 언론이나 주위 인맥을 통해 알게 되고, 발 빠르게 대처할 수 있습니다. 직접 내용을 분석해 투자를 계속 유지할지 고민하고, 스스로 판단을 내릴 수 있습니다. 하지만 AI는 그렇지 못합니다. AI에 유사한 데이터가 있다면 AI 또한 빠른 판단을 내릴 수 있을 것이라 예상합니다. 하지만 주식에 영향을 줄 수 있는 외부 환경들은 항상 유사하게 발생하는 것이 아니며 아무도 예상하지 못합니다. 따라서 과거 수많은 데이터를 가지고 판단한다고 해도, 유사한 데이터가 없다면 즉각적인 판단을 내릴 수 없을 것입니다. 따라서 매수한 종목이 심한 하락세를 보여도 바로 판단하지 못하여 심한 손실을 미치는 경우도 있습니다. 저 또한 비슷하게 큰 손실을 얻게 된 상황도 초반에는 약간의 상승세는 보였지만, 언론에 뉴스가 하나 나오면서 큰 하락세를 보이게 된 경우입니다.

두 번째 이유는 실수를 바로잡지 못한다는 점입니다. 사실 AI에게 실수라는 표현은 어색할 수도 있습니다. 결국 AI는 주어진 데이터를 바탕으로 최선의 판단을 내릴 뿐입니다. 하지만 잘못된 판단으로 이상한 방향으로 가고 있음에도 바로잡지 못한다는 점을 AI의 실수와 한계라고 생각하겠습니다. AI가 사람들에게 널리 알려지게 된 계기는 구글 딥마인드에서 개발한 바둑 AI '알파고'의 영향이 크다고 생각합니다. 알파고는 현재 바둑계에서 최상위권의 실력을 가진 이세돌 9단을 4:1로 승리하면서 사람들에게 많은 충격을 주었습니다. 아마 AI의 능력을 세계에 널리 보여준 큰 경기였다고 생각합니다. 결과적으로 AI는 사람의 능력을 뛰어넘었다고 할 수 있습니다. 여기서 관점을 달리해 이세돌 9단이 이긴 한 경기를 분석해보겠습니다. 경기가 진행되는 중에는 알파고가 본인이 유리하다고 판단했습니다. 심지어 이세돌 9단이 신의 한수라고 불리는 78수를 두고 승기를 잡았을 때에도 알파고는 정확히 분석하지 못했습니다. 알파고에게 주어진 데이터에는 78수의 위치가 상대가 착수할 확률이 매우 낮은, 즉 알파고가 판단하기에 상대가 알파고를 이기기 위해서 최선의 방법으로 돌을 둘 때 매우 낮은 확률로 돌을 착수할 자리였기 때문입니다. 하지만 결국 알파고의 분석과는 다르게 78수 이후 이세돌 9단이 승기를 잡았고, 그 뒤로 정상적인 판단이 불가능한 알파고는 이상한 위치에 돌을 두다 항복을 하였습니다. 결국 AI의 능력과 한계를 동시에 보여준 경기가 되었습니다. 저는 이 한계에 초점을 맞추려고 합니다. 바둑은 수많은 경우의 수가 있더라도 결국 하나의 규칙 내에서 이루어지는 스포츠 경기입니다. 하지만 이 경우에도 데이터가 부족하다면 AI는 실수를 범하고, 바로잡지 못해 좋지 않은 결과를 가져오게 되었습니다. 그렇다면 주식은 어떨까요? 주식은 작게는 한국, 넓게는 세계를 대상으로 하는 수많은 기업들과 사람들 사이의 거래로 이루어지고, 이 주식에 영향을 주는 요인들은 셀 수도 없이 많습니다. 경기와는 다르게 규칙 없이 발발하고 어떤 식으로 영향을 줄지는 아무도 알 수 없습니다. 그렇다면 주식 AI의 데이터에 없는 문제가 발생한다면 어떻게 될까요? 주식 AI는 처음 보는 데이터로 인해 근거 없는 판단을 할 것이고, 그 판단으로 인해 손해를 볼지 이익을 볼지는 결과를 보기 전까지 아무도 알 수 없습니다. AI조차도 정확하게 판단할 수 없습니다. 최악의 경우 막대한 손해를 끼칠 것입니다. 제일 큰 문제는 이렇게 판단하여도 따로 바로잡을 수 있는 장치나 방법이 없습니다. 손해를 보아도 AI가 판단하기에는 최선의 방법이니 따라야 하며, 그 뒤의 투자는 꼬리에 꼬리를 무는 AI의 실수가 이어질 것입니다. 앞서 설명했듯이 주식은 실시간으로 변화하는 시장입니다. 시대에 따라, 사건 및 사고에 따라 유망한 업종이 자주 바뀌고 그에 따른 주가 또한 실시간으로 변동됩니다. 결국 과거 데이터의 의존도가 높은 만큼 데이터가 부족하고 예측이 불가능한 주식은 AI의 판단만으로는 정확하다고 볼 수 없습니다. AI의 첫 오판과 그에 따른 연쇄 작용으로 지속된 오판을 하게 된다면 경기에서 항복을 선언한 알파고와 유사하게 주식 시장에서 막대한 손실을 볼 것입니다. 이 경우 주식 투자는 실수에 대한 즉각적인 피드백과 판단이 가능한 사람이 데이터의 분석으로 판단하는 AI보다 훨씬 유리하다고 생각합니다.

아버지께 주식 AI를 따라하다가 손해를 본 제 이야기를 들려드렸습니다. 그러자 아버지께서는 웃으시면서 말씀하셨습니다. "AI가 주는 정보가 다 정확하다면, AI 쓰는 사람은 모두 부자 되게? 그렇게 된다면 AI를 안 쓸 사람이 어디 있겠어? 다 AI 쓰고 다 부자 되겠지." AI는 인간이 쉽게 계산하지 못하는 영역까지 계산할 수 있고, 많은 데이터를 분석하여 최선의 선택을 할 수 있다는 장점이 있습니다. 실생활에 적용한다면 많은 부분에서 도움을 받을 수 있다는 것은 분명합니다. 그렇기에 현재 이 공계에서 가장 화제가 되고 있는 분야이고, 그만큼 미래 산업을 이끌어 나갈 힘이 있는 강력한 기술이라고 생각합니다. 그렇지만 분명히 AI가 대체할 수 없는 분야 또한 존재합니다. 특히 과거의 데이터를 통해 분석하기 때문에 미래를 예상할 수 없는 경우 그 한계가 더욱 잘 드러나게 됩니다. 그렇기에 AI가 절대적인 영향력을 행사할 수 없는 영역이 있고, 이에 대표적인 사례로 주식이 있습니다. 주식은 사람도 AI도 예상하지 못합니다. 주식을 통해 이익을 얻기 위해서는 정확한 정보력, 빠르게 문제에 대처하고 실수를 바로잡을 수 있는 순발력이 중요합니다. 저는 단순히 주식 AI 서비스 사용 금지를 주장하는 것이 아닙니다. 주식 AI를 사용하되 오로지 AI가 제공해주는 정보에 의존하기보다 AI의 정보와 스스로 가 찾은 정보를 종합하여 투자를 하는 것이 현시대의 가장 현명한 투자 방법이라고 생각합니다.

제5부

세상만사, 과학과 함께

허준영 김현범 이동규 박해준 신동찬 정찬영 조은송

통계학과 우리 생활

수리과학과 19학번 허준영

여기 두 가지 도박이 있습니다. 두 도박 모두 앞면과 뒷면이 나올 확률이 같은 동전을 사용합니다. 첫 번째 도박은 동전을 한 번 던져서 앞면이 나오면 100원을 얻고, 뒷면이 나오면 100원을 잃습니다. 당신은 이 도박을 한 번 할 때 얼마를 걸 것 같습니까? 많은 사람은 0원이라고 할 것입니다. 왜냐하면 한 판 했을 때 얻을 돈의 기댓값이 $(+100)\times1/2+(-100)\times1/2=0$원이기 때문입니다. 그럼, 다음 도박을 봅시다. 두 번째 도박은 동전이 앞면으로 연속해서 나온 횟수에 따라 돈을 얻습니다. 처음 동전을 던졌을 때 뒷면이 나오면 1원, 처음은 앞면이 나오고 그 후에 뒷면이 나오면 2원, 앞면이 두 번 나오고 뒷면이 나오면 4원, 앞면이 세 번 나오고 뒷면이 나오면 8원. 이처럼 앞면이 한 번 더 나올 때마다 얻는 돈이 두 배가 됩니다. 이 도박을 한 번 할 때 1억 원을 내야 한다고 하면, 당신은 이 도박을 할 것입니까? 많은 사람은 하지 않을 것입니다. 이는 되게 흥미로운 일입니다. 왜냐하면 첫 번째 도박에서처럼 기댓값을 계산해보면 1×

$1/2+2\times1/4+4\times1/8+8\times1/16+\cdots=1/2+1/2+1/2+1/2+\cdots$ 으로, 한 판 했을 때 얻는 돈의 기댓값이 무한대이기 때문입니다.

위 두 도박에 대한 사람들의 견해차는 무엇에서부터 온 것일까요? 분명 첫 도박에서는 기댓값으로 계산해서 판단했는데, 두 번째 도박에서는 그렇게 하지 않는 이유는 무엇일까요? 답은 간단합니다. 우리가 가진 돈이 한정되어 있어, 할 수 있는 도박의 횟수도 한정되어 있기 때문입니다. 기댓값이라는 것은 우리가 도박을 무한히 할 수 있을 때 진정한 의미가 있습니다. 예컨대 어떤 도박에서 얻는 돈의 기댓값이 1원이라는 것은 도박을 1,000번 했을 때 대강 1,000원을 벌 것이라는 정보를 주는 것이지, 그 도박을 10번 했을 때 대강 10원을 벌 것이라고 보기는 힘들다는 것입니다. 하지만 위 문단의 두 번째 도박은 우리가 엄청난 부자가 아닌 이상, 많아야 몇 번 할 수 있을 것입니다. 그 몇 번 안에 많은 돈을 얻을 가능성이 작으므로, 결국 많은 경우 이 도박을 한다면 파산에 이르게 될 것입니다. 우리는 은연중에 이런 생각을 해서 이 도박을 하지 않는 것입니다.

이 도박에 관한 예시로 우리가 얻을 수 있는 교훈은 통계학적 지식, 특히 기댓값은 시행 횟수가 많을 때만 의미가 있다는 것입니다. 여기서 조심해야 할 것이 있습니다. 우리는 통계학적 지식으로 동전을 100번 던졌을 때 앞면이 대강 50번, 뒷면이 대강 50번 나올 것을 알고 있습니다. 하지만 동전을 99번 던졌을 때 앞면이 99번 나왔다면, 그다음에 동전을 던졌을 때 '이번에는 꼭 앞면이 나올 거야'라고 생각하기에 십상입니다. 이렇게 생각하는 것을 도박사의 오류라고 합니다. 하지만 이는 잘못된 생각이고, 그 전 99번에 동전이 어떻게 나왔든지 간에 동전이 조작되어 있지 않은 한 앞면이 나올 확률이 절반, 뒷면이 나올 확률이 절반입니다. 통계학적 지식이 시행 횟수가 많을 때 의미가 있다는 것이, 과거의 많은 시행 횟수가 미래를 보장한다고 생각하면 안 된다는 것입니다. 단, 통계학적 기법으로 과거의 자료로 미래를 예측하고자 할 때는 예외인데, 이는 나중에 논하도록 하겠습니다.

통계학적 지식이 시행 횟수가 많을 때만 의미가 있다는 말은, 시행 횟수가 적을 때는 통계학적 지식을 과신하지 않고 조심해야 한다는 것입니다. 조금 풀어 말하자면, 어떤 투자의 기댓값이 아무리 좋아도, 그 투자를 한 번 했을 때 파산할 가능성이 크다면, 그 투자는 좋은 투자라 하기 힘들다는 것입니다. 그래서 중요한 것이 위험 회피 수단, 영어로 헷지 수단입니다. 기댓값이 조금 작아지더라도, 파산할 가능성을 낮추는 것이 바람직합니다.

이런 생각은 의외로 우리 생활 깊숙이 들어와 있습니다. 대표적인 예시가 보험입니다. 보험을 들면 통계적으로는 손해입니다. 보험을 들었을 때 보상받을 돈의 기댓값보다 보험료가 더 크게 책정되기 때문입니다. 하지만 이를 알고도 우리는 보험에 가입합니다. 그 이유가 바로 시행 횟수가 적어서 생기는 위험을 회피하기 위함입니다. 풀어 말하면, 우리가 인생을 무한히 살아가는 것이 아니고, 길어야 100년 안팎을 살아가기 때문에 돈이 많이 드는, 예를 들면 암 발병과 같은 일을 상쇄시켜줄 무언가가 필요한 것이고, 이것이 바로 보험입니다.

그럼 반대로, 보험 회사는 이 위험을 무릅쓰고 보험 계약을 체결하는 이유가 무엇일까요? 극단적으로, 어느 날 갑자기 모든 사람이 암에 걸려서 암 보험을 파는 회사가 망하지는 않을까요? 여기서 우리 교훈을 조금 다르게 생각할 필요가 있습니다. 통계학적 지식이 시행 횟수가 많을 때만 잘 맞는다는 것은, 어찌 되었든 시행 횟수가 많으면 통계학적 지식이 잘 맞는다는 것입니다. 이를 '큰 수의 법칙'이라고도 합니다. 결국 보험은 통계적으로 보험 회사 쪽이 이득을 보게끔 보험료가 책정되기 때문에, 큰 수의 법칙에 따라 보험회사도 매우 높은 확률로 이득을 볼 수 있는 것입니다. 결국 우리 교훈에 비추어 보면 보험은 피보험자도, 보험 회사도 서로 다른 의미로 이득을 보는 훌륭한 상품입니다.

우리 교훈이 조금 다른 의미로 적용되는 분야도 있습니다. 바로 파생 상품입니다. 시행 횟수가 적을 때는 위험 요인을 생각해야 한다고 했습니다. 그러면 이 위험 감당을 돈을 대가로 대신 감당해 줄 사람을 구할 수는 없겠느냐고 생각할 수 있습니다. 이 생각에서 비롯된 것이 파생 상품입니다. 조금 복잡한 예를 하나 들겠습니다. 투자자 철수가 높은 확률로 A사의 주가가 오른다는 것을 안다고 합시다. 그러면 철수는 A사의 주가를 살 것입니다. 그런데 만에 하나 A사가 부도가 나게 될까 봐 철수는 걱정이 됩니다. 이럴 때 철수는 '풋 옵션'이라는 것을 사면 됩니다. 풋 옵션이란, 미래에 일정 수준 이상으로 주가가 하락하면, 그 하락분에 비례하여 돈을 받는 계약입니다. 따라서 풋 옵션을 사면 A사가 부도가 나더라도 철수는 풋 옵션을 통해 벌어들이는 금액이 있으니 파산하지 않게 됩니다. 대신 A사의 주가가 철수의 예측대로 상승한다면, 철수가 얻는 수익은 풋 옵션을 구매한 비용만큼 감소하겠죠. 철수는 시행 횟수가 적은 데서 생기는 위험을 비용을 지불하여 회피한 것입니다. 이런 측면에서 파생 상품을 보험과 같이 위험 회피 수단이라고도 볼 수 있습니다.

하지만 파생 상품은 보험의 경우와 상황이 좀 다릅니다. 보험의 경우, 보험을 판 보험사는 거의 확정적으로 이익을 얻습니다. 큰 수의 법칙에 따라서 말이죠. 반면 철수에게 풋 옵션을 판 사람의 처지를 생각해보겠습니다. 이 사람은 A사 주가가 오르거나, 조금만 내리더라도 풋 옵션의 가격만큼 이득을 봅니다. 하지만 A사의 주가가 많이 내려가면 이 사람은 손해를 크게 보게 됩니다. 여기서 큰 수의 법칙 같은 것은 적용되지 않습니다. A사 주가 하나만 관련이 있기 때문이죠. 따라서 철수에게 풋 옵션을 판 사람은 시행 횟수가 적은 데서 생기는 위험을 돈을 받고 철수 대신 감당하는 것입니다. 돈을 받는 대신 위험도 같이 받은 것이죠.

여기서 머리를 한번 굴려봅시다. 큰 수의 법칙이 적용이 안 되어 위험이 생긴 것이라면, 큰 수의 법칙을 적용할 방법이 있진 않을까? 답은, 있습니다. 다양한 주식들에 대한 풋 옵션을 판매하는 것입니다. 풋 옵션의 기댓값을 계산해보았을 때 풋 옵션을 판매하는 것이 이득이라면, 서로 연관이 별로 없는 주식들에 대한 풋 옵션을 같이 판매하면, 한 주식이 크게 떨어져서 그 주식의 풋 옵션에서 크게 손해를 보더라도 다른 풋 옵션으로 만회를 할 수 있게 됩니다. 큰 수의 법칙 때문에 위험이 감소하게 되는 것이죠. 그냥 단순히 다양한 풋 옵션을 판매하는 것으로 할 수도 있고, 세트 메뉴처럼 여러 풋 옵션을 한데 묶어 하나의 새로운 파생 상품을 만들어 판매하는 것도 가능할 것입니다.

자, 보험은 우리 생활에 밀접히 연관되어 있는데, 갑자기 우리 삶과 동떨어져 있는 파생 상품 이야기가 왜 나왔나 궁금하셨을 겁니다. 놀랍게도 파생 상품 또한 우리 생활에 큰 영향을 끼쳤습니다. 2008년 금융 위기를 초래한 리먼 브라더스 사태가 파생 상품 때문에 일어났기 때문입니다. 이 사태의 전개는 다음과 같습니다. 주택 담보 대출을 은행의 처지에서 생각해봅시다. 은행으로서는 돈을 빌린 채무자가 혹시라도 대출을 갚지 못할까봐 걱정될 겁니다. 비록 주택 담보라는 하나의 안전장치가 있지만, 주택 가격이 낮아지면 돈을 완전히 회수하지 못할 위험이 있습니다. 특히 저신용자에 대한 주택 담보 대출이면 더더욱 그렇겠지요. 그래서 은행은 저신용자를 대상으로 한 주택 담보 대출에 대한 보험이라고도 할 수도 있고, 파생 상품이라고도 할 수 있는 주택 저당 증권이라는 금융 상품을 만들어내게 됩니다. 은행이 일정 비용을 내는 대신에, 혹시 채무자가 돈을 갚지 못하고 주택 가격이 내려가서 은행이 보는 손해 일부를 이 거래를 한 대상이 대신 메꾸어야 하는 상품을 만든 것입니다.

그런데 여기서 멈출 금융 시장의 사람들이 아닙니다. 사람들은 우리가 앞서 한 논의와 같이 머리를 굴려 큰 수의 법칙을 적용하고자 했습니다. 많은 저신용자에 대한 주택 저당 증권을 한데 엮어 새로운 주택 저당 증권을 만든 것입니다. 1억을 한 사람에게 빌려주는 것은 위험하지만, 100만 원씩 100사람에게 빌려주는 것은 별로 위험하지 않다는 것입니다. 큰 수의 법칙에 근거해 보아도 타당한 주장입니다. 하지만 사람들이 간과한 것이 하나 있습니다. 풋 옵션 이야기를 할 때 저는 '서로 연관이 별로 없는' 풋 옵션들을 한데 묶어야 한다고 했습니다. 한 풋 옵션에서 손해가 크게 났을 때 다른 풋 옵션들도 크게 손해가 나는 구조라면, 여러 풋 옵션을 묶어서 위험을 줄인 의미가 없게 되는 것입니다. 하지만 안타깝게도 주택 저당 증권이 그런 구조를 가졌습니다. 경기가 안 좋아지고, 주택 가격이 내려가게 되면 모든 주택 담보 대출과 주택 저당 증권이 위험해지게 됩니다. 실제로 2008년 경기 침체 때문에 주택 담보 대출을 갚지 못하는 사람들이 속출한 데 더해 주택 가격까지 하락하였습니다. 따라서 은행과 주택 저당 증권 거래를 한 회사들이 물어내야 할 액수가 천문학적이었습니다. 그중 한 회사인 리먼 브라더스 사의 경우 부채가 무려 6,130억 달러까지 늘어나 파산을 면치 못했고, 이로 인해 금융 위기가 시작되었습니다. 우리 교훈에서 한 단어를 추가할 때가 되었습니다. 통계학적 지식은 '독립적인' 시행 횟수가 많을 때 잘 맞습니다. 여기서 '독립적인'은 '서로 연관이 별로 없는'과 같은 의미로 보면 됩니다.

통계학적 지식을 가장 잘 사용했다고 볼 수 있는 영역 하나를 소개하고 이 이야기를 끝마치려 합니다. 바로 여론 조사입니다. 통계학적 지식은 독립적인 시행 횟수가 많을 때 잘 맞는다고 했는데, 여론 조사야말로 독립적인 시행을 많이 하기에 좋습니다. 무작위로 한 사람을 골라서 질문을 했을 때 얻는 답이 무작위로 다음 사람을 골라서 질문을 했을 때 얻는 답과 연관이 없기 때문입니다. 동전을 던졌을 때 앞면이 나오든 뒷면이 나오든 그 다음번 던졌을 때 앞면이 나올 확률이 절반, 뒷면이 나올 확률이 절반인 것처럼 말이죠. 그런데 문제가 있습니다. 이제까지처럼 통계학적 지식을 사용하려면 사람들이 질문에 대해 무슨 답을 할 확률이 얼마, 무슨 답을 할 확률이 얼마인지를 알아야 합니다. 하지만 우리는 그 확률을 모르고, 사실 그 확률이 얼만지를 알아내기 위해 여론 조사를 시행하죠.

여기서 도박사의 오류와는 정반대의 상황이 나타납니다. 동전을 99번 던졌을 때 모두 앞면이 나와도 그 다음번 던졌을 때 앞면이 나올지 뒷면이 나올지는 모르지만, 사람 99명에게 어떤 것을 물었을 때 1이라는 답을 얻었다면 다음 사람에게 물었을 때 1이라는 답을 얻을 가능성이 크다는 것이죠. 이 두 경우가 다른 이유는 시행을 보는 관점이 다르기 때문입니다. 동전 던지기의 경우에는 우리가 확률을 이미 알고, 시행은 단지 그 확률에 따라 일어나는 사건에 불과합니다. 하지만 여론 조사의 경우에는 확률을 모르는 상태인데, 시행이 그 모르는 확률에 의해 일어나기 때문에 시행의 결과로부터 확률을 추정해야 하는 겁니다.

그런데도 다행히 여론 조사는 많은 독립적인 시행을 하므로, 통계학적 기법을 적용할 수 있습니다. 하지만 근본적인 확률을 모르기 때문에 부정확성이 있을 수밖에 없고, 주로 여론 조사에서 사용되는 부정확성에 대한 척도가 바로 신뢰 수준입니다. 여론 조사에 관한 기사를 읽으면, "95퍼센트 신뢰 수준에 표본 오차 3.1퍼센트 포인트"와 같은 구절을 읽을 수 있습니다. 이 구절이 뜻하는 바는 같은 여론 조사를 100번 하면, 95번의 경우에는 여론 조사 결괏값 위아래로 ±3.1퍼센트 포인트 내에 참값이 있다는 겁니다. 다르게 말하면, 이번 여론 조사의 결괏값이 50퍼센트였을 때, 95퍼센트의 확률로 참값이 46.9퍼센트와 53.1퍼센트 사이에 있다는 것입니다. 여론 조사의 표본 수를 증가시키면, 큰 수의 법칙에 따라 이 확률을 97퍼센트, 99퍼센트 혹은 그 이상으로도 증가시킬 수 있습니다. 하지만 엄청 많은 사람에게 여론 조사를 하는 것은 불가능하므로, 대한민국 국민이나 유권자를 대상으로 하는 설문 조사는 수천 명 선에서

도달 가능한 95퍼센트 신뢰 수준을 사용하는 것입니다.

이처럼 '통계학적 지식은 독립적인 시행 횟수가 많을 때 잘 맞는다'라는 통계학의 기본 원칙은 여러 방면에서 우리 생활을 꿰뚫고 있습니다. 인류는 보험이나 파생 상품, 여론 조사 등 다양한 곳에 이 정신을 다양한 방법으로 응용하였으나, 적절치 못하게 응용한 경우, 금융 위기와 같은 큰 사건을 촉발하기도 했습니다. 영국의 소설가 겸 문학 비평가인 허버트 웰스는 다음 명언을 남겼습니다. "오늘날에는 통계적 방법에 대한 기초적인 훈련이 읽기와 쓰기만큼이나 모든 사람에게 필수적인 것이 되고 있다." 학창 시절 '이런 거 왜 배우냐'는 생각이 들 법한 내용이지만, 통계학의 원칙 자체는 현대 사회의 근간 중 일부를 이루고 있습니다. 이 원칙을 잘 생각하고, 응용할 수 있을 때 적절히 응용하면 바람직할 것입니다.

2000년생 진OO(秦OO) 씨, 불로초를 탐하다?

신소재공학과 15학번 김현범

"건강하게 오래오래 사세요." 웃어른을 만나면 흔히 건네는 인사말이다. 이 말을 듣기 싫어하는 사람은 찾기 힘들 정도로 서로 기분이 좋아지는 덕담이다. 그도 그럴 것이 무병장수는 인류의 오랜 염원이기도 하기 때문이다. 대표적인 예가 진시황이다. 먼 옛날 진시황은 불로장생을 위한 불로초를 찾는 데 혈안이었다. 오죽하면 불로초를 찾아 제주도와 일본까지 탐사단을 보냈다는 기록이 있을 정도이다. 그 열정은 지금도 다르지 않다. 텔레비전을 틀면 몸에 좋다는 식재료와 생활 습관을 소개하는 프로그램을 심심치 않게 볼 수 있고, 프로그램에서 소개된 것들은 항간에서 인기 상품으로 화제를 모은다. 사람들은 각종 건강 보조제와 영양제를 섭취하며 건강을 끔찍이 생각하는 모습을 보이기도 한다. 그런 지극정성이 통한 것일까? 지금 인간은 기대수명 100세를 눈앞에 둔 채 불로장생의 꿈에 한 발 더 다가섰다.

사실 건강하고 오래 사는 삶은 이러한 지극정성보다는 의료 기술과 과학의 발전을 통해 이루어졌다. 화학과 생물학의 발전으로 약과 백신을 개발해 여러 질병을 통제할 수 있게 되었고 유전병과 불치병을 정복하는 중이다. 전자 공학과 화학, 소재 공학의 발전은 첨단 진단 장비를 낳았고 이를 통해 사전에 병을 찾아내어 적절한 치료를 제공할 수 있게 되었다. 이뿐만 아니라 전산학과 수학, 인공 지능은 효율적인 진료 시스템 구축과 새로운 질병에 대비할 모델링에 활용된다. 우리는 이번 코로나19 사태에서 과학 기술의 진가를 확인했다. 이 모든 것이 효과적인 방역 체계를 구성하였고 백신 개발을 가능케 했다.

하지만 건강 증진에 힘쓰는 과학과 의료계의 발목을 잡는 것이 있다. 과학이라는 이름을 빌려 사람을 유혹하지만 실제로는 아무런 효과가 없거나 오히려 해로운 영향을 주는 것 즉, 유사 과학이다. 유사 과학은 과학적 방법론에 입각한 연구나 증명과는 관련 없는 것을 마치 과학적으로 입증된 사실인 마냥 기만하는 것을 말한다. 유사 과학은 생각보다 우리 가까이에 있다. 게르마늄 건강 팔찌나 음이온 공기 청정기, 체했을 때 손을 따는 행위, 선풍기를 틀고 자면 죽는 괴담 등이 그 예이다. 내 나름 공학도로서 과학적인 사고로 무장한 생활에 자부심을 품고 살지만, 유사 과학은 나도 모르는 사이 자연스럽게 생활 곳곳에 스며들어 있었다. 체할 때마다 손을 따고, 선풍기를 틀고 방문을 닫지 않는 나를 볼 때마다 그를 실감한다.

특히 유사 과학은 사람의 민감한 부분을 잘 파고든다. 인간의 오랜 염원이자 중국 천하를 통일한 사내도 얻지 못한 것, 바로 건강이다. 유사 과학을 통해 건강을 유지할 수 있다는 유혹은 너무나 달콤해 쉽게 빠져

든다. 해프닝으로 웃고 넘길 수도 있겠지만, 과학이 그동안 인간의 불로장생을 위해 쌓아온 금자탑을 야금야금 갉아먹는다는 점에서 항상 유의할 필요가 있다.

유사 과학이 얼마나 위험한지 알 수 있는 예가 있다. 2018년 사회를 후끈 달아오르게 만든 라돈 방사능 침대 사건이다. 이 사건은 침대 매트리스에서 다량의 방사성 물질인 라돈이 검출되면서 논란이 되었다. 노곤한 하루를 달랠 안식처로 여겨졌던 침대에서 방사성 물질이 검출되었다는 것은 세간의 이목을 끌기에 충분했다. 잠자는 동안 방사능 마사지를 받았다고 생각하면 끔찍하다. 매트리스 제주 과정에 무엇을 넣기에 방사선이 검출되는 것일까? 매트리스라고 하면 스프링 지지대와 내부 충전제, 겉의 패브릭이 전부일 텐데 도대체 방사선이 어디서 나올 수 있을까? 그 정답은 음이온 파우더에 있었다. 매트리스 회사에서는 건강에 좋다는 음이온 파우더(모나자이트라는 희토류를 포함하는 광물의 파우더)로 침대를 코팅했다. 바로 그 음이온 파우더에서 방사성 물질이 검출된 것이다. 음이온 공기 청정기와 음이온 필터 등등을 많이 들어보았을 것이다. 깨끗하고 정화의 용도로 쓰이는 제품과 꼭 함께 쓰여 몸에 좋을 것만 같은 음이온이 방사선의 원인인 것이 의아할 수 있다. 그렇지만 음이온의 정의와 모나자이트에서 라돈이 만들어지는 과정을 알면 전혀 이상하지 않은 사건이었다.

음이온은 원자가 이온화 과정을 거쳐 전자를 얻어 음전하를 띤 상태를 의미한다. 음이온 자체는 불안정하여 혼자 존재하지 않고 주변의 양이온(전자를 빼앗긴 상태, 양전하를 띰)과 결합을 한다. 기초적인 화학 지식만 있으면 충분히 알 수 있는 개념이지만 유사 과학은 이 틈을 비집고 들어왔다. 음이온을 다량으로 몸에 쐬면 건강에 좋다는 주장을 펼치기 시작한 것이다. 어떤 종류의 음이온을 얼마나 쐬어야 하는지에 대한 설명 없이 그저 음이온을 찬양할 뿐이다. 유사 과학은 음이온이 공기를 정화하고 호르몬 분비를 활성화하며 신진대사 활성화 등에 좋다는 근거 없는 주장을 늘어놓는다.

이 허술하고 형편없는 주장에도 다수의 신봉자가 생기기 시작한다. 그러면서 음이온은 좋은 물질이라는 속설이 만들어졌다. 놀랍게도 이 속설은 근 20년이 넘는 세월을 풍미하게 된다. 건강 제품을 만드는 회사들은 소비자의 관심을 끌기 위해서 음이온이 나오는 제품을 만들어야 했고 그 결과 음이온 제조에 관한 여러 특허와 기술들이 난무하게 되었다. 모나자이트를 이용한 음이온이 나오는 파우더 역시 그중 하나다. 모나자이트가 들어간 파우더는 라돈 기체를 만드는 기폭제가 된다. 방사성 물질인 라돈이 생성되며 알파선이 방출된다. 이 알파선은 방사선의 일종이다. 더 엄밀히 말하면 알파선은 헬륨 원자핵으로 음이온도 아닌 양이온이다. 혼란스럽기 그지없다. 쉽게 정리하면 다음과 같다. '소위 몸에 좋다는 음이온이 나오는 물질을 만들기 위해서 라돈이라는 방사성 물질을 만들었고 그 부산물인 알파선(방사선)을 음이온(사실은 양이온)이라고 속였다.'

애초에 말도 안 되는 '음이온 건강 물질' 주장을 위해서 방사성 물질을 만들었다는 사실은 꽤 충격적이다. 음이온의 정체와 진실을 모두가 알았더라면 이러한 문제는 없었을지도 모른다. 이렇게 한 시대를 풍미한 속설은 모두에게 상처를 주는 사건을 만들었고, 결국 라돈이 검출된 매트리스는 전량 폐기되었다. 하지만 라돈 침대의 정확한 내막을 모르는 사람들은 아직도 방사성 물질, 방사선과 음이온을 끝내 연결하지 못했을 것이다. 지금도 '음이온 건강 물질' 유사 과학은 사라지지 않고 어딘가를 배회하며 기회를 노리는 중이다.

다른 예시로는 이름과 모습만 봐도 어처구니없는 '코고리 마스크'가 있다. 코뚜레처럼 생긴 플라스틱 고리를 걸면 코로나 바이러스는 물론이고 미세 먼지와 전자파까지도 차단된다고 광고했었다. 만약 이것이 사실이라면 발명가에게 당장 노벨상을 주어야 마땅할 것이다. 그러나 코에 거는 플라스틱 고리는 한낱 플라스틱 쓰레기에 불과하다. 코고리 마스크는 앞서 말한 음이온에 더해 '원적외선'을 방출하기에 몸에 좋고 유해 물질을 차단한다고 주장했다. 원적외선, 유사 과학이 만들어낸 또 다른 괴물이다. 원적외선 만능설은 게르마늄 팔찌와 함께 퍼진 속설로, 게르마늄에서 나오는 원적외선이 혈액 순환과 피로 회복을 돕는다는 내용이다. 하지만 이 역시도 원적외선의 정의를 정확하게 알면 거짓임을 알 수 있다.

원적외선은 전자기파(빛)의 한 종류로 적외선 밖의 전자기파, 즉 파장이 매우 긴 전자기파를 이른다. 파장이 길면 에너지가 낮아 화학적, 생물학적 반응을 일으키지 못한다. 그냥 열일 뿐이고, 그마저도 고작 몇 밀리미터 하는 피부조차 못 뚫는다. 이러한 원적외선이 몸에 전달되어 혈액 순환과 피로 회복을 도울 수나 있을까? 그리고 무엇을 가져온다 한들, 따스하게 내리쬐는 햇볕보다 나은 원적외선 공급처가 있을까? 원적외선과 음이온 등의 혹할 만한 소재를 끌어들여 만든 코고리 마스크 역시 유사 과학의 사기에 불과하다.

코고리 마스크 제조자는 경찰 조사에 더해 많은 조롱을 받았다. 감염병의 예방은 음이온이니 원적외선이니 하는 유사 과학으로 해결할 수 없다. 완벽한 차단을 위해서는 물리적으로 촘촘한 필터와 정전기 필터로 무장한 '과학적' 마스크가 답이다. 하지만 이번 경우는 운이 좋았다고 생각한다. 워낙 코고리 마스크의 외형이 코뚜레를 연상할 만큼 우스웠기에 공론화가 빨리 되었을 것이다. 만일 이 마스크를 만든 사람이 일반 마스크 모양에 원적외선 기능을 더한 '가짜 마스크'를 만들어 팔았다면 결과는 달랐을 것이다. 위험성을 인지하지 못한 채로 그 마스크를 애용하는 사람이 분명 존재했을 터이다. 라돈 매트리스와 비슷한 결말을 맞이했다고 좋아해서는 안 된다. 음이온이 20년 넘게 전해지는 속설로 계속 부활했듯이 원적외선을 이용한 유사과학도 어떤 형태로든 우리 주변에 갑자기 나타나서 위험을 줄지 모른다.

두 예시에서 알 수 있듯 유사 과학은 인간에게 위험 요소를 안겨주며, 인간의 불로장생을 위해서 과학이 맞서 싸워야 할 또 다른 적이다. 다시 진시황의 이야기로 돌아가자. 진시황은 불로초를 찾기 위해 이곳저곳으로 탐사단을 보냈다. 그 수장으로 알려진 사람이 서복徐福으로, 그에 대해 가장 잘 알려진 사실은 다음과 같다. 서복은 처음부터 불로초의 존재를 믿지 않아 진시황의 명령은 헛된 것임을 깨닫고 진시황을 이용하기로 한다. 불로초를 핑계로 막대한 자금을 진시황에게서 뜯어낸 뒤 커다란 배를 타고 여러 곳을 다니며 여생을 유람에 보내며 진시황에게 돌아가지 않았다고 한다. 그 사이 진시황은 불로초를 대신해 신비한 힘을 가진 물이라 여기어진 수은을 마시며 불로장생의 희망을 이어간다. 결국 진시황은 수은 중독일지도 모른다는 우스꽝스러운 사인을 후세에 전하며 객사한다. 불로불사라는 과한 욕심에 스스로 자처한 꼴이지만 무지와 서복에 당한 꼴을 보면 얼마나 안타까운가?

그래도 진시황의 건강히 오래 살고 싶다는 염원은 잘못되었다고 생각하지 않는다. 누구나 꿈꾸는 너무나 당연한 생각이기 때문이다. 이와 같은 생각이 모이고 이어져 왔기에 인간이 지금까지 무병장수의 삶을 추구했고 그로 인해 과학이 이토록 발전하였다고 본다. 진시황의 잘못을 꼽으라면 불로장생을 위해 불로초와 서복을 믿은 것 정도겠다. 여기서 얻을 수 있는 교훈이 있다. 진시황과 같은 실수를 답습하지 않으려면 불로초와 서복, 즉 얼토당토않은 유사 과학과 그 파생품을 조심하면 된다. 유사 과학의 위험성을 인지하고 조심해야 무병장수를 비롯한 인류가 추구하는 가치로 나아갈 수 있다고 본다. 특히, 과학을 업으로 삼을 '카이스트 학생'이 꾸준한 유사 과학 모니터링으로 주위 사람들에게 경각심을 일깨워주는 역할을 한다면 이보다 더 좋을 수 없을 것이다. 물론 스스로가 유사 과학자가 되지 않기 위한 노력도 필요하다.

글을 마치며 우리 구성원 중 한 명의 소식을 뉴스로 접했을 때를 상상해본다.

"2000년생 진 모 씨. 불로초에 관심 보여…… ㈜서복에게 투자의향이 있는 것으로 밝혀져……"

후손들에게 우스꽝스러우면서도 깊은 교훈을 주기에 딱 좋지 않을까? 진시황처럼 시대를 호령한 인물이 아니라면 우습기만 할 수도 있겠다.

그래도 지구는 평평하다

전산학부 17학번 이동규

지구는 정말로 둥글까? 9.11 테러는 조작되었나? 미국 정부를 조종하는 딥 스테이트의 배후는 누구인가? 히틀러는 죽지 않고 남극으로 도망쳤나? 지구온난화는 조작인가? 달 착륙은 조작인가? 코로나 백신에는 사람들을 조종하기 위한 정부의 마이크로 칩이 들어있나? 대부분은 이런 주장을 하는 사람들을 무시하거나 비웃는다. 하지만 이런 사람들은 의외로 우리 주변에 많다. 미국 기준으로 지구가 평평하다고 믿는 사람들은 2퍼센트, 태양이 지구를 돈다고 믿는 사람들은 무려 25퍼센트다. 코로나가 통신사의 5G 기지국을 통해 전파된다고 믿는 사람들의 항의 시위가 있었던 것이 불과 작년인 것을 보면, 인류가 달에 다녀오고 소아마비를 정복한 지 50년이 지났지만, 아직도 비과학적인 음모론들은 어디선가 계속해서 만들어지고 있는 것 같다.

넷플릭스 다큐멘터리 〈그래도 지구는 평평하다〉는 이러한 음모론과 유사 과학을 믿는 사람들의 이야기를 다룬다. 주인공인 마크 서전트는

40대의 나이로 일정한 직업 없이 엄마 집에 얹혀 살고 있다. 그의 일과는 음모론 분석으로 지구 평면 운동 뛰어들기 전에는 로즈웰과 51구역, 예수회와 비밀 결사, 로스차일드가나 렙틸리언이라는 파충류 인간들에 대한 가설들을 다뤘다. 처음 지구 평면설을 접한 마크는 바닷가에 가서 수평선을 보고 실제로 지구가 평평하다고 느꼈다. 집에 돌아온 그는 여러 자료를 찾아보고 유튜브에 짧은 영상 하나를 올린다. 제목은 '지구가 평평하다는 증거'. 그가 올린 영상이 5개가 되기도 전에 그는 지구 평면설 사회의 스타가 된다. 구독자와 댓글이 늘고, 관련 팟캐스트에 출연 요청을 받으며, 심지어 밖에서 그를 알아보는 사람도 생긴다. 이성에게 인기가 없던 그는 지구 평면설 덕분에 예쁜 여자친구도 만들 수 있었다.

다큐멘터리 후반부에 나오는 '평평한 지구 국제 컨퍼런스'에서도 다양한 지구 평면설 지지자들이 나온다. 평범하게 "지구는 평평하다"는 티셔츠를 나눠주는 사람부터, 거대한 돔이 평면 지구를 감싸고 있는 모형을 전시하는 사람, 수제 '평면 지구 오토바이'를 가지고 온 사람도 있다. 사람들은 컨퍼런스에 와서 평면 지구에 대한 자신들의 생각을 나누고 그들의 주장을 증명해줄 실험에 관해 이야기한다. 컨퍼런스에 참가한 인원수도 내 생각보다 훨씬 많았는데, 미국인의 2퍼센트만 해도 800만 명이 넘는 것을 생각해보면 이해가 가기도 했다.

먼저 그것을 보고 처음으로 든 생각은 '어떻게 이렇게 많은 사람들이 지구가 평평하다는 믿음을 널리 공유할 수 있었을까?'였다. 1970년대였다면 주인공 마크가 지구가 평평하다고 이야기할 수 있는 대상은 어머니와 동네 술집 사람들 몇 명이 끝이었을 것이다. 하지만 SNS와 유튜브가 있는 세상에서, 마크는 다른 마을에 사는 또 다른 '마크'들과 접촉할 수 있었다. 이러한 시간적, 공간적 제약을 해소할 수 있는 정보기술의 발전과 더불어 SNS의 특성이 사람들을 끌어모으는 것을 가능하게 했다. 바로 사용자 맞춤 기능이다. 페이스북과 유튜브는 사용자가 검색한 기록이나 주제, 상호작용한 사람들 등의 정보를 이용해서 사용자가 좋아할 만한 (정확히 말하면 좀 더 클릭할 가능성이 높은) 게시물을 먼저 보여준다.

만약 어느 날 어떤 사람이 지구 온난화가 사기라는 생각이 들어 지구 온난화가 거짓이라는 내용의 유튜브 영상을 몇 개 본다면, 유튜브의 검색 알고리즘은 그 사람에게 지구 온난화가 진짜라는 내용의 영상보다 거짓이라는 내용의 영상을 먼저 추천해줄 것이다. 처음 이에 대해 검색했던 사람은 비슷한 생각을 하는 사람들이 올린 영상에 점차 익숙해지고, 자신의 주장과 비슷한 주장을 하는 사람들과만 상호 작용을 하게 된다. 결국 한쪽 주장에만 지속적으로 노출된 이 사람은 확신에 찬 목소리로 지구 온난화는 사기라고 외치고 다닐 수도 있고, 어느 날은 새로운 '지구 온난화 반대 국제 컨퍼런스'에 '지구 온난화는 정부가 만든 거짓말이다!'라고 적혀 있는 티셔츠를 입고 참석할지도 모를 일이다. 인터넷을 이용한 서비스들이 사람들에게 더욱 폭넓고 다양한 정보를 제공하리라는 생각과는 다르게, IT 기업들이 사용하는 사용자 맞춤 알고리즘은 오히려 이용자들에게 매우 제한된 정보만을 접하게 만든다.

거기에 더닝 크루거 효과Dunning-Kruger effect도 이들의 확증 편향을 더한다. 더닝 크루거 효과는 코넬대학교 사회 심리학 교수 데이비드 더닝과 저스틴 크루거가 제안한 이론으로, 특정 분야에 대해 조금 아는 사람은 자신의 지식을 과대평가하는 경향이 있고 반대로 많이 아는 사람들은 자신의 지식을 과소평가하는 경향이 있다는 것이다. 시험공부를 할 때 벼락치기를 하는 학생은 어느 정도 공부가 끝나면 자신이 내용을 다 아는 듯이 느끼지만, 꾸준히 공부해온 학생은 아무리 공부를 해도 부족함을 느끼는 것을 이 효과의 예시라고 할 수 있다. 마찬가지로 유튜브와 인터넷에 떠도는 자료만을 보고, 사람들은 자신들이 마치 다 아는 듯한 기분으로 수년간 그 분야를 연구해온 과학자들이 틀렸다고 말할 수 있는 자신감을 얻게 되는 것이다.

다음으로 다큐멘터리를 보고 놀랐던 점은 이 사람들이 '왜 지구는 둥근가'라는 질문에서 시작했다는 것이었다. 종교적인 신념과 같이 결과를 정해놓고 그 원인을 억지로 끼워 맞추려는 시도가 아니라 단순히 '우리 주변에 있는 것이 궁금해서'라는 과학적 호기심에서 출발했다는 것이 피상적으로만 파악했던 음모론자들의 스테레오타입이 아니어서 흥미로웠다. 왜냐하면 이러한 우리 사회에서 통용되는 '상식'들에 의문을 가지고 왜 그런지 생각해보는 모습이 내 나름 합리적이라고 생각한 나의 모습과 닮았기 때문이다.

실제로도 지구 평면설 공동체의 사람들은 지구가 평평하다는 것을 증명하기 위해 여러 실험을 기획하고 실제로 진행하려고 노력한다. 그들이 주장하려고 하는 것은 신의 섭리나 진리가 아니라 새로운 과학이기 때문이다. 그들은 기존의 과학 공동체가 너무나 교조화되었으며, '과학주의'로 발전되어 하나의 종교적 신념과 같이 되어버렸다고 생각한다. 따라서 자신들의 새로운 '과학'으로 세상 사람들에게 진실을 알리는 것이 자신들의 사명이라고 느낀다. 기존 이론에 의문을 가지고 새로운 의견을 내는 이들의 태도는 전혀 비난할 만한 거리가 아니다. 기존의 생각을 의심하는 것, 그것 자체가 가장 핵심적인 과학의 전제가 아닌가. "지구 평면설을 믿는 사람들이 우리가 생각하는 것처럼 전부 모자라거나 멍청한 사람들이 아닙니다. 오히려 공학도나 교육을 받은 사람들도 존재합니다. 그들이 가진 과학적인 호기심, 기존의 이론을 믿지 않고 자신만의 새로운 가설을 제시하는 능력은 적절한 과학적 배경 지식만 가미된다면 과학계에 큰 도움이 될 겁니다." 다큐멘터리에 나온 한 물리학 교수가 한 말이다.

물론 이들의 탐구 과정이 모두 옳다는 것은 아니다. 다큐멘터리 속에서 지구 평면설 공동체원들은 지구가 평평하다는 것을 증명하기 위해 자이로스코프, 레이저 등 과학적인 도구를 사용해 실험을 진행한다. 하지만 자신들이 생각하는 결괏값이 나오지 않자, 실험 통제가 잘못되었거나 기기에 문제가 있다고 여기며 자신들의 주장을 뒷받침해줄 새로운 실험을 계속해서 설계한다. 결국 기존 과학을 대체하기 위해 세운 결론에 너무 집착한 나머지 우선 결론을 세워놓고 과정을 거기에 맞추려 하는 것이다. 게다가 자신들의 주장에 반대되는 증거들에 대해서는 제대로 된 설명을 내놓지 못해서 유사 과학 세계관의 크기를 끊임없이 키워갈 수밖에 없다. 측정 결과가 이상한 것은 미국 정부에서 기기를 만드는 기업들에 실제와 다른 값을 출력하도록 지시하였기 때문이고, 마찬가지로 달 착륙 사진은 나사가 사람들에게 거짓을 믿게 하려고 조작한 것이라는 설명이 된다. 결국 기존의 이론을 의심한다는 의도는 좋았지만, 결론으로 갈수록 종교적 맹신으로 빠지게 되어버린 셈이다.

사람들이 지구 평면설과 같은 유사 과학에 빠지는 또 다른 이유는 그들에게 소속감과 정체성, 그리고 사명을 주기 때문이다. 이러한 음모론을 믿는 사람 대부분은 공교육에서 가르치는 과학 수업의 내용을 이해하기 힘들어하는 사람들이다. 이들은 평균적으로 교육 수준이 낮고, 그에 따라 저소득 비숙련 일자리에 속하는 경우가 많다. 한마디로 이들은 주류 사회로부터 떨어진 사람들이다. 사회에서 실패자나 별로 중요하지 않은 사람들로 취급되었던 이들은 지구 평면설 공동체와 같은 곳에서 자신과 비슷한 생각을 하는 사람들을 만나며 소속감을 느낄 수 있다. 게다가 이러한 유사 과학은 주류 사회가 틀렸고 자신이 생각하는 지식이 옳으며, 그 사실을 모르는 사람들에 대한 우월감과 자신이 무언가 특별한 일을 하는 사람이라는 정체성을 부여한다. 사람은 누구나 소속감을 느끼고 싶어 하고 그와 동시에 자신이 특별하다는 감정을 원한다. 주류 사회 속에서 느끼지 못하는 이 감정들을 이런 공동체를 통해 해결하는 것이다. 어떻게 보면 종교 공동체가 제공하는 긍정적인 효과와 비슷하게도 보인다. 교회 공동체에 속한 다른 사람들과 상호 작용을 하며 소속감을 느끼고, 절대자에게 은총을 받는 자신의 특별함을 깨닫는 것은 많은 사람들의 삶에 긍정적인 영향을 미친다.

하지만 세속주의와 종교의 수백 년간의 싸움 끝에 과학과 종교의 양립이 대부분 가능해진 것과 달리, 이러한 유사 과학은 과학 그 자체를 불신하고 대체하려는 데에서 과학에 더 큰 악영향을 끼친다. 물론 개인이 어떤 신념을 가지던 그것은 그 사람의 자유이지만, 이러한 유사 과학에 귀를 기울이는 사람들이 많아지고 과학을 불신하는 여론이 퍼지면 정부의 과학 발전 투자가 줄거나 중단되는 등 과학 발전에 심각한 피해를 줄 수 있다. 또, 지구 평면설 같은 경우에는 남들에게 직접적인 피해를 주지 않지만, 음이온 물이나 게르마늄 팔찌와 같이 거의 사기에 가까운 방법으로 이윤을 추구하는 경우도 있고, 백신이 자폐증을 유발한다는 내용과 같은 유사 과학은 사회의 집단 면역을 해쳐 공동체에 큰 피해를 가져올 수 있다.

그렇다면 이러한 유사 과학과 음모론을 멈추기 위해서는 무엇을 해야 할까? 우선 이를 믿는 사람들을 무시하고 비웃는 것을 그만두는 것부터 시작해야 한다. 유사 과학 신봉자나 음모론 신봉자들에 대해 못 배운 사람들이나 멍청한 사람들이라고 욕하는 것은 잠시 기분은 좋아질지 몰라도 근본적인 문제 해결에 도움이 되지 않는다. 모든 종류의 논쟁이 마찬가지이지만, 해당 주제에 대해 다른 두 진영이 싸울 때 한쪽이 다른 한쪽을 무시하거나 경멸하는 것은 상대를 설득하는 것을 거의 불가능에 가깝게 만든다. 상대를 자신이 가지고 있는 근거로 깔아뭉갠다는 태도가 아니라 상대를 이해하고 함께 탐구하고자 하는 태도를 보여야 한다.

다행히도 이러한 유사 과학과 음모론을 믿는 사람들의 사례를 보면 대부분 미국이다. 아마 공교육이 제 기능을 하지 못하는 것과 미국 역사로부터 비롯된 특유의 반지성주의 때문이라고 생각된다. 우리나라는 입시 위주 교육으로 욕을 먹고 있긴 하지만 전 세계적으로 보면 우수한 수준의 공교육과 더불어 전통적으로 학식과 지성인을 대우해준 유교 문화 덕분에 미국에 비해서는 유사 과학을 믿는 사람들의 비율이 높지 않은 것 같다. 하지만 그 덕분에 오히려 이런 비과학적인 주장을 하는 사람들을 무시하고 업신여기는 분위기는 더 강한 듯하다. 이를 고치기 위해서는 앞으로 대한민국 이공계의 선봉인 우리 카이스트 학우들이 같이 노력해야 한다고 생각한다.

다큐멘터리를 보기 전에 나는 남들이 비과학적이고 비논리적인 주장을 할 때마다 짜증이 나면서 그런 주장을 하는 사람들이 한심하다고 느꼈다. 그들을 나와 같은 한 명의 자연에 대한 호기심을 가진 개인으로 보지 않고, 통째로 '멍청한 사람들'로 묶어버린 채 이해하기를 포기했었다. 하지만 어느 정도 이들을 이해하게 된 지금은 안타까울 뿐이다. 우리 사회가 교육 시스템에서 뒤처진 이들을 낙오자로 낙인을 찍어 버린 것이 아닌가 하는 생각이 든다. 다큐멘터리 속 교수의 말처럼 이 사람들을 멍청하다고 비난하는 것은 학교에서 수업 내용을 잘 이해하지 못한 아이가 있을 때 그 아이를 비난하는 것과 같다. 아이가 잘 이해하지 못하면 반성해야 하는 것은 선생님과 학교지 죄 없는 아이가 아닌 것처럼, 우리 과학계와 사회는 어떻게 이들을 데리고 같이 갈 수 있을지 고민해야 한다.

인공 지능은 예술가가 될 수 있는가?

전산학부 20학번 박해준

근 몇 년, 우리 사회를 가장 뜨겁게 달구었던 과학 기술을 꼽으라면 백이면 백 인공 지능을 고를 것이다. 표준국어대사전에 따르면 인공 지능은 인간의 지능이 가지는 학습, 추리, 적응, 논증 따위의 기능을 갖춘 컴퓨터 시스템을 뜻한다. 인공 지능은 빠르게 발전하여 놀라운 성과를 거두고 있다. 5년 전, 나는 아직 사람들이 바둑 인공 지능 알파고에 받은 충격을 기억한다. 인간의 승리를 점쳤던 사람들은 인공 지능의 승리에 좌절하고, 또 환호했다. 다른 한편으로, 바둑계는 알파고로 인해 더욱 발전했다. 사람이 낳은 인공 지능이 다시 사람을 발전시킨 셈이다.

일각에서는 이를 확장하여 인공 지능이 스스로 발전함을 경계한다. 인공 지능이 발전하다 보면 사람이 따라잡을 수 없는 수준에 이르러 어느 순간 현 인류의 지능을 아득히 뛰어넘는 고차원적 인공 지능이 등장한다는 맥락이다. 존 폰 노이만이 처음으로 제시한 이 개념은 '기술적 특이점'이라고도 불린다. 시간에 따른 기술력의 곡선을 그려본다면, 급격한 기울기 변화가 일어나는 점이 기술적 특이점일 것이다.

인공 지능의 발전은 인류에게 마법 같은 과학의 세계를 선사할 것이다. 그러나 영화 〈터미네이터〉에서 드러났듯, 그토록 고도로 발전한 인공 지능이 인류에게 적의를 갖는 순간 인류의 생존을 보장할 수 있을까? 인공 지능의 발전은 경외감을 늘 불러일으킨다. 발전한 인공 지능은 인류를 끌어올리는 날개가 될 수도, 인류를 익사시키는 족쇄가 될 수도 있다. 〈터미네이터〉의 '스카이넷'이 인류를 멸망시키려 했듯.

인공 지능의 미래를 논하는 다양한 소주제와 관점이 존재한다. 일부는 상술했던 〈터미네이터〉의 재앙을 아이작 아시모프의 소설 『아이, 로봇』에서 제시된 로봇 3원칙을 이용하여 반박한다. 이러한 것 중에서도 가장 와닿는 것은 '인공 지능의 한계', 즉 '인간만이 할 수 있는 것'이 아닐까 싶다. 그 답변으로서 가장 먼저 제시되는 것은 예술이다. 흔히들 "인공 지능은 예술가가 될 수 없다"라고 한다. 막연한 인류 찬가에서 벗어나, 이 주제를 정의부터 시작하여 심도 있게 분석하는 것은 인간의 존재 의미를 찾는다는 점에서 꽤 유의미하다.

'예술'은 무엇인가? 정의하기 나름이겠지만 모든 정의를 꿰뚫는 하나의 핵심이 있다면 아름다움을 비롯한 '가치'일 것이다. 그 가치에 감명받아 눈물을 흘리는 사람도, 그 가치를 창조하고파 예술계에 발을 들이는 사람도, 그 가치를 전문적으로 파악하는 사람도 분명 존재하기에, 예술을 가치와 엮어 생각하는 것은 자연스럽다. 이해할 수 없다고 하는 현대 미술조차도 제 나름의 가치를 지니고 있음은 분명하다. 그렇다면 원래의 질문은 다음과 같이 환원된다. "인공 지능은 작품에 예술적 가치를 부여할 수 있는가?" 간단한 사례부터 하나씩 살펴보자. 다만 이야기가 너무 복잡해질 수 있으므로 이후의 논의는 시각 예술을 위주로 진행하도록 하겠다.

우선 인공 지능은 컴퓨터라는 환경적 전제를 요구하므로, 컴퓨터 그래픽스 작업을 단계별로 해체하여 들여다보자. 가장 간단한 예시로 윈도우Windows 기본 프로그램 '그림판'을 켜 사각형을 그리고 채우기 틀로 파란색을 선택하여 사각형 안쪽을 클릭해보자. '흰색 사각형'은 '파란색 사각형'이 되어 있을 것이다. 방금 우리가 사각형 안쪽 영역을 구성하는 픽셀 하나하나를 지정하여 파란색으로 수정하였나? 아니다, 이 일은 컴퓨터가 해주었다. 즉 컴퓨터가 스스로 사각형의 테두리를 인식하여 그 안 모든 픽셀의 색을 바꾸었으므로, 이는 인공 지능이 했다고 말할 수 있을 것이다. 물론 우리가 통상적으로 이야기하는 인공 지능에 비하면 턱없이 낮은 수준이겠지만.

너무 간단한 예시여서 가치를 논할 수조차 없으니, 다음 단계로 넘어가자. 이제 그림판으로 꽤 아름다운 그림을 그렸다고 가정해보자. 물론 굉장히 힘든 작업이겠지만, 우리는 '채우기' 인공 지능을 이용하여 이를 쉽고 간단하게 해냈다. 이제 그림은 보기 좋을 정도가 되어 미적 가치를 지녔다고 할 만하다. 그렇다면 인공 지능은 이 작품에 기여한 '예술가'인가? 대부분 사람은 여기에 '아니오'라고 답변할 것이다. 분명 인공 지능이 작품의 완성에 있어 큰 비중을 차지했지만 '예'라는 답변이 나오지 않았다.

왜일까? '채우기'.인공 지능이 너무 단순해서? 그렇다면 조금 더 고등한 인공 지능을 가져오자. 파워포인트의 '배경 제거' 인공 지능은 주어진 사진에서 특정 오브제를 제외한 사진의 다른 모든 영역을 제거한다. 하늘에 떠 있는 풍선을 넣으면 풍선만 남고 하늘이 사라지는 식이다. 전문 삽화가가 하늘에 뜬 풍선 사진과 '배경 제거'를 이용해서 멋있는 포스터를 만들어냈다. 이는 예술 작품이라고 불릴 만하다. 그렇다면 다시, 인공 지능은 이 작품에 기여한 '예술가'인가? 역시 대부분 사람은 '아니오'라는 답변을 내놓을 것이다. 분명 하늘에 떠 있는 풍선의 테두리를 따라 하늘로부터 분리하는 작업은 어렵고, 인공 지능은 그를 정말 잘 해냈음에도 불구하고 모든 공은 사람에게 돌아간다. 재주는 곰이 넘고 돈은 주인이 받는 꼴이다.

질문으로 되돌아가자. '채우기' 인공 지능과 '배경 제거' 인공 지능이 해당 작품에 예술적 가치를 불어넣은 주체인가? 결론부터 말하자면 아니고, 그렇기에 인공 지능은 예술가가 아니다. 인공 지능이 작업 과정에서 한 일은 단순노동에 불과하다. 물론 단순노동이 모이고 모여 상위 단계가 되고 그 과정에서 가치가 창발적으로 발생했다면 인공 지능을 예술가라고 부를 수 있을 것이다. 예를 들어 무작위로 출력한 1,000글자가 보기 좋은 형태를 구성한다면, 이는 인공 지능이 만들었다고 볼 수 있을 것이다(물론 이런 작동을 인공 지능으로 인정해야 할지는 미지수이다).

그러나 언급된 예시에서 인공 지능은 딱 단순노동 수준에 머물렀다. '채우기'도, '배경 제거'도 결국 인간이 예술적 가치를 불어넣는 데에 사용한 도구에 불과했다. 작품 완성에 큰 비중을 차지했지만, 결정적 공은 인간이 가져갔고 그렇기에 인간만이 예술가가 되었다. 이는 더 좋은 도구를 사용해도 마찬가지이다. Adobe 포토샵엔 편하고 강력한 도구가 많지만, 결국 그를 이용하여 예술적 가치를 불어넣는 것은 인간이다.

다르게 설명해보자. '장인은 도구를 가리지 않는다'는 말이 있다. 평범한 초등학생이 아무리 좋은 작곡 소프트웨어를 사용한다고 하더라도, 피아노와 녹음기만을 가진 전문 작곡가보다 더 예술적 가치가 높은 곡을 지을 수 있을까? 당연히 아닐 것이다. 분명 도구가 작품의 완성도에 영향을 미친다. 하지만 작품에 담긴 가치는 인간이 불어넣기에, 그리고 인간의 실력 차이에서 가치 차이가 비롯하기에, '장인은 도구를 가리지 않는다'라는 말이 많은 사람으로부터 지지받는 것이 아닐까.

그렇다면 인간의 개입 가능성을 차단한 채, 인공 지능 홀로 창작 활동을 하게 내버려둔다면 어떨까? 구글의 엔지니어 알렉산더 모르드빈세프가 개발한 '딥 드림DeepDream'은 신경망을 이용하여 원래 그림이나 사진을 왜곡, 재창작하는 프로그램이다. 이를 이용하면 평범한 강가의 사진도 고흐의 화풍, 뭉크의 화풍 등으로 그려낼 수 있다. 딥 드림은 학습한 방법으로 주어진 입력에 적절한 처리를 가해 원하는 출력을 만들어낸다. 즉, 학습과 입력 외에는 인간의 개입이 없다. 그렇다면 딥 드림은 예술가로 불릴 만한가?

예술가가 아니라는 측에서는 인간이 기존의 데이터로 인공 지능을 학습시켰으므로 인공 지능이 스스로 창조하지 않았다고 주장한다. 인간이 육체적 능력이 부족해도 생태계 최상위에 군림할 수 있었던 것은 도구의 존재 덕분이다. 그러나 그 누구도 도구 그 자체를 생태계 최상위 계층에 분류하지 않는다. 마찬가지로 인공 지능도 인간이 학습시키고 그것이 그림을 그렸으므로 인간이 그림을 그린 것이지, 인공 지능이 예술 활동을 했다고 볼 수 없다는 논리이다. 또한 인공 지능은 기존의 데이터를 기반으로 할 수밖에 없다. 이는 고유한 예술적 가치를 창출한 것이 아닌 기존에 가치를 복사하여 붙여 넣은 것과 다름이 없다는 것이 반대 측의 주장이다.

반면 찬성 측은 다른 입장을 가진다. 세상 어떤 예술가도 그전 세대 예술가들의 영향을 받지 않은 사람은 없다. 달리 말해 인간 역시 과거의 것을 '학습'하고, 이를 바탕으로 자신의 고유한 예술관을 재구축한다. 인공 지능 역시 세부 과정이 다를지언정 학습된 내용을 바탕으로 자신의 작품을 만들었다면 그것은 인공 지능이 새롭게 만들어낸 예술적 가치라는 것이다. 단적으로 이들은 '인공 지능은 모차르트 교향곡과 같은 곡을 쓸 수 없다'라는 문장에 대해 '배우지 않으면 쓸 수 없고, 배우면 쓸 수 있고, 그것은 사람과 마찬가지다'라고 반박한다.

요약하면, 낮은 수준의 인공 지능은 단순히 '도구'로서의 역할밖에 하지 못하므로 예술가가 아니라는 데에 이견이 없다. 하지만 인간의 개입 없이 데이터를 처리하는 고차원의 인공 지능이 예술가라는 주장은 찬반이 갈린다.

이번에는 조금 다른 관점에서 딥 드림을 살펴보자. 딥 드림은 인공 신경망을 이용하여 주어진 입력을 처리한다. 이 인공 신경망은 인간으로 치면 '뇌'에 해당하는 부분이다. 그림을 그릴 때, 뇌는 어떻게 사고하는가? 구도, 배치, 광원, 소실점 등 여러 미술적 기법들을 적용하며 그려낼 것이다. 얼굴을 그릴 때는 이목구비의 생김새와 위치를, 천을 그릴 때는 주름과 질감을 고려할 것이다. 이처럼 인간은 알고 있는 사실들을 조립해 나가며 예술 작품을 창조한다. 반면 인공 지능의 신경망은 다르다. 주어진 날것의 입력을 재구성한 뒤, 신경망에 집어넣어 복잡한 행렬 연산을 거치고 나면 결과물이 나오는 방식이다. 이 과정에서 '복잡한 행렬 연산'은 그 의미가 감추어져 있다. 그것이 무엇을 의미하는지, 각 수치가 무엇을 뜻하는지 알 방법이 없다. 비유하자면 문제를 푸는 방법은 알지만, 원리를 모르는 학생과도 같다.

그럼 다시, 딥 드림은 예술가가 아닌가? 바로 위의 예에서 '문제를 푸는 방법은 알지만, 원리를 모르는 학생'의 답안을 교사가 틀렸다고 해야 하는가? 풀이 과정에서 감점이 될 수는 있을지언정, 답이 맞았다. 그럼 된 것 아닌가? 그림을 잘 그리는 사람이 전부 '예술 기법의 조합'으로 그림을 그리는 것도 아니다. 풍경화를 그린다고 하면, 그냥 자신의 시야 왼쪽 위부터 오른쪽 아래 방향으로 자신이 보는 면과 선을 그냥 옮길 수도 있을 것이다.

두 의견 차이는 결국 좁혀지지 못했으나 이러한 논쟁이 빈번해지고 격해짐은 인공 지능이 예술가로 인정받을 가능성이 점점 열려 감을 뜻하기도 한다. 정리하면 다음과 같다. '채우기'와 같은 낮은 수준의 인공 지능은 예술가라고 부를 수 없고 이에 대한 이견도 없다. 딥 드림과 같은 고차원 인공 지능의 경우 예술적 가치와 예술 활동을 어떻게 정의하냐에 따라 인공 지능은 예술가일 수도, 그렇지 않을 수도 있다. 우유부단하게 들리겠지만, 슬프게도 이것이 우리가 현재 내릴 수 있는 유일한 결론이다. 하지만 논의의 동향으로 미루어 짐작했을 때, 인공 지능이 더욱 발전한 미래에는 인공 지능을 예술가로 인정해야 한다는 의견에 지금보다 더 힘이 실릴 가능성이 크다.

지금까지 인공 지능을 예술가로 볼 수 있는가로 논의를 나누었다. 컴퓨터 과학과 인공 지능은 지금 이 순간에도 발전을 거듭하고 있다. 미래에는 인공 지능이 얼마나 강력해질지 기대될 정도고, 기술적 특이점 이후를 나로서는 감히 상상조차 할 수 없어 때로는 무섭게까지 느껴진다. 그러나 시간에 따른 기술의 발전은 무섭다고 막거나 거스를 수 있는 것이 아니다. '인공 지능이 예술가인가?'라는 논제에서 얻어야 할 결론은 단순한 긍정이나 부정형 답변이 아니다. 긍정론이 점점 우세해짐이 시사하듯, 핵심은 바로 발전하는 기술을 향해 취해야 하는 태도이다.

카메라가 발명되고 화가들이 설 자리를 잃은 날, 카메라를 예술의 도구로 취급한 사람은 없었을 터이다. 그러나 오늘은 '사진사'라는 직업이 '카메라'라는 도구로 예술 활동을 펼친다. 예술뿐이 아니다. 새로운 기술의 도입과 입지의 변화는 역사에서 수도 없이 찾아볼 수 있는 사례이다. 재봉틀을 시작으로 섬유 기계가 발전하였고, 일자리의 변화가 일어났다. 냉장고의 발명은 음식의 보급 체계를 뒤흔들었고, 심지어는 세탁기의 발명을 여성 인권과 연관 지어 해석하는 사람들도 있다.

기술의 발전은 사회의 변화를 야기하고, 이에 따라 '예술의 도구'를 비롯한 암묵적 사회 규약이 달라진다. 그리고 그 과도기마다 사회적 혼란이 찾아온 것을 보면, 인공 지능의 예술성을 둘러싼 논쟁은 그리 놀랍지 않을지도 모른다. 러다이트 운동, 다른 말로 기계 부수기 운동은 방직기의 효율 증대로 일자리가 줄어들 것을 염려한 노동자들의 반란이다. 이는 현대에 와서 시대의 변화를 거스르려 한 자들의 최후의 발악으로 해석되는 경우가 잦다. 충분히 '예술가'로 간주할 만한 인공 지능이 등장하고 나서도, 인간의 자만심에 빠져 예술을 인공 지능의 불가침 영역으로 간주하고 억지를 부리는 사람이 미래에 등장할지도 모른다. 그러나 이러한 억지는 사회의 발전을 더디게 하는 장애물로밖에 작용하지 못한다.

'인공 지능은 언젠가 예술가로 인정받을 것이다'라는 뜻이 아니다. 다만 언젠가 인공 지능이 예술가로 인정받을 정도로 발전한다면 이를 편견 없는 태도로 받아들여야 한다는 뜻이다. 인간은 변화에 능동적으로 대응해야 하고, 그것이 인간을 지금의 위치까지 끌어올렸다. 인공 지능의 발전을 인정하고 그를 바탕으로 기존에 없던 새로운 가치를 창출하기 시작했을 때, 우리는 비로소 예술 영역이 한 단계 더 발전했다고 말할 수 있을 것이다.

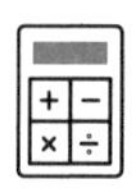

수학적 모델링으로 바라보는 전염병

수리과학과 18학번 신동찬

2020년 1월 첫 국내 '코로나19COVID-19' 확진 발생이 보고된 후 2021년 5월 13일 기준 우리나라에서 12만 9,633명이 확진되었고 이 중 1,891명이 사망하였다. 1년이 넘어 현재까지도 우리의 삶을 불편하게 만든 이 코로나19는 언제 종식될까? 사회적 거리두기는 언제까지 실천해야 하며 이런 확산 방지를 위한 노력은 얼마나 효과가 있을까? 백신은 또 어떨까? 거리두기 방역 단계를 정하는 기준은 대체 무엇일까? 코로나19에 대하여 우리가 가장 궁금해하는 질문일 것이다. 이 질문들에 대해 답을 제시하고 이후의 행동이나 정책 등을 결정하기 위한 근거를 마련하기 위해 수학자들 또한 방역 전선에 뛰어들게 되었다. 전염병 자체의 생물학적 특성을 연구하고 이를 예방하거나 치료하려는 생물학계나 의료계와는 달리 그들은 전염병이 확산되는 상태를 나타내는 공식과 모델들을 만들며 이를 바탕으로 전파 상황을 객관적으로 분석하고 향후 전개될 양상을 예측하는 게 목표이다. 예측을 하기 위해서 우리는 수학적 지식을 활용하는데 이 글을 통해 수학의 중요성을 보여주고자 전염병을 설명하는 매우 중요한 핵심 지표인 기초감염재생산수 및 감염재생산수 그리고 전염병 예측의 대표 모델인 SIR와 SEIR에 대해 이야기하고자 한다.

기초감염재생산수 R_0

전염병의 확산을 규정하는 가장 중요한 지표인 기초감염재생산수 R_0는 조지 맥도널드George MacDonald가 모기가 인간에게 옮기는 질병인 말라리아에 대해 연구하면서 정의한 개념인데 어떤 집단에서의 최초 감염자가 유발한 2차 감염자의 수를 의미한다. 예를 들어 R_0가 3이면 한 사람이 세 명에게 전염병을 옮긴다는 뜻이다. 이 지표를 바탕으로 전염병의 확산세를 따지는데 R_0의 값이 1보다 큰 전염병이라면 한 명의 감염자가 1명보다 더 많은 2차 감염자를 발생시키기 때문에 대유행을 일으키는 전염병으로 분류되며 R_0의 값이 1이라면 한 사람이 다른 한 사람에게만 질병을 전달하므로 풍토병이라고 본다. 만약 R_0의 값이 1보다 작다면 이 전염병은 전파력이 약하고 점차 사라지는 병이라고 해석한다.

전문가들은 코로나19의 R_0를 2.2~3.3 정도로 추정하고 있는데 1918년 인플루엔자인 스페인 독감의 R_0값이 1.8, 사스SARS의 R_0값이 3 정도였던 것을 고려하면 이 수치는 역대 전염병들의 R_0값들에 비해 작지 않으며 세계적 대유행을 일으키는 전염병으로 분류할 수 있다.

R_0의 값에 영향을 주는 요소로는 일반적으로 해당 전염병의 전파율과

사람 간 접촉률 그리고 감염의 지속 기간이 있다. 평소에 항상 마스크를 쓰고, 손을 씻는 것은 전염병의 전파율을 줄여준다. 사회적 거리두기 정책이나 감염자의 재빠른 격리는 사람 간 접촉율을 최소화하는 방법이다. 병원에서 치료를 받는 것 등 의료계의 노력은 감염의 지속 시기를 줄이는 방역 활동이다.

감염재생산수 R

R_0는 이미 발생해버린 최초 감염자와 관련된 지표이기에 바뀌지 않는 수치라는 단점이 있다. 따라서 이를 확장하여 시간에 따라 바뀌는 확산 지표인 감염재생산수 R가 등장했다. 이는 방역을 통한 감염 확산 방지의 노력이나 백신의 개발로도 달라질 수 있는 지표이다. 이들을 종합하여, 수학에는 $R = R_0\ (1-c)\ (1-p)$로 공식화한다. 여기서 c는 확산 방지 효과의 비율, p는 면역 인구 비율을 말한다. R이 R_0에 비례하므로 해당 전염병의 전파율과 사람 간 접촉률 그리고 감염의 지속 기간의 세 가지 요소를 암시하며 확산 방지 활동을 통해 c의 값이 커지거나 백신 접종을 통해 p의 값을 높이면 R이 작아진다는 것까지 집약적이고 논리적으로 보여준다.

우리의 목적은 이 R값을 작아지게 하고 궁극적으로는 1보다도 더 작게 만들어 전염병의 확산을 없애는 것이다. 그 방법으로 앞서 언급한 방역과 면역이라는 두 가지로 나누어 생각할 수 있다. 하지만 이것은 백신의 등장 시기나 전염병의 치사율 등을 고려하지 않은 식이기 때문에 대부분의 나라들은 전염병 확산 방지를 위한 방역 활동을 수행하려 노력한다.

기초감염재생산수 R_0와 감염재생산수 R은 전염병을 설명하는 매우 중요한 지표로 여겨진다. 하지만 우리가 무엇보다도 궁금한 것은 앞으로 어떻게 될 것이냐에 대한 미래 예측이기 때문에 R_0나 R과 같은 단순 지표로는 시간에 따른 감염자의 숫자 변화를 예측할 수 없다. 또한 전염병이 유행하면 방역 당국에서는 많은 자원을 투입하여 이 확산을 막기 위한 노력을 하지만, 단순 자원 투입에도 지금과 같이 사태가 장기화하여 인력과 자원 부족에 시달리는 것처럼 한계가 있음을 알 수 있다. 따라서 지금부터는 향후 전개될 전염병 상황을 예측하는 수리모델에 대해 이야기하고자 한다.

전염병 모델 SIR

우리가 앞으로 어떤 행동을 해야 할지에 대한 결정을 하기 위해 수학자들은 전염병 모델을 만들어 이후의 상황을 예측하는 데에 집중한다. 가장 대표적인 수리 모델로 SIR이 있다. SIR 모델은 커맥Kermack과 맥켄드릭McKendrick이 전염병의 수학적 모델에 관해 연구를 하면서 창시한 전염병 모델이며 「유행병에서 수학적 이론의 기여」라는 전설적 논문을 통해 소개되었다.

전염병 사태가 발생하면 우리는 사람들을 감염에 노출된 취약자 S와 감염자 I 그리고 감염에서 회복된 회복자 R의 세 집단으로 분류할 수 있다. 이들 각각의 비율은 시간에 따라 항상 변화하며 이를 간략하게 표현하기 위해 미분이라는 수학적 개념을 이용한다. SIR 모델은 이 세 집단의 시간에 따른 변화를 예측하는 모델이다.

시간에 따라 이 집단들의 변화에 영향을 주는 요소에는 무엇이 있을까? 우선 시간에 따른 취약자의 수 변화율에 영향을 주는 요인으로 감염의 효과성과 전체 감염자의 수와 기존 취약자의 수가 있다. 또한 감염자는 시간이 지나며 회복자로 변하기 때문에 전염병의 감염 기간과 관련된 질병의 회복률과 감염자의 수가 시간에 따른 회복자의 수의 변화율에 영향을 준다는 것을 알 수 있다. 마지막으로 시간에 따른 감염자 수의 변화율은 취약자로부터의 유입과 회복자로의 유출의 영향을 받는다.

지금까지 이야기한 요소들을 수학적으로 아래와 같이 공식화할 수 있다. 이때 b는 감염의 효과율이며 r은 회복률이다.

$dS/dt = -bSI$ $dR/dt = rI$ $dI/dt = bSI-rI$

위 공식들을 그래프로 나타내면 세 집단의 비율이 시간에 따라 어떻게 변하는지 확인할 수 있고 그렇기에 언제 전염병이 종식되는지도 추측이 가능해진다. 이 일련의 과정이 바로 SIR 모델이다.

SIR 모델과 R_0의 연관성

SIR 모델의 매우 중요한 점은 이 식들로부터 알 수 있다. 시간에 따른 세 가지 변화율 중에서 우리가 특히 주목할 만한 것은 감염자의 변화율 $dI/dt = bSI-rI$이다. 미분의 정의에 의하면 이 미분 값이 0보다 크다는 것은 감염자의 수가 시간에 따라 증가한다는 의미를 지니기 때문이다. 이를 수식으로 정리하면 bS/r가 1보다 크면 감염자 수가 점점 증가한다는 뜻이다. 이것은 앞서 언급한 R_0의 특성과 매우 유사한데 사실은 bS/r와 R_0은 동일하다, 즉 R_0를 구하기 위해 감염의 효과율 b와 회복률 r 그리고 취약자의 수 S를 파악하는 것이 중요하다.

감염의 효과율 b는 최초의 감염 데이터들을 근거로 통계적 기법을 이용해 구할 수 있다. 회복률 r는 감염 기간의 역수로 구할 수 있으며 코로나19의 감염 기간이 14일 정도라고 흔히 알려져 있기 때문에 r는 약 0.07 정도로 계산된다. b와 r의 값을 알고 있다면 이 값을 식에 대입한 후 적분을 통해 시간에 따른 각 집단의 비율을 계산할 수 있다. 물론, 식을 수립한 이후의 계산은 복잡하기 때문에 전염병 학자들도 직접 계산하지 않고 컴퓨터 시뮬레이션을 이용한다. bS/r와 R_0는 동일하다고 앞서 언급했기 때문에 이를 이용하여 코로나19의 R_0값을 2.2~3.3 정도로 추정한다.

SIR을 변형한 더 현실적인 수리모델, SEIR

SEIR 또한 SIR 모델과 마찬가지로 전염병의 확산을 설명하기 위해 수학적 모델링을 통해 접근하는 방법 중 하나이다. 이 모델은 SIR 모델보다는 더 현실에 가깝다고 여겨지며 이는 전염병에 감염된 지 얼마 지나지 않은 개체가 바로 다른 개체에게 병을 옮기지는 않는다는 점을 고려한다는 특징을 지니고 있다.

SIR 모델과 마찬가지로 SEIR 모델에서도 사람들을 분류한다. 그러나 세 집단으로 분류한 SIR과는 달리 SEIR에서는 감염대상자 S와 접촉자 E와 감염자 I 그리고 회복자 R의 네 집단으로 분류한다.

유입과 유출의 경로 또한 SIR 모델과 크게 다르지 않다. 하지만 취약자를 감염 대상자와 접촉자의 두 그룹으로 나뉜 만큼 더 세부적인 경로가 추가된다. 감염 대상자가 감염자에게 노출되어 감염이 되면 접촉자로 유입되며 각 접촉자가 잠복기를 거쳐 증상이 발현되면 감염자가 된다. 이를 수학적으로 정리하면 아래와 같다.

$dS/dt = -bSI \quad dE/dt = bSI-aE \quad dI/dt = bSI\ rI \quad dR/dt = rI$

위 공식들을 그래프로 나타내어 네 집단의 비율이 시간에 따라 어떻게 변하는지 확인하는 일련의 과정이 SEIR 모델이다.

지금까지 전염병의 확산세를 알 수 있는 핵심 지표들과 전염병 예측에 필요한 모델들에 대해 이야기했고 이를 수학적으로 어떻게 표현하고 적용되는지 살펴보았다. 아마 이러한 객관적 자료와 추정 데이터들을 바탕으로 각 나라들이 정책과 행동 지침을 결정하는 것이라 생각한다. 만일 이러한 정량적인 과정 없이 단순하게 정성적 관계성으로만 판단했다면 정확도가 떨어지기 때문에 방역 기준을 마련하기 힘들었을 것이다. 물론 이 글에서 언급한 것들만으로는 설명이 부족한 면도 있으며 더 많은 요소로 인한 한계도 보일 것이다. 하지만 의 단점을 보정하여 의 개념을 등장시키고 SIR 모델의 한계를 보완하기 위해 SEIR 모델이 등장한 것처럼 전염병과 관련된 많은 연구가 진행될수록 더 현실적이고 정확한 수리 모델이 등장할 수 있다. 실제로 감염병 수리 모델 전문가인 미국 오거스타 의대 이론수리모델링연구소장 스리니바사 라오Srinivasa Rao는 현재 코로나19의 상황을 고려하면 모든 사례를 추적하는 게 불가능해졌으며 코로나19 확진 사례가 폭발적으로 증가하면서 감염병 수리 모델에 쓰일 충분한 데이터들을 수집할 수 없어졌다는 분석한 바 있다. 하지만 라오 소장은 이에 덧붙여 기하 평균 모델을 이용해 예측의 범위가 넓진 않지만 단기간에 더 정확한 예측을 내놓는 방법을 제안했다. 어디까지나 단순히 객관적인 표현과 정확한 계산을 위해 수학이라는 수단이 쓰이는 것이라고 생각할 수 있지만 더 나아가 이런 수학적 지식을 통해 일반화를 한 후 현실에 가까운 해석을 하기 위해 각종 방법을 비교함으로서 우리는 비로소 예측이라는 것을 할 수 있다. 이는 예견되는 미래를 대비하기 위해 어떤 대처를 해야 하는지도 암시하는 중요한 신호 역할을 한다고 생각한다. 그러니 우리는 항상 수학의 존재와 장점을 새겨두어야 한다고 생각한다.

불협화음의 미학

생명과학과 17학번 정찬영

불협화음은 어려워

"가장 당신을 가슴 뛰게 만드는 노래는 무엇인가?"라는 질문에 나는 단연코 「아름다운 나라」를 고를 것이다. 우리나라의 아름다운 사계절을 노래하는 가사, 한국적인 정서와 선율, 거기다 우리나라의 전통 악기 소리까지 어우러진 이 노래는 소위 '국뽕'을 채우기에 참으로 적절한 노래가 아닐 수 없다. 나는 이 노래의 합창 버전을 정말 좋아하는데, 동아리 친구들과 함께 이 노래를 부를 때마다 느껴지는 웅장함에 가슴이 벅차오르기 때문이다. 이 노래의 웅장함에 압도된 것은 '코러스'에서였다.

'코러스'는 17년도에 카이스트에 입학해서 처음으로 들어간 동아리이자, 지금까지도 활동하고 있는 '합창 및 아카펠라 동아리'다. 벌써 5년째 활동하는 셈인데, 누군가는 이렇게도 물을 수 있겠다. "왜 그런 동아리에 들어갔고, 또 왜 그렇게 오래 활동하나?" 물론 동아리를 하면서 좋은 인연을 만난다던가 많은 경험과 추억을 쌓았다던가라는 이유를 들 수도 있겠다. 하지만 굳이 이 동아리에서 오랫동안 활동한 이유는, 아직도 함께 노래하는 것이 내 가슴을 뛰게 만들기 때문이다. 혼자보다는 둘이서, 둘보다는 넷이서, 혹은 그보다 더 많은 사람과 함께 노래할 때 훨씬 풍성하고 아름다운 소리가 난다. 동아리방에서부터 대강당에 이르기까지 우리 동아리원과 내가 내는 소리가 아름답게 어우러지는 걸 경험했고, 그 속에서 얻은 희열을 몇 번이고 다시 느끼고 싶었다. 그 공간을 가득 채우는 울림이 내 가슴마저 울려버렸기에, 나는 합창과 아카펠라에 빠져버렸다.

그런데 노래를 부르다 보면 이상한 점이 하나 있다. 합창은 소프라노, 알토, 테너, 베이스, 이렇게 4개의 성부가 서로 다른 멜로디를 불러 하나의 노래를 만든다. 단연 4개의 멜로디가 조화롭게 어우러져야 좋은 노래를 만들 터이다. 하지만 악보를 따라 노래를 부르다 보면 듣기에 아름다운 화음만 만들어지는 것이 아니라, 가끔 이해하기 힘든 화음이 만들어져 혼란스러움을 준다. 그런 화음은 정확한 음을 부르기 헷갈리게 할 뿐만 아니라, 어딘가 가슴이 간지러운 느낌이 들어 소리를 유지하기 힘들게 한다. 심지어 '내가 맞게 부르고 있는 건가'라는 생각도 들게 한다. 왜 이런 화음은 악보에 나와 노래를 부르기 힘들게 만드는 걸까. 이 이해할 수 없는 화음은 무엇을 의도하고 있는 걸까.

불협화음. 둘 이상의 음이 동시에 날 때, 서로 어울리지 않는 음을 이르는 말이다. 이 음악 용어는 일상적으로도 쓰이는 말인데, 이때는 서로 뜻이 맞지 않거나 사이가 좋지 않은 관계를 표현할 때에 쓰인다. 불협화음은 불안정하고 긴장감을 준다. 주변 사람들과 두루두루 원만하게 지내야 한다는 관념을 가진 나로서는 이 '불협화음'이란 꺼려야 할 대상이었다. 하지만 어찌 인생이 생각대로만 흘러가랴. 5년째 카이스트생이자 나름의 음악인으로 지내온 나에게 불협화음은 음악적으로나 일상적으로나 벗어날 수 없는 필연이었다. 웃기게도 불협화음과 나와의 관계가 '불협화음'인 셈이나.

수학적으로 아름다운 화음이 듣기에도 좋다

도, 레, 미, 파, 솔, 라, 시

우리에게 이미 익숙한 이 음의 모음, 음계를 이루는 음 사이에서는 같이 쳤을 때 어울린다는 느낌을 주는 조합도 있고, 그렇지 않은 조합도 있다. 도-높은 도와 같은 옥타브(완전8도)나 도-솔과 같은 화음(완전5도)은 듣기 좋고, 안정적인 느낌을 준다. 우리가 보통 '화음을 넣는다'라고 하는 건 이런 화음을 말한다. 반면 도-레와 같이 서로 붙어있는 음의 조합(장2도)은 듣기 좋다기보다는 어딘가 불편하고, 불안한 느낌을 준다. 전자는 협화음(어울림음), 후자는 불협화음(안어울림음)이라 부른다. 화음의 이름부터 이들이 어울리거나 어울리지 않음을 명시하고 있다. 그만큼 음과 음 사이의 관계가 명확하다는 것인데, 도대체 어떤 원리가 그 안에 숨겨져 있는 걸까.

소리는 파동이다. 파동은 진동수와 파장을 갖는다. 현대의 음계를 만드는 데 바탕이 된 '피타고라스 음률'에 따르면 두 음의 진동수가 간단한 정수비로 표현되면 협화음, 그렇지 않으면 불협화음이다. 앞서 어울리는 두음이라 소개한 도–높은 도의 경우에는 진동수의 비가 1:2로, 도–솔의 경우에는 2:3으로 간단한 정수비로 나타내어진다. 반면 도–레의 경우에는 그 비가 8:9로 앞선 둘보다 간단하지 않으며 더 큰 수의 비로 표현된다. 피타고라스는 이러한 수학적 아름다움에 감탄했으며, 이 완전5도의 비율인 2:3을 가지고 우리가 익히 아는 12음계를 만들어내었다. 그중에서 진동수의 비가 1:1, 3:4, 2:3, 1:2로 나타나는 도–도, 도–파, 도–솔, 도–높은 도(각 완전1도, 완전4도, 완전5도, 완전8도)만을 협화음으로 인정하였고 나머지 화음은 모두 불협화음으로 간주하였다.

그렇다면 화음의 정석이라고도 할 수 있는 도–미–솔의 화음(장3화음)은 어떻게 만들어지게 된 걸까. 도–미의 3도 화음(장3도)은 피타고라스 음률에 따르면 진동수의 비가 64:81이다. 도–미–솔의 진동수의 비를 한꺼번에 나타내면, 64:81:96이 된다. 도–미–솔은 분명 안정하고 아름답게 들리는데, 피타고라스 음률에서는 간단한 정수의 비로 나타나지 않는다. 그렇다면 이 화음은 불협화음이라 봐야 할까. 음악가들은 이를 해결하기 위해 미의 음을 조금 내리는 방법을 택했다. 도–미–솔의 진동수의 비인 64:81:96을 64:80:96으로 바꾸면, 놀랍게도 이 비는 4:5:6으로 간단한 정수비로 표현된다. 곧 피타고라스 음률을 조금 수정하여 3도와 6도 화음도 협화음의 범주에 들어가게 되었다. 이들을 구분하여 1도, 4도, 5도, 8도 화음은 완전 협화음, 3도, 6도 화음은 불완전 협화음이라고 한다. 이 교묘하고도 명쾌한 방법을 사용한 음계를 순정률이라 하였다.

순정률이 음악에 도입되고 나서, 완전 협화음과 불완전 협화음의 조합으로 '코드'가 탄생했다. 보통 3개의 음을 모아 코드를 만들었는데, 도-미-솔, 솔-시-레, 파-라-도처럼 말이다. 위 세 개의 코드는 각각 C 코드, G 코드, F 코드라 부르며 이러한 코드를 기반으로 쉽게 음악을 만들 수 있었다. 이 아름다운 협화음들로 만든 음악은 분명 아름다울 것이라 기대된다. 불편하고 긴장감을 주는 불협화음은 아마 배제해도 괜찮을 성싶다.

불편함의 이유를 찾아서

순정률의 도입에도 아직 남아 있는 화음이 있다. 2도 화음인 도-레(장2도)와 7도 화음인 도-시(장7도)가 남아 있다. 이들이 바로 그 불협화음이다. 음계 상에서 보았을 때, 도에서 다른 음들보다 가까운 음인데 정작 다른 음들보다 도에 어울리지 않는 음이라는 사실이 아이러니하다. 불협화음이 불편하게 들리는 이유 중의 하나는 맥놀이 현상이 일어나기 때문으로 본다. 맥놀이 현상이란 진동수가 비슷한 소리가 만났을 때, 주기적으로 소리의 진폭이 커졌다가 작아졌다 하는 현상을 말한다. 도-레의 진동수의 비는 8:9로, 시-도의 진동수의 비는 15:16으로 나타난다. 두 경우 모두 다른 화음에 비해 진동수의 차이가 작다. 곧 이에 발생하는 맥놀이 현상이 귀에 거슬려 이 두 음이 어울리지 않는다고 느끼는 것이다.

협화음의 선호에 관해 재미있는 연구가 하나 존재한다. 과학자들은 협화음이 가지는 수학적 의미에 집중해서 사람들이 불협화음보다 협화음을 아름답고 안정감 있게 느끼는 이유를 생물학적인 이유와 연관을 지어 찾으려고 했다. 하지만 MIT의 맥더멋McDermott 교수와 브랜다이스Brandeis 대학 연구팀이 「네이처Nature」에 발표한 논문에 따르면, 우리가 협화음을 편하게 느끼고 불협화음을 불편하게 느끼는 까닭은 우리가 협화음을 이용한 음악에 많이 노출되었기 때문이라고 설명한다. 서구 문화가 거의 받아들여지지 않은 아마존의 치마네Tsimane족은 우리가 협화음을 더 선호하는 것과 대조적으로 협화음과 불협화음에 대한 선호도의 차이를 두지 않았다. 그들이 화음의 차이를 구별하지 못했던 것은 아니며, 우리와 동떨어진 취향을 가지고 있는 것도 아니었다. 단지 둘 다 자연스러운 화음이라고 받아들였을 뿐이다. 추가로 서양 문화에 더 노출된 사람들은 협화음을 선호하는 경향이 좀 더 강했다는 결과는 음악에 대한 우리의 인식이 환경에 의해 형성되었다는 것을 지지한다. 곧 간단한 정수비라는 것에 열광했던 피타고라스의 시대부터 이어져 온 확고한 협화음에 대한 관념이 지금의 대중적인 음악 문화에 지배적으로 남았고, 그 문화적 환경에 익숙해진 우리는 협화음을 자연스럽게 생각한다는 결론이 도출된다.

우리가 협화음에 익숙해졌다고는 하지만, 그렇다고 해서 불협화음이 음악에 사용되지 않는 것은 아니다. 오히려 음악가들의 꾸준한 시도로 현대로 오면서 불협화음의 활용이 점점 활발히 이루어지고 있다. 아예 20세기 서양 음악처럼 기존에 정립되었던 조성의 파괴를 일삼았던 적도 있었다. 물론 조성이 파괴된 음악은 지금의 우리에게도 이해하기 힘든 음악이겠지만, 그만큼 불협화음의 해방이 이루어지면서 협화음에 갇혀 있던 우리의 음악적 배경을 좀 더 넓힐 기회가 되었을 것이다. 만약에 피타고라스가 그런 현대 음악을 듣는다면, 이런 건 음악이 아니라며 미치고 펄쩍 뛰지 않았을까.

근데 이제 불협화음을 곁들인

불협화음의 영향력은 음악을 직접 만들고 귀로 겪으면서 느낄 수 있었다. 방학마다 동아리 친구들과 아카펠라를 했는데, 대개 내가 직접 악보를 만들곤 했다. 맨 처음 악보를 만들었을 때는 화음에 대한 어렴풋한 이해만으로 불협화음을 거의 넣지 않고 악보를 만들었다. 그렇게 만들어진 악보는 어딘가 밋밋하고 단조로웠다. 친구들과 악보를 읽고 연습을 하면서 노래를 부를 때도 어딘가 단조롭다고 느꼈다. 듣기에는 나쁘지 않았지만, 내가 기대한 아카펠라라고 하기엔 부족했다. 더 재미있고 가슴 뛰는 음악을 만들기 위해 다른 아카펠라 그룹의 노래를 더 찾아보기도 하고, 나름의 여러 시행착오를 거치며 결국 불협화음의 활용이 필수 불가결하다고 느꼈다. 어느덧 연차가 쌓이고 아카펠라 악보를 만드는 노하우도 늘어가자 불협화음을 어떻게 사용하는지에 대한 감이나 나름의 규칙도 조금씩 잡혔다. 불협화음은 그 존재로 불안정한 느낌을 주고 긴장감을 유도한다. 하지만 그 뒤에 협화음을 배치함으로써 그 긴장을 해소할 수 있다. 다른 말로 불협화음을 해결할 수 있다. 간단한 방법이지만 이로써 음악적인 재미나 쾌감을 줄 수 있다. 불협화음은 단지 어울리지 않은 음의 조합이 아니었다. 협화음과의 대비를 이루어 음악을 좀 더 생동감 있고 역동적으로 움직이게 만든다. 협화음의 아름다움은 불협화음을 그

앞에 두었을 때 비로소 완성되는 것임을 그제야 알았다.

음악은 어떻게 보면 우리의 삶과 닮았다. 우리는 살아가면서 많은 불편함과 마주한다. 사회에 대한 불편함의 인식은 우리가 살아오면서 접한 환경에 의해 형성된다. 불편함 그 자체는 갈등을 일으키고 분란을 조장하는 것으로 보일 수 있다. 이전 시대로부터 계승되어온 틀이 존재하기 때문에 불편함은 아직 제시되기에 생소할 수 있다. 그러나 불편함은 마냥 나쁜 것이 아니라 어떻게 해결하느냐에 그 가치가 있다. 이를 깨닫고 불편함을 나타내는 것은 기존의 계승되어온 체제에서 새로운 가치를 찾아내기 위한 자각이자 변화를 위한 노력이다. 새로운 시대를 이끄는 혁신은 불편함을 앞에 두고, 예술적 카타르시스는 불협화음을 앞에 두고 이루어진다. 음악이 우리를 가슴 뛰게 만드는 이유도 우리의 삶이 음악에 비쳐 보였기 때문이 아닐까.

토닥토닥 위로 건네는 책을 집는 이유

전산학부 16학번 조은송

당신은 서점을 얼마나 자주 방문하는가? 책의 인기가 시들해지고 영상을 주로 소비하는 분위기가 생겨나며 서점을 찾는 사람이 많이 줄었다. 그런데도 서점을 자주 방문한다면 끊임없이 새로운 책들로 교체되는 베스트셀러 코너를 '힐링 에세이' 도서들이 가득 채우고 몇 년째 자리를 지키는 모습을 볼 수 있을 것이다. 서점에서 뿐이 아니다. 서점을 자주 가지 않는 사람도 눈길을 끄는 문구와 단순한 일러스트로 공감 얻기를 시도하는 SNS 속 힐링 에세이 홍보물을 접한 적이 있을 것이다. 어릴 적 향수를 불러일으키는 캐릭터, 누워서 편안한 자세를 취하고 있는 캐릭터가 그려진 '무해한' 표지와 함께 지친 현대인들을 유혹하는 에세이들. 이들은 힘든 시간을 보낸 작가 본인의 이야기를 들려주는 것이기도, 심리학자가 내면의 소리를 분석하여 알려주는 것이기도, 정신과 의사의 상담 일지이기도 하지만 공통으로 담고 있는 메시지는 같다. "걱정하지 마세요" "충분히 잘하고 있어요"

위로를 건네는 힐링 에세이가 많은 사람의 선택을 받고 꾸준한 베스트셀러 반열에 오른 지는 꽤 됐다. 2011년 김난도 교수의 『아프니까 청춘이다』가 큰 인기를 끌며 아픈 청춘들의 마음을 위로해주었고(물론 인기 못지않은 비판도 있었다) 2012년에는 스님의 힐링 에세이가 큰 인기를 끌었다. 2017, 2018년을 지나면서 점차 그 주제와 저자가 확대되고 장벽이 낮아지며 많은 양의 힐링 에세이가 쏟아져 나오기 시작했다. 그 배경으로는 어렵고 팍팍한 현실과 부족해진 마음의 여유가 꼽힌다. 우후죽순 출판되는 에세이 속에서 "하나가 잘되니 줄지어서 나온다" "무게감이 없다"라는 비판 또한 계속해서 제기되어 왔다. 그러나 그러한 비판을 비웃기라도 하듯 힐링 에세이는 꾸준히 많은 판매량을 자랑하고 있다. 그렇다면 힐링 에세이가 이토록 인기를 끄는 이유를 어디서 찾을 수 있을까. 서점을 찾는 사람도 줄고 책의 인기도 줄었지만 힐링 에세이는 계속해서 인기를 끄는 현상을 복잡한 사회와 그 속에서 사람들이 느끼는 스트레스 탓만으로 보아야 할까?

현대인들이 힐링 에세이를 선택하는 배경에는 이들 책이 자신의 이야기를 담고 있다고 생각하는 '착각'이 숨어 있다. 내가 서점을 방문했을 때에도 눈앞에 펼쳐진 심리 테스트 문항과도 같던 책들 사이에서 "어 이거 내 이야긴데" 하면서 집은 에세이 책이 한두 권이 아니었다. 이렇게 사 온 책들을 책장에 꽂아놓고 바라보기만 하는 것만으로도 내 기분을 이해받는 듯하였고 머릿속이 복잡할 때 꺼내어 책장을 넘기며 술술 읽어 나갔다. 그러나 다른 책을 읽었을 때와 달리 책을 다 읽어도 특별한 통찰력을 얻은 느낌은 없었고, 생각이 꼬리에 꼬리를 무는 과정도 없었다. 거기다가 한 구절 한 구절 내 이야기라고 생각하며 공을 들여 읽었던 책이 남들의 책꽂이에도 꽂혀 있는 것을 보며, 너도나도 인생 책이었다고 얘기하는 사람들을 보며 얼마나 허탈했는지 모른다. 나에게만 해당하고 나에게만 이야기를 건네는 줄 알았던 에세이로부터 배신을 당한 기분이었다. 힐링 에세이가 인기를 끄는 뒤편에는 이러한 독자들의 심리가 작용하고 있던 것이다. 스트레스, 많은 생각, 예민함 등 현대인들이라면 누구나 겪어보았을 보편적인 이야기를 담고 있지만, 독자들은 해당 책이 자신에게 꼭 맞는 진단을 내려주리라 기대한다.

심리학에서는 이를 '포러 효과Forer effect'라는 용어로도 설명한다. 우리에게는 '바넘 효과Barnum effect'로 더 잘 알려진 이 용어를 심리 테스트에 꽤 관심이 있는 사람이라면 한 번쯤은 들어봤을 것이다. 이 효과는 심리학자 버트럼 포러의 이름에서 따왔으며 포러가 자신의 학생들을 대상으로 진행한 한 가지 실험에서 비롯되었다. 포러는 학생들을 대상으로 고유의 성격 분석을 해주겠다며 성격 검사를 하였고, 각 학생에게 그들의 성격 묘사가 포함된 결과지를 돌려주었다. 성격 분석 결과지를 받아 든 학생들은 해당 결과가 얼마나 자신을 잘 나타냈는지 묻는 말에 굉장히 높은 점수를 주었으며 본인의 성격을 잘 설명했다며 납득하였다. 그러나 사실 학생들은 모두 동일한 내용의 결과를 포함한 복사본을 받았고 전부 같은 내용을 보며 자신의 성격 특성을 드러낸 특별한 결과라고 믿고 있었다. 이렇듯 사람들은 일반적이고 보편적인 묘사를 보고도 자신만의 이야기라고 생각하는 경향이 있다.

시중의 수많은 힐링 에세이들도 이를 노리는 건지 누구에게나 통할

위로의 말이나 누구의 추억 속에나 존재할 캐릭터로 사람들과 공감대 형성을 시도하고 있다. 거기에 '우울감을 느끼는 사람' '예민한 사람' '생각이 많은 사람' 등 특정 독자층을 타깃으로 하는 듯한 문구와 홍보 글은 조금이나마 아니면 잠시나마 해당 특성을 보였던 사람들에게 자신의 이야기라고 믿게끔 한다. 나에게 필요한 글이라고 확신하며 집어든 책 안에 이렇다 할 진단이나 방안 대신 여전히 일반적이고 보편적인 내용만이 나열되어 있다면 자신의 이야기를 기대했던 독자들의 기대에는 미치지 못하는 것이 당연하다. 실제로 힐링 에세이에 대한 비판의 목소리 중 실용적인 해결 방안이나 실질적인 도움은 받지 못한 독자들이 "뻔한 소리만 한다"며 쏟아내는 불평을 심심치 않게 볼 수 있다.

사실 독서는 위로를 받는 '힐링'이라기보다는 힘든 '노동'에 가깝다. 미국 신경 심리학자 매리언 울프Maryanne Wolf의 『책 읽는 뇌Proust and the squid』에서는 인류에게 독서란 자연적으로 발생한 활동보다는 새로운 것을 습득한 뇌가 재구성되는 과정에 탄생한 '발명'에 가깝다고 이야기한다. 위가 음식을 소화하기 위해 존재해온 것이나 폐가 호흡하기 위해 존재해온 것과는 다르게 독서는 애당초 뇌가 해야 할 당연한 역할에 해당하지 않았다는 말이다. 인간의 뇌가 처음부터 독서 활동에 적합했던 것은 아니다. 거듭된 진화 속에서 독서에 적응하도록 뇌의 구조와 경로를 개척해 나가고 새로운 회로를 만들어 온 것이다. 지금도 독서를 위해 인간은 큰 노력을 해야 하고 이러한 노력 끝에 뇌의 많은 부분이 활성화되고 변화한다. 그리고 이 변화를 증거로 사람들은 독서의 중요성을 강조한다.

책을 읽을 때 우리 뇌 속에선 다음과 같은 일이 일어난다. 우리가 사물을 눈으로 보고 글을 읽으면 시신경을 통해 상이 받아들여지고, 이 신호가 뇌 뒤쪽 후두엽에 위치한 뇌 시각 피질로 전달된다. 이제 본격적으로 뇌 안에서의 복합적인 과정이 시작된다. 인간의 뇌는 뉴런과 시냅스로 이루어져 있다. 뉴런은 신경 세포이고 시냅스는 한 뉴런에서 다른 뉴런을 연결하는 부분이다. 시냅스를 통해 뉴런 간의 신호 전달이 이루어진다. 우리가 책을 읽고 그 책을 바탕으로 새롭게 지식을 받아들이거나 새로운 방식으로 생각을 하면 시냅스로 이루어진 연결 부분이 강해지기도 하고 뉴런 간 새로운 연결 부분이 생겨나기도 한다. 책이 담고 있는 내용이 복잡하고 이해하기 어려울수록 시냅스 연결은 주위의 뇌에도 점점 광범위하게 도달한다. 이 회로가 광범위한 영역을 복합적으로 연결하면 더 다양한 정보와 교류하고 이를 바탕으로 창의적인 사고도 가능하다. 이런 경험이 반복해서 나타나면 넓게 펼쳐진 시냅스 연결이 점점 강해지고 나중에는 작은 자극만으로도 신호 전달이 더 빠르게 일어날 것이다. 정리하자면 독서를 하면 할수록 우리 뇌 안의 신호 전달 회로가 강해지고 범위가 확장되어 창의적인 사고까지 가능하다는 것인데 이 때문에 우리 인류의 문명 발전 과정도 독서를 빼놓고 설명하지 않을 수 없다. 일차적으로는 각자가 알고 있는 사실이 담긴 책이라는 문서를 축적해 나아가며 정보 공유의 방법으로 사용했다는 사실이 있겠지만 여기에 독서를 통한 지식의 습득이 생존에 유리해지면서 인간이 점차 독서에 적합하게, 즉 뇌의 많은 부분이 활성화되고 복합적인 사고가 가능하게 진화하였다는 점이 더해진다. 계속된 운동으로 몸의 근육을 단련시키는 것처럼 우리 인류는 독서를 통해 뇌를 단련시켜왔다. 그리고 이는 인류가 한없이 발전해 나아가며 고등 생물로서의 위상을 유지할 수 있게 해주었고 세기를 거듭하며 닥쳐온 수많은 문제를 지성으로 해결할 수 있게 해주었다.

그러나 독서를 힘든 노동으로 보는 것은 문장을 해석하고 이해하기 위해 큰 노력이 필요한 독서에만 가능하다. 물론 글을 읽기 위해서는 보편적인 뇌 활동이 필요하다. 글을 읽고 글 속 단어의 형태와 의미를 분석하기 위해 뇌 전두엽과 측두엽의 활성화가 일어난다. 힐링 에세이나 어려운 전공 책이나 모두 그 속의 글을 읽을 때 우리는 뇌의 전두엽과 측두엽을 사용하고 여러 영역을 활성화한다. 하지만 어려운 내용을 받아들이고 해석할 때 비로소 시냅스 연결 회로의 강화와 확대가 일어난다. 우리 뇌의 발전은 머리를 써서 고통을 느끼는 순간에 비로소 이루어진다는 것이다. 이 때문에 독서라는 활동은 단순히 인터넷 게시글을 보는 행위나 친구들과 주고받는 채팅 메시지를 보는 행위와 큰 차별점을 지닌다. 힐링 에세이를 읽는 것은 어느 쪽에 속할까. 힐링 에세이는 특별히 새로운 사실이나 복잡한 내용을 담지 않고 있다. 깊게 고민할 만한 질문을 던져주지도 않을뿐더러 불편한 내용을 담고 있지도 않다. 이를 읽는 것은 뇌를 활성화하기보다는 편안하게 하거나 쉬게 하는 활동에 가깝다. 독자들도 애초에 그런 목적으로 집었을 테지만 말이다.

이쯤에서 사람들이 서점까지 가서 다른 책은 제쳐두고 힐링 에세이를 선택하는 더 큰 이유를 생각해 볼 수 있다. 독서라는 행위가 사람들에게 뿌듯함을 안겨주고 지적 허영심을 채워주는 것은 독서가 일종의 노동이라는 사실이 암묵적으로 깔려 있기 때문이다. 독서에 얼마나 실질적인 뇌의 노력이 필요한지 알기 때문에 사람들은 독서를 하는 것을 '있어 보이는' 활동으로 여긴다. 힐링 에세이를 읽는 것은 다른 도서를 읽는 것에 비해 덜 힘들 테지만 어찌 되었든 책을 읽는다는 활동 그 자체로 읽는 이에게 보람을 느끼게 해주고 지성인으로 보이게끔 해줄 수는 있다. 다른 책을 읽는 것과 마찬가지로 '독서 활동'인 이 과정은 적은 노력을 통해 뿌듯함과 지적 허영심의 충족을 얻을 수 있으니 어떻게 보면 가성비가 좋은 과정이라 생각될 수도 있겠다. 현대인의 독서량은 줄었지만, 힐링 에세이의 인기는 식질 않는 현상이 이로부터 나온 듯하다. 힘든 노동은 하기 싫지만 보람은 느끼고 싶고, 진지하고 복잡한 생각을 직접 하긴 싫지만 그런 생각을 안고 살아가는 사람으로 보이고 싶은 사람들의 심리가 반영된 것이 아닐까.

현대 사회는 날이 갈수록 눈에 띄게 각박하고 치열해지고 있다. 환경오염은 계속해서 심해지고 소득의 양극화로 사람들은 끊임없이 서로를 비교하며 인종, 성별, 세대 간 차별과 갈등은 깊어만 진다. 여기에 우리의 일상을 덮쳐 온 코로나 상황까지 더해지면서 현대인들은 사회에서 쉬지 않고 나오는 잡음과 스트레스에서 벗어나지 못하다. 이런 사회에서 지친 일상에서만이라도 생각을 비우고 머리를 가볍게 하고자 대중들이 힐링 에세이를 선택하는 것은 어쩌면 당연한 현상인지도 모른다. 힐링 에세이를 읽는 것은 지식을 습득과 자기 계발을 목적으로 하는 독서와는 확실히 다른 활동이다. 공감을 얻고 위로를 받기 위해 현대 사회 속에서 새로이 자리 잡은 취미 활동이라고 생각할 수도 있겠다. 하지만 과학, 사회학 분야의 지식 전달을 위한 도서들 사이 베스트셀러는 몇 년째 바뀌지 않는 것과는 달리 수시로 쏟아져 나오고 그 자리를 빠른 속도로 갈아치우며 팔려나가는 힐링 에세이가 서점 한쪽을 가득 채운 채 자리를 내주지 않는 것을 마냥 좋게만 볼 수 있을까. 복잡하고 혼란스러운 세상에서 도망쳐 위로와 힐링이라는 출구를 찾는 것이 나쁘다는 게 아니다. 다만 독서가 우리의 문명에서 그리고 인류의 진화에서 지녀온 그 역할을 생각해본다면 인류가 머리를 맞대고 지혜를 모으기 위해 지식을 축적하며 남겨온 책이 각박하고 치열한 현대 사회를 더 이해하고 해결할 방법으로 쓰일 수 있다는 사실을 잊지 말아야 한다. 사회 문제가 깊어져 간다고 이로부터 도망칠 것이 아니라 그럴수록 더 공부하고 공유하여야 한다. 이 과정에서 우리는 뇌 속 새로운 통로를 개척해 나아갈 것이고 반복적인 확장으로 문제를 해결할 수 있는 창의적인 아이디어까지 생각해낼 수 있을지도 모른다. 과거에도 그래왔던 것처럼 말이다. 위로를 받기 위한 독서도 좋지만, 복잡한 사회를 이해하고 문제를 해결할 수 있는 독서 활동도 많아졌으면 좋겠다.

편집 후기

전산학부 19학번 홍지운

내사카나사카 시상식으로부터 시간이 별로 지나지 않은 것 같은데 어느새 편집자 후기를 쓰게 되었네요. 얼결에 맡은 학생편집부장이었지만 편집부원들을 포함한 많은 분들이 도와주셔서 잘 끝마치게 될 수 있었다고 생각합니다. 지면을 빌려 감사하다는 말씀을 전하고 싶습니다.

이번 책의 주제는 '과학도가 바라보는 문화와 일상'이었습니다. 그렇다면 과학도란 어떤 사람들일까요? 많은 사람들이 과학도를 감성이 없는 다소 차가운 사람들이라고 생각하는 것 같습니다. 저 역시도 그런 생각을 이전에는 가지고 있었고요. 하지만 이번 편집부 활동을 통해 여러 작품을 직접 읽어보며 확실히 알 수 있었습니다. 과학도는 감성이 없는 메마른 사람들이 아닌, 그저 세상을 바라보는 시각이 조금 다를 뿐이라는 것을요.

저는 과학도란 어떠한 현상과 문제의 원리와 본질을 탐구하는 사람들이라고 생각합니다. 어떠한 현상을 보고 그 이면을 생각하는 것이지요. 이 책에 실린 작품들도 이에 해당한다고 생각합니다. 독자분들께서 이 책을 읽으며 이러한 과학도의 시선을 잘 느끼실 수 있었으면 좋겠습니다. 더불어 문화와 일상 속에서 이 책의 내용을 떠올리실 수 있다면 저희에게는 더할 나위 없는 기쁨이 될 것 같습니다. 책을 잘 즐기셨길 바라며 이만 줄이겠습니다. 감사합니다.

물리학과 17학번 김성훈

과학을 보는 시각은 저마다 달라도, 과학이 지닌 아름다움과 신비는 우리 모두를 여기까지 오게 했습니다. 과학은 무엇이 그리 대단하기에 우리가 이토록 과학을 신뢰하고, 선망하게 될까요? 아마도 과학이 아주 성공적이지만, 꽤 어려워 아무나 할 수 없기 때문이 아닐까 생각합니다. 마치 마법처럼 작동하는 자동차, 전화기 등이 우리 생활을 윤택하게 하지만 일반적으로 과학의 이론들은 이해하기가 어렵고, 과학 공부에는 진입장벽이 존재합니다. 양자역학처럼 도저히 받아들이기 힘든 이론이 존재하기도 하고요. 하지만 우리는 계속 과학의 눈으로 세상을 바라보아야 합니다. 실용적인 이유를 들 수도 있겠습니다. 우리 앞에는 많은 과학적 문제들이 놓여있고, 이를 잘 판단할 수 있어야 한다고요. 하지만 저는 이렇게 말하고 싶습니다. 음악을 듣고, 시를 읽는 것처럼, 과학을 통해 우리의 집이자 어머니인 우주를 생각하고 우리의 존재를 바라보는 일은 그 자체로 아름답고 즐겁습니다. 과학이 주는 실용성은 우리 삶의 도구가 되지만, 과학이 주는 기쁨과 아름다움은 우리 삶의 목적입니다. 더욱 많은 사람들이 자연에 대해 생각하고 탐구하는 기쁨을 함께 누릴 수 있었으면 좋겠습니다.

화학과 19학번 양인선

"Ubiquitous(유비쿼터스), 언제 어디서나 존재하는"

저는 위 단어가 과학과 세상의 관계를 가장 잘 설명해 준다고 생각합니다. 과학은 우리 곁에 언제 어디서나 존재하며, 과학을 통해서 세상을 보다 깊이 있게 이해할 수 있습니다.

이번 책의 학생편집자로 참여하면서 카이스트 과학도들은 어떤 시선으로 세상을 바라보는지를 느낄 수 있었습니다. 자칫하면 무심코 지나쳤을 수도 있는 일상 속의 에피소드가 과학을 만나 새로운 이야기로 탄생하는 과정이 정말 신선하고 특별하게 다가왔습니다.

독자분들께서 이 책을 통해 과학이라는 학문을 조금 더 친숙하고 편하게 생각하기를 바라는 마음으로 글을 적고 편집했습니다. 서른다섯 명 카이스트 학생들의 삶에 배어든 과학의 이야기가 여러분들의 마음속에도 함께 하길 바랍니다.

이 책은 세상과 과학을 잇는 징검다리 역할을 할 것입니다. 이 책을 편집할 수 있는 기회가 되어 정말 영광이었습니다. 마지막으로, 소중한 작품들이 책으로 엮어 나올 수 있게 힘써주신 모든 분들께 감사드립니다.

전산학부 20학번 박해준

사실 이런 일이 처음인지라 뭐라고 해야 할지 모르겠습니다. 제가 한 일은 분량 조절이나 양식 통일 같은 간단한 것뿐이었는데 편집 소감을 적으라니요. 수업도 듣지 않고 시험을 치라는 격입니다. 그래도 책에서 '편집자 박해준'에게 할당된 공간이니 자유로이 쓰려 합니다. 다른 편집자 여러분께는 진지한 분위기를 흐려서 죄송하다는 말씀을 전하겠습니다.

저도 처음에는 '삶에서 과학을 빼면 공허뿐'처럼 진지한 말로 운을 떼려 했는데 잘 안 되더라고요. 두 가지 이유가 있습니다. 하나는 단순히 제가 진중함과는 거리가 먼 사람이어서입니다. 다른 이유는 '과학이 무엇일까'를 저 자신도 모르는데, 다른 사람에게 과학에 관한 설교 투의 말을 꺼내기가 꺼려져서였습니다. 실제로 과학의 범주는 정의하기 나름이기도 하고요.

그래서 초점을 바꾸었습니다. 정확한 사실을 전달하기보다는, 과학도—적어도 자연과학의 정의를 무의식적으로나마 인지하는 사람들—가 본 세상을 그려내는 거죠. 독자 여러분께 '과학이란 무엇이고, 세상에서 어떻게 쓰인다'를 간접적으로나마 전달하기 위해서요.

그런 생각 아래에서 쓰인 수려한 글들을 운이 좋게 편집하게 되어 영광이었습니다. 독자 여러분께서도 이 책을 읽고 세상을 바라보는 눈이 조금은 달라지길 바랍니다.

생명과학과 18학번 노승은

알파고를 시작으로 세상을 놀라게 한 인공 지능, 가상 화폐 시장을 새롭게 창조한 블록체인 기술, 전례 없는 코로나 시대에 반짝 떠오르게 된 mRNA 백신 등등 새로운 아이디어가 세상을 바꾼다는 말처럼 21세기에는 새로운 아이디어들이 세상을 뒤집는 것 같습니다.

대학교 1학년 때부터 교수님들과 상담하거나 얘기를 나눌 기회에 자주 듣는 말이 있습니다. 바로 다양한 경험을 하는 게 중요하다는 말인데요. 다양한 경험을 통해 새로운 아이디어를 떠올리고 새로운 접근 방법을 통해 미지의 문제를 풀 수 있기 때문입니다. 저는 이게 비단 과학 연구에만 국한되는 것이 아니라고 생각합니다.

세상에는 해결하기 어려운 문제들이 산재해 있습니다. 과학뿐만 아니라 사회, 경제, 여러 방면에서 해결하기 힘든 문제들이 이 순간에도 생겨나고 있고 여전히 사람들의 골머리를 앓게 만듭니다. 이 역시도 앞에서와 같이 다양한 접근, 이전에는 없었던 새로운 생각들이 많이 필요한 것 같습니다.

이 책은 과학도의 관점에서 바라본 일상과 문화를 엮어놓은 책입니다. 글쓴이들은 요리하거나 그림을 그리는 과정에서 아니면 그냥 일상에서 보이는 풍경 속에서 과학을 찾아냅니다. 또 어떤 글쓴이들은 전염병 해결을 위해 진중하게 고민하거나 힐링을 찾는 현대 사회를 분석하고 더 나은 미래를 위해서도 고민합니다. 저는 치즈를 많이 좋아해서 치즈에 대한 과학을 재미있게 풀어내도록 노력했지만, 편집하게 되면서 제가 생각하지 못했던 다른 여러 분야에서도 과학적으로 접근할 수 있음을 깨닫고 많이 감탄하며 새로운 영감을 받게 되었습니다.

여러분께서도 이 책을 읽고 새로운 영감을 받으시거나 평소와는 또 다른 자극을 받게 되셨으면 좋겠습니다. 지금 골머리를 앓는 문제들이 있다면 이 책이 새로운 아이디어를 떠올리게 하고 그러한 문제들을 해결하는 데 도움이 되었으면 좋겠습니다.

마지막으로, 이 자리를 빌려 이 책을 구매해주신 독자님, 편집위원분들, 출판을 위해 힘써주신 모든 분들, 그리고 저를 항상 응원해주시는 가족과 친구들께 감사 인사를 전합니다.

전기및전자공학부 18학번 양경록

세상에는 참 많은 사람들이 다양한 생각을 가지고 살아갑니다. 나와 다른 생각과 관점을 가진 이들의 이야기를 듣는 것은 인생의 큰 즐거움 중 하나입니다. 이 책에는 과학을 사랑하고 연구하는 사람들의 이야기가 담겨있습니다. 더운 날 시원한 맥주 한 잔에서 거품과 맛의 과학을 발견하기도 하고 멋진 예술 작품에서 색채와 물감의 과학을 발견하기도 합니다. 때로는 인간의 본질에 대해 과학적으로 접근하며 사색하기도 합니다. 여러분에게 이런 이야기들이 어떻게 다가왔을지 모르겠습니다. 색다른 관점에 흥미로울 수도, 약간은 어려울 수도, 아니면 이미 아는 내용이라 식상하게 느껴졌을 수도 있을 것 같습니다. 제 경우에는 공감하기도 하고 새로운 내용을 알게 되며 세상을 바라보는 시각이 조금은 더 넓어졌습니다. 여러분들에게도 이 책에 담긴 이야기들이 신선하고 재미있었기를 바라며 후기를 마칩니다.

세상 속의 과학, 과학 속의 세상

펴낸날 초판 1쇄 2021년 11월 30일

지은이 홍지운, 김성훈, 양인선, 박해준, 노승은, 양경록 외 카이스트 학생들
펴낸이 심만수
펴낸곳 (주)살림출판사
출판등록 1989년 11월 1일 제9-210호

주소 경기도 파주시 광인사길 30
전화 031-955-1350 팩스 031-624-1356
홈페이지 http://www.sallimbooks.com
이메일 book@sallimbooks.com

ISBN 978-89-522-4331-7 43400
살림Friends는 (주)살림출판사의 청소년 브랜드입니다.

※ 값은 뒤표지에 있습니다.
※ 잘못 만들어진 책은 구입하신 서점에서 바꾸어 드립니다.